# 近現代日本の軍事史

第五巻

近現代日本の軍事史　第五巻　目次

## 第二章　政権交代、東日本大震災……201

近現代日本の軍事史〈目次〉

# 第一章　新たな脅威への対応

# 第一節　北朝鮮の不法行動

## 一　北朝鮮による太平洋海域へのミサイル発射

平成一〇年（一九九八年）八月三一日、防衛庁は、「日本時間の三一日午後〇時過ぎ、北朝鮮東部沿岸から弾道ミサイル一基が発射され、弾着地域は日本海ウラジオストク南方海域と予想される」旨の早期警戒情報をアメリカ側から受領した。

その後、収集した諸情報を分析した結果、一個の物体が日本海に、また、二個の物体が三陸沖に落下したものと推定されたため、発射されたものは二段式ミサイルであり、第一段目の推進装置が日本海に、第二段の推進装置及び弾頭が三陸沖に落下したものと判断した。(1)

九月四日、北朝鮮の朝鮮中央通信社が今回の発射は「人工衛星（近地点二一九キロメートル、遠地点六九七八キロメートルの楕円軌道）」の打ち上げである旨発表した。(2)

しかし、調査の結果、北朝鮮報道が言明した「人工衛星」は存在せず、実際に人工衛星が軌道に乗った可能性は小さいと判断された。

その後の調査の結果、このとき発射された飛翔体に関する事実関係は次のとおりであることが判明した。

＊八月三一日、日本時間一二時〇七分、北朝鮮の舞水端里から西へ約二キロメートル、金策市の東北東に位置する発射場（ＬＣ）から、三段式の「テポドン１型」ミサイルが打ち上げられた。

＊「テポドン１型」は、離昇後しばらくは垂直に上昇し、その後ゆっくりと飛行軌道を東方へ八六度に傾斜させ

ていった。続いて離昇から九五秒後の一二時〇八分三五秒（北朝鮮の公式発表、日米韓による情報では一二時〇八分二四秒・以下同）には、高度約三五キロメートルで「第一段ロケット（「ノドン1型」）の燃焼を終了し、第一段ロケットを分離、第二段ロケットに点火した。分離された第一段ロケット（物体A）は、発射場から水平距離二三五キロメートル離れた北緯四〇度五一分、東経一三二度四〇分（北緯四〇度五四分、東経一三四度〇三分）の海域に落下した。(3)

＊「テポドン1型」の第二段ロケットは、発射場からの水平距離一九五キロメートル、日本海上空の高度一〇九キロメートルの宇宙圏に到達し、秒速三、五キロメートルで飛翔を続けた。離昇から一一四秒後の一二時〇九分二四秒（一二時〇九分一一秒）に、第二段ロケット先端部のシュラウド（物体B）が分離し、放物線を描いて宇宙圏上空から日本海を飛び越えさらに高度約一七〇キロメートルから高度約八〇キロメートルの空域で日本列島を飛び越えたあと、同日一二時一六分二〇秒（アメリカ政府解析）に、発射場からの水平距離一一〇〇キロメートル（防衛庁発表）、日本国領海の縁から六〇キロメートル（防衛庁発表）、三沢市から九〇キロメートル（アメリカ軍発表）の太平洋上に落下して水没した。(4)

＊残余の部分（物体C）はさらに数分後、平坦な弾道軌道を描いて飛翔した後、大気圏に再突入した。その後、三陸沖のさらに遠方の太平洋上に落下したものと推定された。(5)

＊その後の精密な解析の結果、物体Cがその推力を失う直前に何らかの小さな物体（物体D）が分離し、この物体Dは、短時間飛翔したのみであり、衛星軌道に乗るために必要な速度には達しなかった。なお、この物体Dには、その飛翔態様から、固体燃料が使用されていたと推定される。(6)

防衛庁は、これらの事実関係の分析結果として「その物体（物体D）が何らかの有意な人工衛星としての機能を持つことは考えにくく、今回の発射の現実的な意味合いとしては、弾道ミサイルの発射そのものである可能性が高い」との認識を示した。また、「今回北朝鮮の発射したミサイルの弾頭部分にどのような物体が搭載されていたにせよ、その運搬手段として長射程のミサイルが発射されたこと、かつ、北朝鮮が日本全域をカバーし得るミサイルを製造する技術を保有するに至ったことは事実である。さらに、日本の上空を飛び越えて近海に物体を落下させるような行為が何らの通告もなく実施されたことも考え合わせれば、今回のミサイル発射は日本及びこの地域の安全保障にとって重大な問題であり、アメリカはもとより韓国をはじめとする関係国とも連携しつつ対処する必要がある[7]」との認識を示した。

その上で、情報収集能力などの向上が必要であるとして、偵察衛星の導入などの検討に入ることを明らかにした。北朝鮮がわが国の全域をカバーし得るミサイルを保有している事実は、わが国の防空上に大きな弱点が生まれたことを意味しており、情報収集能力の向上だけで済む問題ではなかった。この一件を契機として、やがて航空防衛戦略全般の見直しが行われ、ミサイル防衛システム（ＭＤ）の開発が真剣に検討されることとなる。

## 二　能登半島沖における北朝鮮工作船事件と海上警備行動の発令

平成一一年（一九九九年）三月二二日、自衛隊美保通信所は、能登半島東方の海上から断続的に発信されている不審な電波を傍受した。

二二日一五時、この情報を受けた海上自衛隊は、「防衛庁設置法（昭和二九年法律第一六四号）第六条第一一項の規定（所掌事務の遂行に必要な調査及び研究を行うこと）を根拠として、舞鶴港に停泊中の第三護衛隊群（群司令：吉川榮治海将補）所属の護衛艦「はるな」および「みょうこう」、並びに舞鶴地方隊所属の「あぶくま」の三隻を緊急出航させるとともに、第二航空群（八戸基地）のＰ－３Ｃに対しても同様に緊急発進の指示を発した。航空自衛隊も、情報収集のため警戒航空隊（三沢基地）のＥ－２Ｃを発進させた。

不審な電波に関する情報は、日本海側の各県の警察に対しても「ＫＢ参考情報」として送付された。

**注**：「ＫＢ参考情報」のＫＢは Korean-Boat の略。同情報は、北朝鮮工作船と見られる不審船が近づいているという情報を入手したので沿岸を警戒されたいという注意喚起の趣旨で発せられていた。

二三日〇六時四二分、海上自衛隊八戸基地から発進したＰ―３Ｃ対潜哨戒機が、佐渡島西方約一〇マイルの領海内で不審な船舶一隻を発見した。さらに、同機は、その数時間後の〇九時二五分、能登半島東方約二五マイルの海域でも不審な船舶二隻を発見した。

佐渡島西方で発見した船舶と、能登半島東方で発見した二隻の船舶のうちの一隻は同型の船舶であったが、両船とも漁船タイプの船舶であるにもかかわらず船上に漁具が見当たらないことや比較的多数のアンテナが装備されているといった特長があったことから、Ｐ―３Ｃは詳細な確認を要する不審船と判断した。(8)

また、能登半島東方で発見した別の一隻は、不審な船舶の近傍を航行しており、この不審な船舶と何らかの関連性を有している可能性が考えられたため、これら三隻についてその状況がＰ―３Ｃから護衛艦「はるな」に通報された。(9)

通報を受けた「はるな」は、一一時〇〇分、能登半島東方でＰ―３Ｃが発見した船舶二隻を視認し船名を確認した。このうちの一隻は船名が「第二大和丸」であることや船舶状況の詳細を確認することができた。さらに、「はるな」は、その約一時間後の一二時一〇分、Ｐ―３Ｃが佐渡島西方で発見した船舶を視認し、その船名が「第一大西丸」であることを確認した。この二隻には、次のような不審点があった。(10)

＊漁船にしてはアンテナが多い。

＊甲板上に漁具が見当たらない。

＊煙突の横から排煙している。

＊船名表記が簡単な手書きである。
＊船尾に旗章を掲揚していない。
＊新潟沖なのにＨＧ（兵庫県）で始まる漁船登録番号が記されている。
＊船尾に観音開きの扉がある。

一三時〇三分、当該船舶に関する情報は防衛庁から海上保安庁に通報された[11]。防衛庁から連絡を受けた海上保安庁は、直ちにこれら三隻の船舶についての事実確認を開始した。その結果、次の事実が判明した[12]。

＊第二大和丸は、漁船として登録されているが当時兵庫県沖で操業中であり、能登半島東方海上の船は実在の日本漁船を偽装した別の船である。
＊第一大西丸は、漁船として登録されていたが、当時既に漁船原簿から抹消されており、佐渡島西方海上の船は日本漁船を偽装した別の船である。
＊残る一隻については、海上保安庁からの船舶電話により現場に所在することが確認されたので不審な船ではない。

一一時頃、護衛艦「みょうこう」も第二大和丸を確認した。これに伴い「みょうこう」が第二大和丸の追尾を、「はるな」が第一大西丸の追尾を行うこととなった。

一方、海上保安庁は、三隻の船の原簿等の確認作業と併行して近傍に所在する巡視船艇および航空機の緊急出航・緊急発進を命じた。第二大和丸に対してはＰＬＨ型巡視船「ちくぜん」（門司海上保安部所属）とＰＣ型巡視艇「はまゆき」（七尾海上保安部所属）が、また、第一大西丸に対してはＰＭ型巡視船「さど」（新潟海上保安部所属）とＰＣ型巡視艇「なおづき」（上越海上保安署所属）が、それぞれ指向された。

一一時三〇分、海上保安庁新潟航空基地を発進したＳ―76Ｃヘリコプターが現場海域に到着し、二隻の不審船に対し船舶電話を使って朝鮮語、英語、日本語で呼びかけを行ったが、不審船からは何の反応もなかった。

海上保安庁は、特殊警備隊（ＳＳＴ）を大阪からヘリコプターで巡視船「ちくぜん」に送り込み待機させた(13)。

一方、護衛艦「はるな」艦載のヘリコプターが不審船を撮影し、画像を航空自衛隊小松基地から防衛庁に電送した。実任務において画像伝送装置による画像伝送が行われたのはこの時が最初であった。

昼頃に始まった追尾は、午後から夕刻にかけても続けられたが、不審船は停船することなく逃走を続けた。こうした状況に対処するため、夕刻、首相官邸において関係閣僚会議が開催され対応方針が検討された。同時に、官邸対策室の設置について指示が発せられた。

一八時一〇分、首相官邸別館の危機管理センターに官邸対策室を置くとともに「不審船に関する関係省庁局長等会議」が開催された。出席者は、古川貞二郎官房副長官、安藤忠夫内閣危機管理監、伊藤康成内閣安全保障・危機管理室長、高見沢将林《のぶしげ》安保室審議官、米村敏朗首相秘書官、増田好平防衛庁防衛政策課長であった(14)。

一八時三〇分、関係閣僚会議を終えた野呂田芳成防衛庁長官が防衛庁に戻り、「重要事態対応会議」の開催を指示した。重要事態対応会議は、野呂田長官が就任早々に設置したもので、「部隊の運用や緊急の場合の対応について、内局（防衛庁背広組）の幹部に説明させるのではなく、直接制服組トップから聞く」趣旨のものであった。内局側からは「そんなもの必要ない、新しい長官は何を考えているんだ」という猛反発があったという(15)。

この会議において、海上警備行動の発令が必要になった場合の自衛隊の対応（如何なる対応が可能か、部隊に行わせるべき措置等はどのようなものか等の具体的内容）が検討されたが、この段階で、海上警備行動が実際に発令されるとは誰も考えていなかった[16]。

野呂田防衛庁長官は、現場からの情報を逐一官邸に送付するよう指示するとともに、守屋武昌官房長を官邸との連絡担当に指定した。庁内「ナンバー・ツー」を敢えて連絡担当としたことが功を奏して、このあと官邸は、このオペレーションについては防衛庁に全幅の信頼を置くようになったという[17]。

一九時過ぎ、不審船は速度を二四ノットに増速し始めた。この報告を受けた川崎二郎運輸大臣は、威嚇射撃を許可、第九管区海上保安本部（新潟）に通知した。

二〇時、巡視船「ちくぜん」が二〇ミリ機関砲の曳光弾五〇発をもって「第二大和丸」近傍の海上に威嚇射撃を行った。また、第一大西丸に対して「なおづき」が九丁の六四式小銃で一〇五〇発（うち曳光弾五〇〇発）、「はまゆき」が一三ミリ機銃で計一三五発の威嚇射撃を実施した。これに対して不審船は速度をさらに二八ノットに増速し逃走を続けた。二八ノットに増速されたことから、ＰＣ型の「はまゆき」「なおづき」「さど」が次第に引き離され、二一時過ぎには燃料不足が懸念されて脱落、深夜にはすべての巡視船艇が脱落した[18]。官邸の対策室では、古川副長官を中心に論議が交わされ

＊不審船が海上保安庁の停船命令を無視して逃げている。

＊現場で海上自衛隊の護衛艦が追尾を続けている。

＊防衛庁としては態勢を整えたい。

＊海上自衛隊の艦艇で停船させ得るかどうかは判らないが、国家の意思を示す必要があるのではないか。

といった意見が提示されたことから、この段階で海上警備行動の発令が必要との判断に傾きつつあった[19]。

これに対して、野中広務官房長官が、「海上警備行動は、抜いてみなければ真剣か竹刀かわからん。海自はどこまでできるのか。抜いてできないなら、やるな[20]」と異議をはさんだことから海上警備行動発令の機運は急速に萎んで

いった。

首相官邸でこのような動きがあり、また、海上保安庁が懸命に対応している間も、Ｐ―３Ｃによる上空からの監視が続けられ、同時に、「第一大西丸」に対しては「はるな」が、「第二大和丸」に対しては「みょうこう」が、それぞれ一定の距離を保ちつつ追尾し監視を継続していた。

二三時四七分、「はるな」は、レーダーにより「第一大西丸」が停船したことを確認した。野呂田防衛庁長官は、不審船が停止したことから立入検査の事態も予測し海上警備行動の発令を決断した。[21]

海上警備行動発令の手続きについては、運輸大臣からの要請を受け、防衛庁長官の提案を持ち回りの安全保障会議、閣議にかけ、総理の了承を得て長官が発令するという手順が事前に確認されていた。

三月二四日午前〇時〇九分（停船確認から約二〇分後）、「はるな」は「第一大西丸」の航行再開を確認した。

〇〇時三〇分、川崎運輸大臣から野呂田防衛庁長官に対し、海上保安庁の能力を超える事態に至ったのでこの後は内閣において判断されるべきである旨の連絡があった。これを受けた防衛庁では、重要事態対応会議において海上警備行動の是非について最終的な確認を行い海上警備行動の発令が必要と判断した。

野呂田防衛庁長官は、自衛隊法第八二条の規定に基づき、小渕内閣総理大臣に対して「海上における警備行動」発令の承認を申請した。

二四日〇〇時四五分、持ち回りの安全保障会議および閣議を経て、小渕内閣総理大臣は海上における警備行動を承認した。

〇時五〇分、野呂田防衛庁長官は、海上自衛隊自衛艦隊に対し「海上における警備行動の実施に関する海上自衛隊行動命令」（海甲行警命）を発した。これを受けて海上自衛隊は、直ちに不審船への対処を開始した。[22]

野呂田長官は、海甲行警命の発令と併せて「部隊行動において取るべき措置基準」を自衛艦隊司令官宛に発した。

「これは、事実上、武器使用も含めた部隊の行動規定であって、防衛庁が策定したものであるが、武器使用基準、いわゆるＲＯＥとして極めて意義深いものであった」[23]。このときこのＲＯＥ（「交戦規定」）が示されたことによって、「現場指揮官は、政治的抑圧から解放され、部隊を整斉と行動させ得た。もしこれがなかったならば、「これは警職法に抵触するだろうか」といったことを、現場指揮官自身が考えながら作戦しなければならない。これは非常に難しいことである」[24]という当時の自衛艦隊司令官の回想のとおり、政治が軍事に対して示すべき最も重要な事項であり、この時はそれが適時に示され、いわゆるシビリアン・コントロールが機能していたと見ることができる。

〇一時一八分、「第二大和丸」を追尾していた護衛艦「みょうこう」は、無線および発光信号により停船命令を発した。続いて約一時間あまり一二七ミリ砲（五インチ砲）で一三回（一三発）の警告射撃を実施したが、「第二大和丸」は逃走を続けた。このため、〇三時一二分、八戸航空隊のＰ―３Ｃ一機が警告のため一定の距離を取って一五〇キロ爆弾四発を投下した。それでも「第二大和丸」はこれを無視して逃走を続けた。

不審船が防空識別圏に近づくと、ロシア政府から不審船の追跡に際して日本の艦艇がロシア領海域通過を認める旨通知してきた。同時に、ロシア側の不審船追跡行動が開始され、ロシア側からも停船命令が発せられた。ロシア側の責任者は後日、「この不審船がもしロシア領海に侵入していれば、即座に撃沈するつもりであった」と語ったという[25]。七分後の〇三時一九分、不審船は日本の防空識別圏の外に出た。野呂田防衛庁長官は、「自衛隊が日本の防空識別圏を越えて追跡した場合には、他国に無用の刺戟を与えることにもなりかねない」との判断に基き追尾の中止を命じた[26]。この長官の決断には、平岡裕治航空幕僚長の発言が大きく影響したといわれている。

一方、「第一大西丸」を追尾していた「はるな」は、〇一時〇〇分、無線および発光信号により停船命令を発した。続いて〇一時三二分から約三時間のうちに、一二七ミリ砲（五インチ砲）により一二回（計一二発）の警告射撃を実施した。しかし、「第一大西丸」は逃走を続けたため、八戸航空隊のＰ―３Ｃ二機が〇四時〇一分、〇五時四一分の二回にわたり警告のため一定の距離を取って、それぞれ一五〇キロ爆弾四発を投下した。また、〇五時二二分から、「第一大西丸」のスクリューにネットを絡めて停戦させようとして「はるな」から落下防止用ネットを海中に投下したが「第一大西丸」がこれを回避し逃走を続けた。この頃には、護衛艦「みょうこう」、「あぶくま」も現場海域に到達し、「はるな」と三隻で対応する態勢がとられていた。

〇六時〇六分、「第一大西丸」は、日本の防空識別圏の外に出た。このため、防衛庁長官は、「第二大和丸」の場合と同様の理由で護衛艦による追尾の終了を命じた。[27]

その後も海上自衛隊のP—3Cや航空自衛隊の早期警戒機E—2Cなどにより警戒監視活動が継続され、二隻の船舶の行動把握が続けられた。

不審船は、進路を北西に取って沿海州方向に逃走していたが、途中から進路を南西方向に転じ、二五日午前七時頃、北朝鮮の清津に入港したことが確認された。

〇八時頃、北朝鮮のものと判断される航空機の当該海域方向への飛行の動きも探知された。このため、小松基地の第六航空団所属のF—15J戦闘機二機を発進させ当該空域に指向させ要撃行動をとったが、当該航空機は北朝鮮方向に反転した。

一五時三〇分、防衛庁長官は、海上における警備行動の終結を命じた。この不審船が北朝鮮の武装工作船であることは明白であった。

## 三　九州南西沖における北朝鮮工作船事件

平成一三年（二〇〇一年）一二月一八日頃から九州南西海域で不審な電波が発信されているのをアメリカ軍が傍受した。この情報はただちに防衛庁にも通知された。これを受けて防衛庁は、各通信所に当該電波の捕捉・傍受を指示した。[28]

一二月一九日、喜界島通信所がアメリカ軍情報と同一と思われる不審な通信電波を捕捉した。海上幕僚監部は、第一航空群（鹿児島県鹿屋基地）に対して九州南西海域の警戒監視を強化するよう指示した。

一二月二一日一六時三〇分頃、警戒監視に当たっていた第一航空群のＰ―３Ｃが一般の外国漁船と判断される船舶を視認した。当該哨戒機（Ｐ―３Ｃ）は念のため同日一七時過ぎにこの船舶を再度視認し、写真撮影を行って鹿屋基地に帰投した[29]。

鹿屋基地では、この船舶について海上幕僚監部等における精緻な解析が必要であると判断し、撮影した写真を海上幕僚監部に伝送した。伝送された写真は、同日二二時頃から専門家による解析作業に回された[30]。

二二日〇時三〇分頃、防衛庁ではこの船が二年前に能登半島沖で確認された北朝鮮の工作船と同様な性格の船舶である可能性が高いと判断するに至った。このため、この情報は直ちに首相官邸等に報告された。さらに、この船舶の最新の位置情報を入手した上で、同日一時一〇分頃、海上保安庁に通知された[31]。

海上保安庁に通知された内容は「海上自衛隊のＰ―３Ｃが工作船らしき不審な船舶を一隻発見、現在、奄美大島から約二三〇キロメートルの九州南西沖を西に向かって航行中」というものであった[32]。

海上保安庁は、この情報を鹿児島の第一〇管区および那覇の第一一管区海上保安本部に速報した。同時に、全管区に対して「直ちに警戒態勢に入るよう」指示した。全管区の警戒強化が必要と判断したのは、当該船が陽動目的で動き、他の海域で本行動をとる船舶が出現する可能性を否定できないからであった。これを受けてＰＭ型巡視船「あまみ」（名瀬海上保安部所属）、ＰＳ型「きりしま」（串木野海上保安部所属）、「いなさ」（長崎海上保安部所属）、「みずき」（福岡海上保安部所属）などに緊急出航命令が下された。また、大阪府に基地を置く特殊警備隊（ＳＳＴ）が現場に派遣されることとなった[33]。

一方、海上幕僚監部は、Ｐ―３Ｃによる所要の追尾・監視の継続を指示するとともに、同日一一時二〇分、警戒監視活動を強化するため、護衛艦二隻を派遣することを決定した。これに基づき、佐世保基地から第二護衛隊群の護衛艦「こんごう」および「やまぎり」の二隻を現場に急行させた。同時に、海上自衛隊特別警備隊（ＳＢＵ）に対して出動待機命令が発せられた。特別警備隊は、平成一一年三月の能登半島沖における海上警備行動を教訓として、不審船に対して立入検査を行う場合に予想される抵抗を抑止し、その不審船の武装解除や無力化を行うための専門の部隊として平成一三年三月に新編されたばかりの部隊であった[34]。

海上自衛隊の艦艇および海上保安庁の巡視船が現場に到着するまでの間、海上自衛隊および海上保安庁の航空機が空から不審船を追尾・監視した。不審船は、これらの追尾・監視の開始以来、一路中華人民共和国の領海方向に向かって西進・逃走を続けていた。

一二時四八分、現場に到着した巡視船「いなさ」は、船尾に国旗を掲揚していない当該不審船に対して、「漁業法励行」を促すため停船を求めた。しかし不審船はこれを無視して逃走を続けたため、拡声器と無線により、多言語、旗流信号、発光信号、汽笛等の音響信号、発炎筒などを駆使して停船を命じた。しかし、それでも不審船はこれに従うことなく逃走を続けたため、「漁業法違反容疑（立入検査忌避）」に該当すると判断、巡視船は「停船しなければ砲撃を行う」旨の旗流信号を掲揚し、朝鮮語などにより同様の警告を実施したが不審船は逃走をやめなかった。

一四時三六分以降、「いなさ」は二〇ミリ機関砲による威嚇射撃を行ったが、不審船はこれも無視して逃走を続けた。一六時一三分以降、「いなさ」は警告放送後二〇ミリ機関砲により船尾に対し船体射撃を行ったが不審船はなおも逃走を止めなかった。このため、「みずき」が「船首を撃つ」旨の警告を発した後、船首への船体射撃を行った。そのときの曳光弾が船首甲板のドラム缶に命中し火災が発生した。不審船は延焼防止のため風上に船尾を向けて後進し三〇分後に鎮火した。この間、左舷側から乗組員が何らかの物体を海中に投棄する姿が確認された。

二一時〇〇分、「みずき」は再度船体射撃を行った後、弾薬補給のため現場を離脱した。二二時〇〇分、低速で逃走する不審船を「いなさ」が距離を保って監視し、「あまみ」と「きりしま」が不審船を挟撃できる態勢で進み強行接舷を試みた。これに対して、不審船はＺＰＵ―２対空機関砲、ＰＫ系軽機関銃およびＡＫＳ―74自動小銃による銃撃を開始した。

巡視船側は、正当防衛が成り立つと判断、小銃、二〇ミリ機関砲および対戦車ロケット弾をもってこれに応戦した。このとき「あまみ」は船橋を多くの銃弾で貫通され、三機の主機（エンジン）のうち一機が停止、三名の負傷者を出した。

二二時一三分、不審船は、自爆により炎上し、東シナ海沖の中華人民共和国ＥＥＺ内に沈没した。二三時四五分、海上保安庁の巡視船と航空機は、六名が漂流しているのを発見したが、当人の自爆や抵抗の恐れがあり救助活動は浮輪の投下に限定された。六名は救助を拒否して沈んでいったという。

後日、政府は船体の引揚げを決定した。船体の引揚については野中広務官房長官らが強く反対したが小泉首相の断乎たる決断によって決定した。不審船の沈没地点が中華人民共和国のＥＥＺ内であったことから外相会談において口上書が手交された。

平成一四年（二〇〇二年）一〇月六日、船体の引揚げが行われた。引揚げ後の調査の結果、当該不審船が北朝鮮の工作船であることは間違いないと判断された。具体的な諸元は次のとおりであった。(35)

＊工作船（母船）の要目
- 船名：長漁三七〇五
- 全長：二九・六八メートル
- 型幅：四・六六メートル
- 型深：二・三〇メートル

・総トン数：四四トン
・出力：連続最大出力で約一一〇〇馬力・四機＝約四四〇〇馬力
・速力：約三三ノット（連続最大出力）
・航続距離：一二〇〇マイル（速力三三ノット時）
　三〇〇〇マイル（速力七ノット時）……追跡時の速度

＊搭載武器等
・軽機関銃（七・六三ミリＰＫ機関銃）
・ロケットランチャー（口径四〇ミリ、八五ミリロケット弾ＰＧ―７系用弾薬と発射機／北朝鮮製）
・二連装機銃（口径一四、五ミリＺＰＵ―２対空機関銃）
・無反動砲（八二ミリ無反動砲Ｂ―10）
・手榴弾
・自動小銃（口径五、四五ミリＡＫＳ―74／北朝鮮製）

＊小型舟艇（母船に搭載していた）の概要
・船型はＶ型の滑走タイプで、船体はＦＲＰ。外見は沿岸部でよく見かける小型漁船のようで集魚灯も装備されていた。操舵室の囲壁は昇降式で母船に収容する際には下げた状態で格納したものと見られる。また、倉庫区画内の甲板上には水中スクーターを格納していた。

＊工作船の行動目的
・九州周辺海域で覚醒剤の取引に使用されていた疑いが濃厚である。
（平成一八年一〇月二七日、東京地方検察庁は、当該工作船が覚醒剤を密輸していたと認定した。）

・工作員の不法出入国等他の重大犯罪にも利用されていた可能性がある。
・国内に協力者が存在している可能性がある。

## 四　北朝鮮の不法行動（ミサイル発射、工作船の不審な行動）が提起した諸問題

◇領海警備にかかる問題点

領海警備については、「海上における警備行動」を規定した自衛隊法第八二条の解釈が、起案者の想定と大きく異なってしまったという問題がある。防衛二法の起案者である加藤陽三元防衛事務次官（元参議員議員）は、「自衛隊法第八二条の「海上における警備行動」は、保安庁法第六五条に既に規定が存在していた。この規定を自衛隊法にそのまま残した理由は、「海上保安庁との権限の調整をする上で必要だということ」であったが、「この規定を置いたことによって、平和時における自衛隊の海上における行動権限は、これだけだ、これしかできないという解釈が支配的になってしまった。私（筆者注：加藤陽三元防衛事務次官）どもは、当時は、国際慣例で条約ではなかったけれども、昭和四三年の公海に関する条約とか、領海および接続水域に関する条約、これらの条約によって条約化された国際慣例のなかで、軍艦に認められている権限と責務は、海上自衛隊の船の権限・責務として認められていると考えていたにもかかわらず、第八二条を入れたことによって、こういうことになってしまった。（中略）自衛隊法を制定するに当たって、国際的に軍艦の権限として認められていることを艦長限りで行うことは、自衛隊法第八二条とは関係がないという考えであった。自衛隊法第八二条は、国家の海上警備の任に当たる規定で、本来その任に当たる海上保安庁があるからそれとの権限調整の必要から置いた」[36]と述べている。

法案起案者としては、この規定によって、軍艦としての護衛艦の行動に制限を設ける意思はなかった。しかし、当時のわが国では、軍事力を否定する政党が大きな力をもっていたことから、何でも制限さえしておけばよいという風

潮があったこと、および、自衛隊が軍隊なのかどうかを曖昧にしたまま法整備が行われたため自衛隊法の規定がすべて「行ってよい事項の列挙（Positive List)」の形式をとったことから、軍艦としての護衛艦の持つ本来の権限までもが著しく制限されてしまったのであった。冷戦が終結し、国際社会において自衛隊が応分の役割を果たすべき時代においても、このままでよいとは考えられない。具体的には次のような措置が必要と思われる。

その第一は、軍艦としての一般的に認められている権限を護衛艦についても認めることである。軍艦の国際法上の権限に関連して加藤陽三元防衛事務次官は「その後の防衛二法の解釈の歩みをみていると、国際法との関係の規定の整備が一番足りなかったと思っている。私は、当時、自衛隊は対外的には軍隊或は軍艦として扱われるものだと考えていたが、国会の答弁においては、これが軍隊かどうかはいろいろの場合があり、軍隊というなら軍隊と云ってよいという位のことしか云えなかった。しかし、私は、べつに陸軍、海軍と呼ぶ必要はないと考えた。中国は人民解放軍であるし、ソ連は赤軍である。いずれにしても国際関係の詰めが一番足りなかったと感じている[37]」と述べている。今一度改めて考えるべきであろう。

その第二は、軍艦に対して一般に認められている権限を護衛艦についても認める措置がなされるまでの当面の措置として、海上警備行動については平時から発令し、事案に応ずる行動発起を自衛艦隊司令官にあらかじめ命じておくことである。そのためには「交戦規定（ＲＯＥ）」ないし「措置基準」を訓令等により明確に示すことが不可欠である。ちなみに、対領空侵犯措置については、「領空侵犯に対する措置に関する航空自衛隊行動命令」（空乙行領命）をもって恒常的に実施が命ぜられ、交戦規定に相当する措置基準については、内訓（「秘」の内容が含まれる訓令）で示されている。海上警備行動についても同様の措置が可能ではないか。

第三に、立入検査に関する法的裏付けを明確にしておくことである。海上自衛隊が実施する「海上における警備行動」においては、警察作用の補助として海上保安庁の能力不足を補うことが主体となることから、出動する隊員には警察官職務執行法第七条、海上保安庁法第一六、一七、一八条の規定が準用されるに過ぎない。このため、刑法第三六条（正当防衛）若しくは第三七条（緊急避難）に該当する場合のほか、人に危害を加えてはならないという制約を受け、逃走する工作船に対して国際法の慣例として認められている「船体を射撃して行動を停止させる」という実力行使に踏み切ることは極めて困難となっている。[38]

さらに、何らかの方法で停止させたとしても、相手が今回の工作船のような場合、乗船しているのは筋金入りの準戦闘員であり、一般の泥棒や密入国者を扱う場合とは根本的に異なる対応が不可欠である。立入検査について現状のような大きな制約があれば、相手に機先を制せられ犠牲になるか人質にされてしまう可能性が極めて大である。[39]

**注**：能登半島沖の北朝鮮工作船事件では、これに該当する場面がまさに起きようとしていた。野呂田防衛庁長官が海上警備行動不可避と判断したとき、そばにいた海上幕僚長の山本安正海将の意向を確認すべく声をかけることを忘れなかった。

「海幕長、できるか」

野呂田には、山本の顔色が変わるのがはっきりわかった。一瞬の間を置いて山本は答えた。

「できます」[40]

野呂田長官が感じたとおり、責任者としての山本海幕長には、特に工作船の立入検査が必要になった場合の準備について深い苦悩があった。法制上の問題に加えて、訓練の程度等に心配があったからである。そして野呂田長官もそのことをよく承知していた。野呂田長官は、三月九日の重要事態対応会議において「海上における警備行動」に関して、山本海幕長から詳細にその歴史、発動要件、手順、問題点について説明を受けていた。したがって、この時点で法制上の問題があることも、海上自衛隊がこれまで立入検査に関する本格的な訓練を行ってこなかった経緯も十分判っていた。野呂田長官が山本の顔色が変わったと見て取ったのは、そうした背景があったからであった。

一方、現場では第三護衛隊司令の吉川海将補も立入検査の可能性を心配していた。[41]相手が決死の覚悟で抵抗してくることは間違いなかった。事実、九州南西沖の工作船事件では、海上保安庁の巡視船に対して射撃を行い、逃げ切ることができないと判ると自爆して船を沈めている。事後に行われた公安当局の解析では、自爆寸前の工作船から北朝鮮本国に「党（朝鮮労働党）よ、この子は永遠にあなたの忠臣となろう。万歳」というメッセージを含んだ電波を発していたことも明らかにされている。もし立入検査のため工作船に乗込んでいれば、相撃ちとなって双方に犠牲者が出たことは間違いないであろう。「海上における警備行動」に伴う法的権限は、そうした実情を考慮しているとは到底いえないことが問題なのである。

**注**：船舶立入検査については、平成一二年一一月に「船舶検査活動法」が制定された。また、平成一一年三月に立入検査専門の部隊として特別警備隊（ＳＢＵ）が新編されたことは既述のとおりである。

### ◇陸上における領域警備（領土警備）にかかる問題点

領域警備（領土警備）は自衛隊の主たる任務である国土防衛の前提となるものであり、平時における領域警備を十分にしておくことが、わが国に対する直接・間接の侵略を防止する最良の方策である。即ち、「警備」を「防衛」の準備段階的概念として捉えることが必要である。[42]

「自衛隊の行う警備とは、ごくごく率直に考えれば、自衛隊が「わが国の平和と独立を守り、国の安全を保つ」という任務をしっかり達成するため、日々変転する国内外情勢に即応し、適切な警戒心・警戒規律のもと、必要な準備体制・態勢を保持して、起こり得るべき事態に常に備えている、まさにその状態を指している」[43]ということに他ならない。

したがって「専守防衛」（この意味不明な用語を用いることが適切でない所以は第四巻第一章第八節で述べたところであるが）を本気で目指すならば、侵略の未然防止に全力を尽くすことは第一に行うべきことであり、当然に、平時からの領域警備が大きな比重を占めることになる。

防衛省（庁）設置法でも、所掌事務のひとつに「防衛及び警備に関すること」が掲げられている。また、自衛隊法第二三条では、自衛隊の「警備区域に関し必要な事項は省令で定める」とされ、同法施行令で、陸上自衛隊の方面隊と海上自衛隊の地方隊に対して「警備区域」の概念とその名称、責任者及び割当区域が示されている。ところがこの「警備」については、長い間、さまざまな政治的・行政的理由から意識的に棚上げされ、あいまいなまま放置され続けてきたといってもあながち過言ではない[44]。

即ち、「専守防衛」がわが国の防衛の基本といいながら、そのために最も重要な事項を敢えて等閑視してきたというのが実態であった。

等閑視しているという批判に対しては、治安出動の規定を援用して対応できるという意見もあるが、陸上における領域警備と治安出動との間には、根本的な相違があり、治安出動の規定を援用しても効果的な領域警備を期待することはできない。

なぜなら治安出動は基本的に国内の暴動鎮圧のための警察作用の補助が目的であり、警察力の不足（主として人員・装備の量的不足）を補うのが主体であることから出動する隊員には警察官職務執行法の規定が準用されるに過ぎず、したがって武器使用上も制約を受けるのは当然である[45]。一方、外部からわが国の領域に侵入して不法行為を行い、わが国民を拉致し、或は、上陸侵入して重要施設の破壊或はテロ行為を行うといった事態では、その性格・様相が治安出動とは全く異なったものとなる。これに対しては、警察作用を越えた武力による対処が必要であり、現状における治安出動や海上警備行動では対応できない[46]。

森野安弘元陸上自衛隊東北方面総監は、領域警備を「防衛行動の一環として領域警備を把握してこそ対応が可能となる」と指摘し、「その行動は武力行使をもってすることが不可避である」と断じている。そして「警備行動を発動する権限を、実際の行動を判断できる下位の者に委譲しておくことが必要であり、実態的には方面総監に委譲するのが妥当」であるとし、そのための法制整備の必要性を強調している[47]。

このように、警察作用の補助が目的の治安出動等では対処できないが、防衛出動を下令するまでには至らない事態に対処するための体制（領域警備の体制）が欠落していることは否定できない。

特に昨今は、いわゆる「有事」と「平時」の中間的な事態に対して、軍事力が投入されるケースが多くなり、アメリカ軍でも「ＰＯＳＯＷ《ポーソー》」(Paramilitary Operations Short of War)（戦争に近い準軍事作戦）といった概念を導入して軍の任務と規定している。

領域警備は、そうした中間的な事態のひとつであり、実態として陸上自衛隊等の対応は、防衛出動時の「軍事作戦」と変わるところがないことが予測される。したがって、軍事作戦を遂行する場合と同様の権限が認められなければ適正な対処は不可能である。当然に、「交戦規定（ＲＯＥ）」の内容を適正にしておくことが重要となる。

◇領空警備（対領空侵犯措置）にかかる問題点

領空警備についても問題がある。自衛隊法第八四条に基づき、恒常的に実施されている対領空侵犯措置においても法的権限に制約が多く、領域警備・領海警備上の問題点は、そのまま対領空侵犯措置にも当てはまり、実効上の不備があることに変わりはない。

対領空侵犯措置に関する事項が自衛隊法で規定されるようになった経緯について、加藤陽三は「領空侵犯に対する第八四条の規定であるが、これは国際法規慣例上軍隊に認められていることであり、こうしたことは、特に規定する必要がないと考えていた。これは、しかし、昭和二八年一月に、当時、ソ連機の北海道領空への侵犯事件がたくさんあった。昭和二八年一月というと、保安隊・警備隊は練習用の飛行機ぐらいを持っていたが、領空侵犯を排除する能力のある飛行機は持っていなかったので、これらはすべて在日米軍に依頼した。そういう関係もあるので、これは、やはり、一箇条書こうということになった。こうして、軍隊と認められるならば、当然必要ないことまで書くことになった」と述べている。(48)

◇防空上の問題点

北朝鮮によるミサイル発射は、わが国の防空態勢に新たな問題を提起するものであった。北朝鮮がミサイル能力に加えて核能力（ミサイルの弾頭として搭載できる小型化が成功した場合）を保持した場合、わが国の防空に与える影響は極めて大きい。何故なら、国民の生命財産を守るためには北朝鮮が発射した核弾頭搭載ミサイルを、わが国到達以前に破壊（要撃・撃破）することが不可欠であるが、発射から着弾までの時間は一〇分前後と見積もられる。従って、破壊（要撃・撃破）能力を保持するだけでなく、その能力を至短時間に発揮できるよう、命令発出の方式を適正に定めておくことが不可欠である。

**注**：ミサイル防衛に関しては、平成一五年にミサイル防衛（ＭＤ）システム導入が決まり、平成一八年三月二七日には「弾道ミサイル等に対する破壊措置」を行うことができるよう自衛隊法一部改正法が施行されて「破壊措置命令」を発令する体制ができあがった。（但し、命令の発出は「命令に係る措置を取るべき期間を定める」という条件がつき、対領空侵犯措置の場合のように恒常的な態勢を取れるようにはならなかった。）
平成二一年三月二七日の安全保障会議において、北朝鮮が発射準備を進めている長距離弾道ミサイルが日本領土や領海に落下する場合、ＭＤシステムを用いて要撃することを決めた。これに基づき、浜田防衛大臣が自衛隊に対して「破壊措置命令」を発出している。わが国が要撃態勢を整えた中、同年四月五日一一時頃、北朝鮮の弾道ミサイルが発射されたが、「命令」を発動する事態は生じなかった。

また、弾道ミサイル発射の兆候が明らかになった場合に、先制攻撃を断行できる法制度の確立、部隊の態勢・手順等を整備しておくことが必要である。

さらに、実際に核ミサイルを発射しなくとも、「外交上の恫喝の手段」として十分機能することを銘記すべきであろう。

**註**

(1)『防衛白書（平成一一年版）』防衛庁編　三一四頁
(2) 同右　三一五頁
(3)『北朝鮮のミサイルは撃ち落せるのか』中冨信夫　光文社ペーパーバックス　六七頁
(4) 同右
(5)『防衛白書（平成一一年版）』防衛庁編　三一六頁
(6) 同右
(7) 同右　三三〇頁
(8) 同右　三三五頁
(9) 同右　三三六頁
(10)『自衛隊指揮官』瀧野隆浩　講談社 α文庫　八七頁
(11)『防衛白書（平成一一年版）』防衛庁編　三三六頁
(12) 同右
(13)「能登半島沖不審船事件」Wikipedia
(14)『自衛隊指揮官』瀧野隆浩　講談社 α文庫　九四頁
(15) 同右　一〇二頁
(16) 同右　九二頁
(17) 同右　九四頁

(18)「能登半島沖不審船事件」Wikipedia・『自衛隊指揮官』　瀧野隆浩　講談社 α文庫　九三頁
(19)『自衛隊指揮官』　瀧野隆浩　講談社 α文庫　九五頁
(20)同右
(21)同右　一〇一頁
(22)『防衛白書（平成一一年版）』　防衛庁編　三三八頁
(23)当時自衛艦隊司令官であった五味睦佳海将の回想／「領域警備に関する問題と対策」　日本戦略研究フォーラム
(24)同右
(25)「能登半島沖不審船事件」Wikipedia
(26)『防衛白書（平成一一年版）』　防衛庁編　三三八頁
(27)同右　三三九頁
(28)「九州南西海域工作船事件」Wikipedia
(29)『防衛白書（平成一四年版）』　防衛庁　一一九頁
(30)同右
(31)同右
(32)『平成海防論』　富坂聰　新潮社　一六二頁
(33)「九州南西海域工作船事件」Wikipedia
(34)『防衛白書（平成一四年版）』　防衛庁　一一九頁
(35)『二〇〇一、一二、二二　工作船事件とは?』（海上保安庁資料）
(36)「防衛二法制定当時の問題意識について」　加藤陽三　昭和五七年四月、防衛庁長官官房法制調査室
(37)同右
(38)『国家緊急事態への対応に関する提言』　日本戦略研究フォーラム　一〇頁
(39)同右
(40)『自衛隊指揮官』　瀧野隆浩　講談社 α文庫　一〇一頁

(41)同右　一〇七頁
(42)『国を守るとはどういうことか』　森野軍事研究所編　ＴＢＳブリタニカ　二一七頁
(43)同右　二一六頁
(44)同右
(45)『国家緊急事態への対応に関する提言』　日本戦略研究フォーラム　一〇頁
(46)同右
(47)ＪＦＳＳ研究会レポート『領域警備に関する問題と対策』　日本戦略研究フォーラム
(48)『防衛二法制定当時の問題意識について』　加藤陽三　昭和五七年四月、防衛庁長官官房法制調査室

# 第二節　アメリカの同時多発テロ（九・一一テロ）勃発、テロ特措法の制定

## 一　九・一一同時多発テロ事件

◇九月一一日：ニューヨーク、ワシントンＤＣ
平成一三年（二〇〇一年）九月一一日午前八時四六分、ニューヨーク市マンハッタン南端に並び立つ二棟の世界貿易センタービルの北棟に、ボストン発のアメリカン航空〇一一便が激突、その一九分後の九時〇三分、同じくボストン発のユナイテッド航空一七五便が同センタービルの南棟を直撃した。(1)

アメリカン航空〇一一便が貿易センタービル北棟に激突したとき、アメリカのジョージ・Ｗ・ブッシュ大統領は、教育改革キャンペーンの一環としてフロリダ州サラソタの小学校で二年生の子どもたちに本を読んで聞かせていた。(2)

九時〇六分、カード首席補佐官が「二機目の飛行機が世界貿易センタービルに突っ込み炎上しています」と報告すると、大統領は即座にホワイトハウスのライス国家安全保障担当補佐官と電話で協議し、「明らかにテロリストによる攻撃だ。直ちにワシントンに戻る」と伝えた。(3)

ブッシュ大統領がライス補佐官との協議を終えた直後の九時三七分、ワシントンを飛び立ったばかりのアメリカン航空〇七七便が国防総省をめがけて突っ込んだ。(4)

九時五五分、大統領警護隊が厳重に警戒する中、ブッシュ大統領の搭乗した大統領専用機は行き先を告げずにサラソタ空港を離陸した。(5)

一〇時〇三分、ニューアーク発のユナイテッド航空〇九三便がワシントンから約八〇キロ離れたペンシルベニア州

の空地に墜落した(6)。

ブッシュ大統領搭乗の大統領専用機は、二機のF―16戦闘機の護衛のもと正午直前に南部ルイジアナ州のバークデール空軍基地に到着した。

一三時〇四分、ブッシュ大統領はテレビを通じ、この事件に巻き込まれた死傷者のために祈りを捧げるよう呼びかけ「米国はこれら卑劣な行為をしでかした連中を追い詰めて罰する」と演説した。ブッシュ大統領の目には涙が光っていたが言葉には力が漲っていた。大統領は軍の警戒態勢を強化するなど適切な態勢が取られつつあることを述べて、国民の間に広がる動揺の沈静化に努めた(7)。

大統領はその後、ネブラスカ州オハマ近郊のオファット空軍基地にある戦略空軍司令部の地下壕に避難、ここからワシントンの国家安全保障会議のメンバーと電話で協議した(8)。

一方、チェイニー副大統領は、この日の早朝からホワイトハウスで執務していたが、二機目の航空機が貿易センタービル南棟に激突した時点で「テロに間違いない」と確信した。ブッシュ大統領に電話でホワイトハウスに戻らないよう進言し自らも地下室に避難した。また、正副大統領がともに死亡した場合に憲法の規定で大統領になるハスター下院議長をワシントンから約一〇〇キロ離れた場所に避難させた(9)。

一八時五四分、ブッシュ大統領は大統領専用機でワシントンに到着しホワイトハウスに入った。二〇時三〇分、ブッシュ大統領は国民に向けてメッセージを発表「今回の事態は単なるテロではない。戦争行為だ」と訴えた。ブッシュ大統領はその後一二日朝にも、繰り返し国民に向けてメッセージを発し、「数千の人生が悪によって突如終焉を迎えた」と語りかけ、犠牲になった人々の家族や友人のために祈るよう国民に呼びかけた。そして「これらの行為は鋼を砕いたがアメリカの鋼のような精神をへこませることはできない。アメリカ政府は、テロを実行した者と彼らをかくまう者を区別しない」と、テロと戦う強い決意を表明した(10)。

テロ発生当時、パウエル国務長官はペルーの首都リマに滞在中であり、トレド・ペルー大統領との朝食会でテロ発生を知らされた。パウエル国務長官は予定を全てキャンセルし一一日夜、ワシントンに戻った。連邦準備制度理事会（ＦＲＢ）のグリーンスパン議長は、テロ発生当時スイスのチューリッヒ発ワシントン行きの民間機に搭乗していたが、テロ発生に伴い民間機のアメリカ領への乗り入れが禁止されたためチューリッヒに引き返し、アメリカ空軍の空中給油機でワシントンに戻り一二日昼にはＦＲＢの職務に復帰した。オニール財務長官は訪日中であったが、ＣＮＮテレビでテロの発生を知り、翌日予定していた小泉首相との会談を中止し、横田基地から空軍の貨物機で帰国した。[11]

◇九月一一日：東京（ワシントンＤＣと東京の時差はサマー・タイムのため一三時間）

わが国では九月一一日二二時過ぎ（事件発生直後）からテレビ各局が一斉に事件の報道を開始した。佐藤謙防衛事務次官はテレビの報道を見て直ちに防衛政策課に電話し、全幹部を速やかに登庁させるよう指示し自らも登庁した。自宅が近い佐藤次官や守屋武昌官房長の登庁が早かったという。[12]

二三時頃、首相官邸から佐藤次官に電話があり、ニューヨークの現場に緊急援助隊を派遣するため政府専用機の準備を進めるよう指示してきた。佐藤は電話で遠竹郁夫航空幕僚長にその旨を伝えた。

竹河内捷次統合幕僚会議議長は、テレビ映像を見て直ちに公用車を呼び出して防衛庁に急行した。アメリカ軍と連絡を取りたいとは思ったがアメリカ側も情報収集に追われていると判断し思いとどまった。翌朝、ポール・ヘスター在日米軍司令官に弔意を伝えた。[13]

遠竹郁夫航空幕僚長も、自宅のテレビで二機目の突入を見て官舎を飛び出し公用車でなくタクシーを拾って防衛庁に直行した。途中、佐藤謙防衛事務次官から携帯電話に着信があり、邦人救出のため政府専用機を準備するよう指示された。遠竹は直ちに政府専用機の羽田移動準備に関する措置を指示した。登庁後は、航空自衛隊基地の警備強化、アメリカ軍との連絡調整の緊密化を指示した。さらに、同様のハイジャック機の侵入に備えるため、航空総隊司令官と警戒態勢の強化について協議した[14]。

同じ頃、中谷正寛陸上幕僚長はアメリカのエリック・シンセキ陸軍参謀総長主催の太平洋地域陸軍参謀総長会議に出席していた。第一報は、シンセキ大将からもたらされた。中谷陸幕長は、直ちに帰国を決心、弔意を伝えるためシンセキ参謀総長の部屋を訪れ約三〇分懇談した。シンセキ参謀総長は、「アル・カイーダの仕業」と断定的に語ったという[15]。

石川亨海上幕僚長は、在日米海軍司令部に電話し「我々に何かできることはありますか」と見舞いの電話をした。これに対してチャプリン司令官は「海からのテロが怖い」と回答した[16]。

石川海幕長は、さらに、このときハワイにいた香田洋二防衛部長の帰国を指示した。香田は、アメリカ太平洋艦隊司令部との定例会議に出席のためハワイを訪問中であった。同時多発テロの発生により第二日目の会議の中止が決まっていた。東京から「便があり次第速やかに帰国せよ」との電話があったが航空機の運航は民間機はもちろん軍用機もすべて停止していた。香田は太平洋艦隊司令部を通じてアメリカ空軍に依頼し、在韓アメリカ軍の高官が韓国に戻るため例外的に運航される韓国行きの便に搭乗し韓国の烏山経由で一二日一九時過ぎ横田基地に到着した。アメリカ海軍基地のゲートはすべて閉鎖され、ピリピリした緊張感に包まれていたという[17]。

この日、防衛庁長官の中谷元は東ティモールの国連平和維持活動（ＰＫＯ）に自衛隊を派遣する準備のためインドネシアにいた。夕食の最中に第一報が入ると、中谷長官は直ちに東ティモール行きをキャンセルし帰国の途についた[18]。

首相官邸の対応もきわめて迅速で、直ちに対策本部が設置された。官邸にいた小泉純一郎首相のもとに麻生太郎自民党政調会長、福田康夫官房長官、上野公成官房副長官、安倍晋三官房副長官、大森啓治官房副長官補、神崎武法公明党代表、杉田和博危機管理監、そして田中真紀子外相ら政府・与党の要人が次々と駆けつけた。

安倍官房副長官は、翌一二日朝に安全保障会議を招集することを提案、小泉首相は直ちにこれに同意した[19]。

危機管理センターにも、堀内光雄自民党総務会長、村井仁国家公安委員長、青木幹雄参議院自民党幹事長らが駆けつけていた。[20]

小泉首相は「テロリズムとの闘いをわが国自らの安全確保の問題と認識して主体的に取り組み、同盟国たる米国を強く支持し、米国をはじめとする世界の国々と一致結束して対応する」という基本方針を定め、国際緊急援助隊の派遣準備、アメリカ軍関連施設の警備強化などを指示した。[21]

◇九月一二日：東京

九月一二日〇一時、防衛庁中央指揮所の地下三階にある防衛会議室において庁議が行われた。長官が不在であったため長官席には萩山教厳副長官がついた。庁議の後、石川海上幕僚長は、東京湾および佐世保湾の警備強化を部隊に指示した。これに基づき、護衛艦、掃海艇等が密かに出航し、港湾の出入り口の警戒任務に就いた。[22]

九時三九分、小泉首相は安全保障会議を招集し、六項目からなる「政府対処方針」を決定した。一〇時一六分、小泉首相は記者会見に臨み「今回の同時多発テロ事件は、数多くの尊い人命を奪う極めて卑劣かつ許しがたい暴挙である。米国のみならず民主主義社会に対する重大な挑戦であり、強い憤りを覚える。我が国は、米国を強く支持し、必要な援助と協力を惜しまない決意であり、このようなことが二度と起きないよう世界の関係国とともに、断固たる決意で立ち向かう（要旨）」と述べ、六項目からなる政府対処方針を発表した。[23] その内容は次のとおりであった。

一　関係省庁が一体となり、政府全体として邦人の安否確認を含めて情勢の的確な把握と対応に万全を期する。

二　邦人関係者に対して、できる限りの対策を講じるとともに、国際緊急援助隊の米国への派遣等を検討し、要請があれば速やかに対応できる体制を整える。

三　国内の米国関連施設等の警戒警備を強化するとともに、情勢に応じ臨機必要な措置を採る。

四　国民に対する適切な情報提供及び注意喚起に努める。

五　国際テロに対しては、米国をはじめとする関係国と力を合わせて対応する。
六　世界及び日本の経済システムに混乱を生じないよう適切な措置を講ずる。

こうした首相官邸の対応を踏まえて防衛庁・自衛隊では、中央監視チーム等の要員を大幅に増強するなど中央指揮所の態勢を強化するとともに、庁内の各種情報機関の情報収集態勢の強化を徹底した。また、全自衛隊施設の警備、特にアメリカ軍との共同使用施設である三沢、横須賀、厚木、岩国の警備を強化し、さらに、警戒監視についてもその態勢を強化するための措置を取った。

国際緊急援助隊の派遣準備に対応して、政府専用機二機を羽田に前進待機させた。[24]

**注**：政府専用機については、アメリカ政府から国際緊急援助隊の派遣は当面必要ないとの回答があり、国際緊急援助隊の待機が解除されたことに対応して、同月一三日に待機態勢を解除した。[25]

海上幕僚監部では、幕内首脳との打ち合わせを終えた河野克俊防衛課長が「先入観抜きで、やれることを全部リストアップ」する作業を部下に命じた。海幕の首脳陣は、「湾岸戦争では、アメリカは西部劇の保安官だった。悪いイラクに侵略されたクウェートを助ける正義の味方だった。だが、今回は自分がやられた。その怒りは湾岸戦争の比ではない。これは戦争だ」と、アメリカの心情を受け止めていた。しかし、アメリカ太平洋艦隊司令部は何も求めてきていない。アメリカが沈黙している。「アメリカ人がしゃべらなくなったときほど怖いものはない。『やれることがあるなら、自分で決めてやれ。やれないなら邪魔するな』ということか[26]」、そういう思いが「先入観抜きで、やれることを全てリストアップしてみろ。法律にかすっても、何とか解釈できるものを挙げろ。あとは政治が判断する」という指示につながっていた。

テロ攻撃及び米軍支援に関する海上自衛隊の対応案　　　別表

| 【実施項目】 | 【根拠】 | 【派遣部隊】 | 【行動範囲】 |
|---|---|---|---|
| 基地整備 | ●防衛庁設置法５条18項（所管事務遂行に必要な調査研究）<br>●日米共同使用化により、同法５条12項（施設管理関連）<br>●治安出動 | 護衛艦、潜水艦、回転翼哨戒機、哨戒機 | 横須賀、佐世保、厚木、岩国、沖縄基地周辺 |
| 機動部隊進出時の護衛 | ●共同訓練<br>●治安出動 | 護衛艦、潜水艦、回転翼哨戒機、哨戒機、補給艦 | 日本周辺からインド洋に至る海域 |
| 情報収集及び提供 | ●防衛庁設置法５条18項 | 哨戒機（ＥＰ－３、ＯＰ－３を含む） | 日本周辺海域（沖縄からのＥＰ－３の行動範囲） |
| 米軍派遣海上ルートでの支援、シージャック防止（洋上補給、後方地域捜索救助活動、船舶検査活動） | ●周辺事態安全確保法<br>●船舶検査活動法 | 護衛艦、補給艦、輸送艦 | インド洋 |
| 在外邦人等の輸送 | ●自衛隊法100条の８ | 護衛艦、輸送艦 | インド洋 |

出典：『自衛隊　知られざる変容』朝日新聞「自衛隊50年」取材班（朝日新聞社、平成17年）27頁

かくして海上幕僚監部でまとめられたのが「テロ攻撃及び米軍支援に関する海上自衛隊の対応案」であった。この案は、河野防衛課長はもちろん、香田洋二防衛部長も仔細にチェックしてできあがったもので、その内容は別表のとおりであった。

海上幕僚監部はこの案を防衛庁内局に提示した。これを受けた内局の文官官僚は「面倒なものを持ってきて」と苦々しげな表情を浮かべたと、少なくとも海幕側はそう感じ取った[27]。

この日、防衛庁防衛局では局長以下幹部が集まり、自衛隊が派遣される場合の法的な根拠をどこに求めるかについて内々の検討を始めていた。「安確法（周

辺事態法）で出すのは厳しいのではないか。常識的に見て（自衛隊艦艇の派遣が予測される）インド洋は『周辺』ではないだろう」、「わざわざ新しい法律を作るのは『周辺とは地理的概念ではない』と繰り返してきた周辺事態の定義と矛盾してしまう。自衛隊派遣のタイミングを失する可能性もある」といった意見が出ていたが、大勢は周辺事態法に基づく対応に傾きつつあった[28]。

内局の感触が思わしくないと判断した海上幕僚監部の幕僚達は、背広に着替えて永田町に足を運んだ。国会議員に説明して戦争が迫っていることを理解して貰うためであった[29]。

こうした海上幕僚監部の動きに外務省が反応した。外務省が積極的に動き出した背景は、湾岸戦争の苦い教訓であった。当時、外務省が中心となって立案した国連平和協力法案は、多国籍軍への自衛隊の後方支援をめぐって国会が紛糾し、法案は廃案となった。そのため日本政府は総額一三〇億ドルにのぼる財政支援を行ったが、国際社会から「余りに小さく、余りに遅い（Too Little too late）」と評価されたに過ぎなかった（第四巻第三章第一節参照）。この轍を踏んではならないというのが外務省内にあった共通の思いであった[30]。

外務省は海上幕僚監部と非公式に調整を始めた。外務省と各幕僚監部の間には、安保課等への自衛官の出向、防衛駐在官としての海外大使館での勤務、アメリカ軍との関係などを通じて以前から相当の人脈が出来上がっていた。特に海上幕僚監部とアメリカ海軍の関係は格段に緊密であり、必然的に外務省とも密接に連携する関係にあった。

調整の結果、アメリカ軍施設警備、情報収集のための護衛艦の派遣など「テロ攻撃及び米軍支援に関する海上自衛隊の対応案」の内容が「外務省案」に盛り込まれることとなった[31]。

◇九月一二日：ワシントンＤＣ

九月一二日、アメリカではホワイトハウスの閣議室で国家安全保障会議が開催され、これに中央軍司令官らがテレビ電話で参加していた。ホワイトハウスからはジョージ・Ｗ・ブッシュ大統領、ドナルド・ラムズフェルド国防長官、コリン・パウエル国務長官、ジョージ・テネットＣＩＡ長官らの閣僚達、中央軍司令部からはトミー・フランクス司令官とマイケル・Ｐ・デロング副司令官が参加した[32]。

この会議では、「アル・カイーダの仕業であることに間違いない」という点では参加者の見解は一致していた。ブッシュ大統領が「一時期にひとつのことをすることにしよう。我々が知っている相手とやる。アル・カイーダのせいだということは判っている。アル・カイーダに焦点を当てよう[33]」と、討議を総括した。

会議のあとブッシュ大統領は、イギリスのブレア首相、カナダのクレティエン首相、フランスのシラク大統領、ロシアのプーチン大統領、ドイツのシュレーダー首相、中華人民共和国の江沢民国家主席と相次いで電話で協議し、今後の支援を要請した[34]。

一方、ラムズフェルド国防長官とヒュー・シェルトン統合参謀本部議長は中央軍司令部に電話し、手始めにアフガニスタン戦争の計画を作成するよう指示した。これに対してフランクス中央軍司令官は次の三案からなる計画を提示した[35]。

一　アル・カイーダの訓練キャンプに対する巡航ミサイル攻撃
二　アル・カイーダの訓練基地及びタリバンの軍事基地に対する巡航ミサイル攻撃及び爆撃機による爆撃
三　巡航ミサイル攻撃、爆撃機による爆撃及び陸軍特殊作戦部隊並びに海兵隊からなる地上軍を組み合わせた攻撃

◇九月一二日：ニューヨーク

ニューヨークでは九月一二日に国連安全保障理事会が開催され、「九月一一日にアメリカで発生したテロリストによる攻撃（テロ攻撃）は国際の平和及び安全に対する脅威である」とする内容の安保理決議第一三六八号が採択された。

**注**：「国連安保理事会決議第一三六八号（〇一、九、一二）」の要旨は次のとおり。

二〇〇一、九、一一に発生した米国におけるテロ攻撃は、国際の平和と安全に対する脅威であると認定。全ての国連加

盟国に対し、テロ攻撃の実行者、組織者及び支援者を法で裁くため共同して取り組むことを要請。全ての国連加盟国に対してさらなる協力並びに国際テロ対策条約及び関連国連安保理決議などの完全な実施によって、テロ行為を防止するための一層の努力を要請[36]。

◇九月一三日：東京

九月一三日、首相官邸で古川官房副長官の主催する極秘の会議が開かれていた。出席者は外務省の谷内正太郎総合外交政策局長、藤崎一郎北米局長、防衛庁の佐藤謙防衛事務次官、首藤新悟防衛局長、内閣法制局の秋山収次長、そして内閣官房から大森啓治副長官補（防衛）、浦部和好副長官補（外務）であった[37]。

この極秘の会議は行動を秘匿するため「古川勉強会」と呼称された。古川副長官は出席者に対して「憲法論ではなく、日本が何をすべきか、政策論で考えよう。そのうえで憲法に照らして考えよう」と指示した。憲法論でなく政策論で考える。危機が本当に危機であり、憲法が国民を守り国を律するための道具だとすれば、当然の判断であるが、日本の官僚機構を支配する「法学部文化」からすれば画期的なことであった[38]。古川はさらに「外務大臣、防衛庁長官には内容を報告しないでほしい。これは官邸としての厳命だ」と官邸主導で事を進める強い意向を示した。当時、田中真紀子外相と外務官僚との間に軋轢があり、情報漏洩事件が相次いだことを考慮したものとも考えられた。この日から、ほぼ連日会議が行われることとなる[39]。

◇九月一四日：東京

九月一四日、海上幕僚監部はアメリカ第七艦隊の空母「キティホーク」が修理を終え、近くドックを出ることを知った。在日アメリカ海軍司令部が、東京湾を出るまでの間の「キティホーク」の護衛を海上幕僚監部に打診してきたからであった。空母は多数の駆逐艦などに囲まれて空母機動部隊として外洋を航行するときは強力な攻撃力を持つ大戦力であるが、入港中や狭い東京湾を単独でしかも低速力で航行する際には戦力とはなり得ず、航空機を用いたテロに襲われるような事態になればひとたまりもないことを海上幕僚監部の幕僚たちは熟知していた。

海上幕僚監部はこの空母護衛を引き受けるべきと考えた。アメリカに対して「日本はアメリカの味方だ」というメッセージをできるだけ早く発信することが重要であり、そうした観点からは空母護衛は願ってもない機会であると考えたのであった。

しかし、平時にアメリカ軍の警備を行うとすれば、それは海上保安庁や警察の仕事というのが法制上の規定である、これをどうクリアするかが問題であった。やがて内局と海上幕僚監部の間で激論が交わされることとなる。

◇九月一四日：ワシントンＤＣ（駐米日本大使館）

ワシントンでは事件発生以来、ホワイトハウス、国務省、国防総省の日本担当者から「日本人も多数被害に遭っている、日本自身の問題としてどう主体的に対応するのか教えてほしい」との要望が相次いでいた。このため日本大使館として、国務副長官の率直な意見を聞いておく必要があるとの判断に至り、一四日にはアーミテージと会談する方針を固めた。アーミテージは、モスクワ訪問の準備に追われていたが、柳井大使の要望に対して「時間はあまり取れないが短時間ならば会える」と応じ、一五日に会談が行われることとなった[40]。

◇九月一五日：東京

九月一五日夕刻、古川官房副長官は大森官房副長官補を伴って福田官房長官の私邸を訪れ「自衛隊派遣のために、特措法を制定する必要があります」と具申した。これに対して福田長官は即座に賛同の意を示した[41]。

当時、政府部内では当面する事態に対処するために、新法を制定するか、それとも周辺事態法の援用にとどめるかの論争があった。

周辺事態法の援用案は防衛庁から出たものであった。仮に新規立法で対応するとなれば、臨時国会での審議に時間がかかり、成立するかどうかも確証はない。アメリカが早期にアフガニスタン攻撃に踏み切った場合、支援が遅れる恐れもある。また、新法の成立だけで自衛隊を送り出すことはできない。物やサービスを互に貸し借りする取決めである「日米物品役務相互提供協定（ＡＣＳＡ）」を新法に基づいて新たに締結する手続きも必要となる。周辺事態でさえアメリカ軍と自衛隊はＡＣＳＡで貸し借りをするという規程が適用される。まして周辺事態よりも日本の安全に及ぼす影響が少ないテロ掃蕩支援で燃料や物品を無償提供したのでは法律上のバランスが取れない。このような理由から、防衛庁は周辺事態法の適用で自衛隊を派遣すべきと主張していた。防衛庁の議論を主導していたのは増田弘平審議官であった[42]。

一方、外務省でも、野上義二事務次官の指揮で、テロ発生翌日の一二日から、想定される活動と法律の検討が進められていた。同時テロは「我が国周辺地域におけるわが国の平和及び安全に重要な影響を与える事態」ではない。また、今回の自衛隊派遣は日米安保条約の枠内で実施するものでもない。周辺事態法はアメリカ軍との協力にしか適用できず、外国の領土や領海での活動も除外している。外国の領土や領海に活動範囲を広げるよう周辺事態法を改正するには国会審議に時間がかかる。どうせ時間がかかるなら日米安保の枠で泥縄式の対応をとるより、新規立法の方が筋が通る。外務省内は新法制定の方針で条約局も北米局もまとまっていた[43]。

この対立の淵源は周辺事態法制定時にあった。外務省は、国会答弁においてフィリピン以北を極東と規定してきた経緯があり、「日本周辺」を地理的概念ではないとしながらも、これとの整合性を図る必要性があった。平成一一年五月二二日の衆議院外務委員会において、高野紀元外務省北米局長が「日本周辺は、極東ないし極東周辺を概念的に超えない」と答弁したのはそうした理由からであった[44]。この考えからすれば新規立法は当然の帰結であった。

これとは逆に、防衛庁は周辺事態は地理的概念ではないのだから、高野の考えは認められないとの立場であった。しかし、防衛庁の主張では、アフガニスタンを「日本周辺」と説明する難しさがあり、さらに、①周辺事態法により日本が後方地域支援を実施できる場所は、日本国内および公海に限られていること、②周辺事態法ではアメリカ軍以外には支援できないこと、③日米安保条約の枠内で考えられていること、の三点をどうクリアするかという問題があった。①の問題は他国領域に入れないことであるが、現実問題としてはテロとの戦いにおいてはパキスタン領域に入る事態も予想された。②についてもインド洋で補給・輸送などの支援を行うとすれば、ディエゴガルシア島を領有するイギリスに対する支援ができないのは非現実的であった。③についても周辺事態法の適用はテロとの戦いのような国際協調行動にはなじまないという問題があった。[45] こうしたことから、古川勉強会の議論は次第に新規立法に傾いていったのであった。特に、福田長官の賛同は論争の方向性を決定づけるものとなった。[46] いつも冷静な福田が「新法は一週間でやろう」と意気込んだという。[47]

福田官房長官が新法制定の腹を決めたのを受けて、外務省は六項目からなる対策案をまとめた。防衛庁、海幕の懸念を考慮した内容で「二段構え」の、概要次のようなものであった。[48]

一　テロ対策特措法により、輸送、補給などの対米支援を行う。

二　法律成立までの間に日本の存在を示すため「情報収集」目的で護衛艦を派遣する。

同時に、外務省はテロ対策特措法の原案をまとめて官邸に提出した。大江博条約課長が周辺事態法を下敷きに法案のたたき台を部下に口述筆記させ、わずか三時間後には大森官房副長官補のもとに届けるという早業であった。受け入れ国の同意を条件とした他国領土での活動、国連の武力行使容認決議を必要としない主体的活動など、法案の骨子はこの時点で固まり、[49] 新法制定がいよいよ本格的に動き出すこととなったのであった。

◇九月一五日：ワシントンＤＣ

九月一五日一〇時過ぎ、柳井俊二駐米大使、小松一郎公使（政治担当）の二名がアメリカ国務省七階の国務副長官室でリチャード・アーミテージ国務副長官と極秘裏に会談した。「忌憚なく話したい」という柳井大使の申し出により、メモを取らない約束で会談が始まった。

柳井大使は会談の冒頭「小泉首相も田中外相もアメリカへの最大限の支持を表明している。言葉だけでなく、具体的な形でアメリカに協力したい。そういう強い気持ちを持っている」と切り出しアーミテージに率直な意見を求めた。

これに対してアーミテージ国務副長官は、「今アメリカは未曾有の国難の時期だ。こういう時だけに、アメリカ国民はそれぞれの同盟国が、どういうふうに協力の手を差し延べてくれるか、じっと目を凝らして見ている。友人として失礼を省みずにいうならば、私は今回の事件への対応について、日本が湾岸戦争のときのような対米協力をめぐる問題を避けることがどうしても必要だと考えている。前車の轍を踏むことを避けるために何より大事なのは、一刻も早く『日の丸や日本人の顔が見える』具体的な協力を、まずは意図表明でもいいから打ち出すことである。タイミングは命であって、今どういうアクションを取るかが極めて重要である。アメリカは日本の憲法の制約は承知しており、日本に実戦部隊の戦闘への参加を求める考えは毛頭ない。しかし、後方支援の分野で日本の顔が見えるような協力を憲法の範囲内で行う余地は十分にあると思う。この分野の中でさまざまな活動が考えられるであろうが、運ぶものは何でもいいので、海上自衛隊の艦艇や航空自衛隊の航空機が米軍の輸送に協力する用意があるとの意図をなるべく早いタイミングで、日本の自発的な決定として公式に明らかにすることは極めて有効で高く評価されると思う。（非同盟国のインドやパキスタンが米国への全面協力を申し出ていることを考えれば）同盟国の日本に対して米国の期待がいやがうえにも高まるのは極めて自然だ」と答えた(50)。

会談内容は、記憶を頼りに公電にまとめられ外務省に報告された。この報告は、自衛隊派遣に向けた小泉内閣の動きを本格化させる引き金となった。

**注**：この会談を伝えた後日の報道でアーミテージが「ショー・ザ・フラグ」という言葉を使ったとされたがそういう事実はなかった。しかしこの言葉は、状況を端的に表わし解かり易いことから、自衛隊派遣を促す側も、それを批判する側も「キーワード」としてしばしば使用するようになった。

## 二　テロ対策特別措置法の制定、自衛隊法の一部改正

平成一三年九月一六日、小泉首相は内閣官房からの報告を受け、安倍晋三、古川貞二郎両官房副長官らに新規立法の検討を加速させるよう指示[51]するとともに、自民党の山崎拓幹事長と会談し武力行使と一体化しない後方支援を可能にするために新たな法律の制定を検討することを伝えた[52]。

それまで山崎幹事長は、現行法の適用によって対応する途を模索し、新規立法には消極的な姿勢であった。新規立法は集団的自衛権の行使に踏み込む可能性があることから解釈改憲の範囲拡大は避けられず、結果として憲法改正を遅らせるのではないか、山崎幹事長にはそういう思いがあった。このため内閣官房では小泉首相との会談前に山崎を説得しておく必要があると考えるに至り福田官房長官が説得したがうまくいかなかった。山崎を口説いたのは大森であった。大森は、日本の行動は武力の行使を伴うものではなく、国際協調行動であり、集団的自衛権などの憲法問題とは直接関係ないと四〇分間にわたり説明した。山崎は納得し、テーブルの上にあったチョコレートを大森にすすめ、二人でそれを食べたという[53]。

九月一七日、小泉首相は、田中真紀子外相、中谷元防衛庁長官に対して、憲法の枠内でのテロ対策を検討するよう指示した[54]。

九月一八日、自民党、公明党、保守党の与党三党は常設の与党安全保障プロジェクト・チームとは別に、三党の幹事長・政調会長等の党幹部による与党テロ対策協議会の設置を決めた[55]。

九月一九日、小泉首相は臨時記者会見を行い「米国における同時多発テロへの対応に関する我が国の措置について」と題する政府の対応方針を発表した。その内容は、外務省案の六項目に出入国管理の国際的情報交換強化という法務省の要望した一項目を加えたもので次のとおりであった。[56]

米国における同時多発テロへの対応に関する我が国の措置について

一　基本方針

（一）テロリズムとの戦いを我が国自らの安全保障の問題と認識して主体的に取り組む。

（二）同盟国である米国を強く支持し、米国をはじめとする世界の国々と一致結束して対応する。

（三）我が国の断固たる決意を内外に明示し得る具体的かつ効果的な措置をとり、これを迅速かつ総合的に展開していく。

二　当面の措置

（一）安保理決議第一三六八号において「国際の平和及び安全に対する脅威」と認められた本件テロに関連して措置をとる米軍等に対して、医療、輸送・補給等の支援活動を実施する目的で、自衛隊を派遣するため所要の措置を早急に講ずる。

（二）我が国における米軍施設・区域及び我が国重要施設の警備をさらに強化するため所要の措置を早急に講ずる。

（三）情報収集のための自衛隊艦艇を速やかに派遣する。

（四）出入国管理に関し、情報交換等の国際的な協力をさらに強化する。

（五）周辺及び関係諸国に対して人道的・経済的その他必要な支援を行う。その一環として、今回の非常事態に際し、米国に協力するパキスタン及びインドに対して緊急の経済支援を行う。

（六）避難民の発生に応じ、自衛隊による人道支援の可能性を含め、避難民支援を行う。
（七）世界及び日本の経済システムに混乱が生じないよう、各国と協調し、状況の変化に対応して適切な措置を講ずる。

この日、与党の党首会談が行われ、与党三党は正式に新法を制定することで合意した。これを受けて安全保障・危機管理担当の大森官房副長官補をチーフとする内閣官房の「テロ対策法案検討チーム」が法案作成の実務を担い、与党との政治調整には安倍官房副長官が当たる体制が整った(57)。この「テロ対策法案検討チーム」は、小泉内閣発足直後に設置された「有事関連法案検討チーム」の目的を急遽変更したものであった(58)。

九月二〇日未明、日本を含めた主要八カ国がテロと対決する共同声明を発表した。小泉首相が対米支援策七項目の発表からわずか五時間半後のことであった(59)。

この日、福田官房長官は岡本行夫を内閣参与に任命すると発表した。当時、田中真紀子外相と外務官僚との関係がギクシャクしており、外務省は機能不全に陥っていた。官邸主導外交でこれを補うため湾岸戦争当時外務省でアメリカ軍に対する支援協力問題を担当した岡本の力が必要と考えられたからであった(60)。

**注**：岡本は直ちにアメリカにわたり、アーミテージ国務副長官、ウオルフォウッツ国防副長官、マイヤーズ統合参謀本部議長らと会談、さらにライス国家安全保障担当補佐官と会談した。ライスとの会談ははじめてであったが、岡本は湾岸戦争での日本の屈辱を語り、日本の協力に対する正当な評価を求めた。ライスは岡本の気持ちをブッシュ大統領に伝えると約束した。岡本がライスと会談したのは、海上自衛隊の護衛艦が「キティホーク」の護衛（次述）に当たった直後のことであり、この時点でアメリカの日本に対する評価は固まっていた(61)。

九月二一日早朝、小雨降る横須賀基地を「キティホーク」が出港した。周りは第三管区海上保安部の巡視船艇二六隻が取り囲んでいた。「キティホーク」が浦賀水道に差し掛かると海上自衛隊の護衛艦「しらね」と「あまぎり」が「キティホーク」の前後について護衛の態勢に入った。その姿は、ＣＮＮテレビを通じてアメリカ国内で繰り返し放映された。効果はてきめんであった。アメリカ安全保障会議の幹部が「この日を境に、日本の評価はぐんと上がった」と日本の外交官に語ったという[62]。

海上自衛隊による護衛の法的根拠としたのは防衛庁設置法第五条第一八項の「所掌事務の遂行に必要な調査及び研究を行うこと」の援用であった。

**注**：海上自衛隊の護衛艦が空母の護衛を行う件は、事前に防衛庁内局防衛政策課長から官房長官秘書に連絡していたが福田官房長官の耳に入っていなかった。福田長官は「少なくとも私の耳には入っていなかった」と不快感を表明した。秘書官は代わったばかりであり事の重大性に気づいていなかった可能性がある。重要事項であり、官房長官に確実に伝えるよう念を押さなかった防衛庁防衛政策課長のミスということになる[63]。海幕の動きに不快感を抱いていた内局が、敢えて念を押さなかった可能性も否定できず、三矢問題の場合と同様、内局がシビリアン・コントロールの阻害要因になっていたと見ることもできる。この件では、自民党の有力議員からも批判が出たため、「キティホーク」が九月三〇日に一旦横須賀に戻り、一〇月一日にインド洋に向けて出航した際には、護衛は海上保安庁の巡視船艇二四隻で行われ海上自衛隊による護衛は行われなかった。

九月二五日、小泉首相がワシントンを訪れブッシュ大統領と会談した。小泉首相は会談の冒頭「今回のテロはまさに他人事ではない。日本自身の問題として主体的にテロに取り組むべきだと確信している」と、テロに対して日本が主体的に取り組む姿勢を強調した。

この会談で小泉首相は、対米支援のため自衛隊を派遣し、医療、難民支援、情報収集、物資輸送などの分野で協力する方針を伝えた。自衛隊の活動については「武力行使に当たらない範囲で、可能な限り貢献できるよう新法を作る準備を進めている」と、新法の早期成立を目指す決意を表明した。かくして、日本の支援は、対米公約と位置づけられることとなった(64)。

一方、首相官邸では内閣官房を中心に法案作成が進められていた。法案は外務省案が土台になっており、集団的自衛権に関する内閣法制局との調整等が大きなヤマ場になると思われた。

官邸では安倍官房副長官が自民党への根回しに動いていた。安倍副長官は、佐官クラスの自衛官とも勉強会を開き直接意見を聞いた。安倍の狙いは現場の自衛官たちの生の声を小泉首相に伝えることであった。こうした生の声は、その後の国会答弁における「危険なところには行かせないなどとは言えない。何処が危険か判らない。あの事件が起こったのはニューヨークだった」といった発言に繋がった。

安倍が制服組と直接話したのは、防衛庁の背広組組織である内局には不愉快であったらしく、「お会いしたのは誰か、他意はないから教えてください」と内局官僚が安倍のもとにやって来た。安倍は「他意がないのなら聞く必要はないのではないか」と断わったという(65)。

旧内務官僚が中心となって発足した防衛庁内局には、こうした「岡っ引き」まがいの習性があることは否定できない。彼らは重大な局面でしばしば卑劣な行為を繰り返してきた。三矢研究のとき（第四巻第一章第四節参照）も、ＭＩＧ―25事件のとき（第四巻第二章第二節参照）もそうであった。安倍副長官から勉強会に参加した自衛官の名前を聞き出そうとしたのも、見せしめのため参加者を中央から追放することが「文官統制」のカナメと考えたからに相違なかった。

**注**：平成二〇年（二〇〇八年）の田母神俊雄航空幕僚長の更迭も、直接の理由はともかく、その根底にこの場合と同様の手

法が使われたことを見逃してはならない。

九月二八日、ニューヨークでは国連安保理事会が開かれ、各国にテロ防止関連条約の締結、テロ資金対策をはじめとする広範なテロ対策の実施を全加盟国に対して求める安保理決議第一三七三号を採択した[66]。

こうした動きのなか、内閣法制局や与党三党との調整を通じて持ち上がってきた問題については所要の修正も行われていた。

第一に、新法を制定する根拠を何に求めるか、という問題があった。九月一二日の国連安保理決議第一三六八号は「テロ攻撃に対してすべての必要な措置をとる用意がある」と表明してはいたが、アメリカ軍等の武力行使を国連が容認したものとは解釈できなかった。また、アメリカはテロに対する軍事行動を国連憲章第五一条の個別的自衛権で対応することとし、武力行使の根拠となる新たな国連決議を求めない立場を既に表明済みであった[67]。

こうした状況から、当初案の「米軍等の活動支援法案」とすることには無理があった。このため新法の目的を、「米軍等の支援」から「テロ防止・根絶のための国際協力」に変更し、法案の名称において「国際連合憲章の目的達成のための諸外国の活動に対して我が国が実施する措置」と明記し、国連憲章に則ったものであることを強調する変更がなされた。さらに、自衛隊の協力活動に被災民（難民）に対する支援を加えることとなり、法案の名称にも「国際連合決議等に基づく人道的措置」が加えられることとなった。これらは、アメリカ軍の活動支援という意味合いをできるだけ少なくしたいという公明党の意向に配慮した結果であった[68]。

第二に、時限立法か恒久法かの問題があった。公明党は時限立法を要求、自民党内でも加藤紘一・元幹事長らが時限立法に賛成しており、結局、恒久法化は見送られた[69]。

第三に、対応措置の内容と活動範囲の問題があった。外務省が作成した法案の下敷きは周辺事態法であったが、対応措置、活動範囲についてはこれを超える内容が含まれており、再び集団的自衛権との関係が問題となった。

平成二年に廃案となった国連平和協力法案の審議の際、内閣法制局は、前線への武器弾薬の供給・輸送、戦闘地域での医療活動は「武力行使との一体化」からみて問題があるとした反面、戦闘行為が行われている地域から一線を画す地域で、医療品や食糧品の輸送を行うことは一体化に当たらないと答弁し「戦闘地域と一線を画す地域」という概念を採用することで、他国軍に対する後方支援の正当性を法理論面から裏付ける答弁を行っていた（第四巻第三章第一節参照）。

テロ対策特措法案の土台となった周辺事態法ではこの解釈を敷衍して、自衛隊の活動地域を「現に戦闘行為が行われておらず、かつ、そこで実施される活動の期間を通じて戦闘行為が行われることがないと認められる地域」と規定し、活動内容についても、補給、輸送、修理および整備、医療、通信、空港および港湾業務、基地業務の七項目の後方地域支援と、補給、輸送、修理および整備、医療、通信、宿泊、消毒の七項目の後方地域捜索救助活動を可能とした。但し、後方地域支援のうち、輸送以外は我が国領域内で行うものとされており、公海およびその上空での活動についても「我が国周辺の」という地理的制約がついていた。また、外国の領域における活動については、当該国の同意を得た後方地域捜索救助活動のみを認める趣旨であった(70)。

新法を制定する趣旨からすれば、地理的範囲や協力支援内容について、周辺事態法の規定を超えた内容を盛り込む必要があることは明白であり、集団的自衛権の問題について厳しい解釈を示してきた内閣法制局や、与党内でも慎重姿勢を崩していない公明党との調整の難航が予測された。

内閣官房案は、地域的範囲について「戦闘行為の行われていないことが認められる我が国の領域及び公海並びにその上空の範囲」と規定しており、周辺事態法に比し地域的制限を緩和していた。また、自衛隊による後方支援（協力支援）活動には、武器・弾薬の提供や発進準備中の航空機に対する給油および整備、船舶検査活動における旗国の同意の適用除外も含まれていた。さらに、戦闘地域であっても医療活動を認めるとしていた。まさに内閣法制局が武力行使との一体化に抵触するとして認めていなかった分野に踏み込んだものであった。このため、これを自民党の国防有力議員を中心に衆議院提出の議員立法とすることも検討された[71]。

予測されたとおり、この案には与党三党によるテロ対策協議会において公明党が強い難色を示した。公明党の冬柴鉄三幹事長は「戦闘地域と一線を画した後方地域での輸送などでなければ許されない」として、内閣官房案を強く批判した[72]。

これらの問題点については、最終的に小泉首相と与党党首との党首会談が開かれ、自衛隊の活動地域は「現に戦闘行為が行われておらず、かつ、そこで実施される活動の期間を通じて戦闘行為が行われることがないと認められる地域」という周辺事態法の定義がそのまま採用され、そうした条件のもとでは、公海およびその上空に加えて、同意を得た他国の領土・領海においても、自衛隊による協力支援活動、捜索救難活動、被災民救援活動の対応措置を実施することが可能となった。公明党が慎重に対応するよう求めた武器・弾薬の輸送も含まれることとなった[73]。

武器・弾薬の輸送が含まれることとなったのは、公明党に対する安倍官房副長官を中心とする根回しが功を奏した結果であった。

被災民の救援活動については、与党三党の幹事長間の協議の結果、国連の要請を待ってＰＫＯ協力法で対処することで一致した[74]。

第四に、武器使用基準の問題があった。陸上幕僚監部は、この問題を重視しロビー活動を怠らなかった。最終的には、「職務を行うに伴い、自己の管理の下に入った者の生命・身体の防護のためやむを得ない限度で、武器を使用することができる」との規定が盛り込まれることで内閣法制局も同意した[75]。

第五に、国会の関与のあり方、即ち、自衛隊の支援活動の実施を国会の事前承認事項とするか、事後承認事項とするかの問題があった。与党の中でも公明党には事前承認を主張する意見が強かったが、協議の結果、最終的には、今回の自衛隊の派遣を時限措置とする観点から、特措法の制定自体を国会承認と看做す考え方を取ることとなった。かくして、基本計画に対する国会の関与は、当初案のとおり国会報告とすることで政府案が確定した。

このほか、国家重要施設の警備に関する自衛隊の役割を規定するため、自衛隊法の一部改正を行うことで与党三党の合意ができあがった。

一〇月五日、政府は法案を閣議決定し、直ちに国会に提出した。「平成一三年九月一一日のアメリカ合衆国において発生したテロリストによる攻撃等に対応して行われる国際連合憲章の目的達成のため諸外国の活動に対して我が国が実施する措置及び関連する国際連合決議等に基づく人道的措置に関する特別措置法」という長い名称の法案となった。併せて「自衛隊法の一部を改正する法律案」も提出された。

法案作成時の与党協議の段階で、テロ特措法案の所管は内閣官房とすることとなり、国会における趣旨説明も福田官房長官が行った。これによりテロ対策特措法案と自衛隊法の一部改正案の国会答弁も、福田官房長官と中谷防衛庁長官が主として当たることとなった。ちなみに国連平和協力法案（廃案）の所管大臣は外務大臣であり、周辺事態法の所管大臣は防衛庁長官であった。これからすれば、テロ対策特措法案の所管を自衛隊の海外派遣法制の所管である外務省または防衛庁とせず、内閣官房としたことは、当時の慣行からすれば異例のことであった(76)。

国会質疑における主要な論点は、総論的な問題として、戦闘行動中のアメリカ軍等に対する自衛隊の協力支援活動と憲法の理念との関係、個別的な問題として、自衛隊の活動内容や活動地域の線引きをどうするか、対応措置の国会承認をどうするか、に絞られていった。

憲法との関係について、小泉首相は、憲法前文と第九条の間に、すき間ないし曖昧な点があることを認め、個別的自衛権を行使しようとするアメリカ軍を日本が集団的自衛権の行使を認めないまま支援するテロ対策特措法を説明することの困難さを率直に認めていた(77)。その上で、小泉首相は、「テロ対策特措法に基づく自衛隊の派遣は、憲法第九条に抵触しない範囲内において、憲法前文及び第九八条の国際協調主義の精神に沿って、日本が、国際的な取組みに積極的かつ主体的に寄与するために実施する措置である」との考えを強調し野党の追及をかわした。(78)

自衛隊の活動内容に関しては、戦闘地域の定義について福田官房長官と中谷防衛庁長官の見解が異なるなどの混乱も見られた。また、戦闘地域に近いと考えられる外国領域にある活動地域において、武器・弾薬の輸送や傷病兵に対して行う医療行為がアメリカ軍等の武力行使と一体化する可能性がないかとの野党の追及に対して、説得力のある説明がなされたとは言い難いものがあった。

自衛隊の対応措置の国会承認については、同時多発テロへの対応に目的を限定した特措法であり、対応措置の必要性がなくなれば廃止することを前提としていることから、国会で法律が成立すれば対応措置の実施についても同意されたと看做し得るとの立場を示して野党の要求を否定した。

テロ対策特措法案が国会に提出された一〇月五日、政府は「国連難民高等弁務官事務所（ＵＮＨＣＲ）からのわが国に対するパキスタン・イスラム共和国（パキスタン）における人道的な国際救援活動のための物資の提供及びこの物資の輸送についての要請」に応えるため、アフガニスタン難民救援国際協力業務の実施計画および関係政令を閣議決定した。

これに基づき航空自衛隊は、航空支援集団第一輸送航空隊のＣ－１３０Ｈ輸送機六機、人員一三八名からなる「アフガニスタン難民救援空輸隊」（以下「空輸隊」と略称）を編組し、日本～パキスタン間のＵＮＨＣＲ物資輸送などの任務を付与した。一〇月六日、空輸隊のＣ－１３０Ｈは、愛知県の小牧基地を出発した。(79)

一〇月八日、アメリカ軍などからなる有志連合軍は、アフガニスタンに所在するアル・カイーダやタリバンへの攻撃（アフガン攻撃）を開始したが、空輸隊機は現地の情勢等の情報を継続的に収集しつつ、同月九日、パキスタンの首都イスラマバードのチャクララ空軍基地に到着、ＵＮＨＣＲ現地事務所にテントおよび毛布などの救援物資を引渡し、同月一二日に小牧基地に帰投した。わが国とパキスタンとの間の飛行距離は約九〇〇〇キロであり、途中フィリピン、タイ、インドの経由地に配備した航空自衛隊の運航支援隊が給油等の支援を行った[80]。

アフガン攻撃に伴い、わが国ではテロ対策特措法案を早期に成立させるべきとの機運が一層高まっていった。一〇月一五日、小泉首相と民主党の鳩山由紀夫代表との会談が行われた。民主党の主張する「事前承認」については小泉首相が最後まで認めなかった。一方、鳩山代表も、与党が「国会報告」を「事後承認」に修正した案を拒否した。小泉首相としては、連立与党内の結束を維持する観点から民主党との合意に反発する公明党に配慮せざるを得ず、一方、鳩山代表も、民主党内で賛否が分かれていることから政府との安易な妥協は許されない状況にあった。結局、会談は決裂した。

自衛隊法の一部改正に関しては、自衛隊の警備対象が、自衛隊施設やアメリカ軍基地などの防衛関連施設に限定され、原子力発電所や国会議事堂が含まれなかった。これは警察との権限の調整によって自衛隊の役割をより限定的にした結果であった。平時における自衛隊の行動に敏感に反応する警察と、銃を向ける相手が国民ではなくテロリストであることを承知の上で「国民に銃を向けるのか」と異議を唱える一部議員にも配慮せざるを得なかった結果の妥協案であった。

一〇月一八日、テロ対策特措法案、自衛隊法一部改正案、海上保安庁法改正案の三法が衆議院を通過、参議院外交防衛委員会における審議を経て一〇月二九日の参議院本会議で可決成立した。一〇月五日の法案提出からわずか二五日の成立は、異例の早さであった。

## 三　海上自衛隊のインド洋派遣、航空自衛隊の国外空輸の開始

平成一三年一〇月二九日に第一五三回臨時国会で成立したテロ対策特措法は、一一月二日に公布・施行された。こ

れに基づき、政府は同法に規定された基本計画及び実施要領の策定に取り組むこととなった。

基本計画の策定に先立ち、アメリカなどに対する協力支援活動などについて日米間で所要の検討・調整を行うための委員会を設置することとなり、一一月二日に第一回日米調整委員会が開催された。参加者は、日本側が防衛庁防衛局長、運用局長、外務省北米局長ほか、アメリカ側が在日米軍副司令官、駐日米国大使館主席公使、国防総省の次官補代理および国務省の次官補代理であった。この席上、アメリカ側は日本に対して「自衛隊の自己完結型の支援」を要請してきた。[81] アメリカ側は現地部隊の活動に支障をきたすような制約に満ちた支援策になることを強く懸念していたからであった。

一一月六、七日の両日、ハワイ州ホノルルのアメリカ軍キャンプ・スミスにある太平洋軍司令部で自衛隊の協力支援に関する日米の外務・防衛当局の課長レベルの協議が行われた。第一回日米調整委員会における協議に基づき具体的な検討を進めるためのものであった。日本側の参加者は、外務省の兼原信克日米安保条約課長、防衛庁の新保雅敏防衛政策課長、および、陸・海幕・空の各幕の防衛課長クラス、アメリカ側は太平洋軍司令部のレイモンド・ジョーンズ軍政部副部長（空軍准将）らであった。[82]

この協議の冒頭新保防衛政策課長が「自衛隊の活動範囲はアメリカ太平洋艦隊の管轄海域としたい。シンガポールから燃料を運びインド洋のディエゴガルシア島まで輸送する。アラビア海に入るわけにはいかない」と切り出した。これは武力行使との一体化と受け止められる可能性のある協力・支援、或は、集団的自衛権を行使しないとの原則に抵触する可能性のある協力・支援は極力回避したいという日本側（防衛庁内局）の思いをにじませた発言ではあった。[83]

しかし、この発言はアメリカ側からすれば極めて不満足なものであり、日本側に再考を促したが新保は主張を変えなかった。さらに、アメリカ側は日本側にイージス艦によるマラッカ海峡の警戒監視を打診したが、新保はこれも拒否した。新保は、イージス艦を派遣する場合でも、自衛隊艦艇の護衛しかできないと念押しした。基本計画策定の主管課長である新保の勢いに押されて、他の日本側出席者は発言を控えてしまった[84]。

新保の発言は、協議の直前に日本側出席者の間で確認していた日本側の方針どおりのものであったが、その口ぶりからアメリカ側の誰もが非協力的と受け止める結果となった。防衛庁内局のこうした慎重姿勢を、外務省や海上幕僚監部は苦々しく感じていた。

アメリカ側では、協議の全容が太平洋軍司令部から統合参謀本部を通じて、国防総省のジョン・ヒル日本部長に直ちに報告され、クリストファー・ラフルアー国務副長官補（東アジア・太平洋担当）、マイケル・グリーン国家安全保障会議（ＮＳＣ）日本部長らに伝えられた。

報告を受けたヒル日本部長は、駐米日本大使館の防衛駐在官（大使館付武官）を国防総省に呼び強い不満の意を伝えた[85]。

一一月八日、安全保障会議が開催され、情報収集のため護衛艦「くらま」「きりさめ」の二隻と補給艦「はるな」の計三隻、搭載ヘリコプターＳＨ―60Ｊ・四機、人員七〇〇名からなる情報収集のための部隊をインド洋方面に派遣することを決定した。九月一九日に小泉首相が「情報収集のため自衛隊艦艇を速やかに派遣する」と発表したことに基く措置であった。同じ八日の夕方、ハワイでの協議の全容が外務省から首相官邸の古川官房副長官に報告された。日本側でも外務省や海上幕僚監部内部で「なぜ防衛庁内局にブレーキをかけられなかったのか」と日米協議出席者に対して厳しい非難の声があがっていた。

外務省は、アメリカ側に強い不満が出ていることを伝えて、防衛庁内局の消極姿勢の転換を促すよう古川に求めた。「できる限りの支援を実施する」と表明した小泉首相の意向を踏まえて、古川官房副長官は即座に外務省の考えに同調した[86]。

一一月九日、新保ら防衛庁内局幹部は、首相官邸の古川副長官に日米協議の結果を報告を行った。これに対して古川は、「アメリカ軍への協力はもっと可能ではないか」と、防衛庁内局の計画案の全面見直しを指示した。これにより自衛隊活動の基本計画は、アメリカ軍の要望を最大限に取り入れた内容に修正されることとなった。[87] この日、情報収集のため自衛隊艦艇が佐世保を出航、一路インド洋に向かった。

一一月一四日、第二回日米調整委員会が東京で開催された。参加者は日本側が外務省の藤崎一郎北米局長、防衛庁の首藤信悟防衛局長ら、アメリカ側がクリステンソン駐日主席公使、ラフルアー国務副次官補らであった。[88] 日本側は自衛隊活動の基本計画概要をアメリカ側に提示、ペルシャ湾を含むインド洋で自衛隊の艦艇による輸送、洋上補給を実施することが正式に表明された。アメリカ側は「今回の協力は日米関係の新しい一章を開く行為だ。協力内容は、日米の良好な安保関係が結実したものだ。最大限有効に活用できるよう努力する。日本の努力に感謝したい」と謝意を表明した。

一一月一六日、政府は、「基本計画」を閣議決定し、同日国会に報告した。この基本計画は、第一回、第二回の日米調整会議の結果やインド洋方面に派遣した護衛艦等からの情報等を踏まえて総合的な検討を行いまとめたものであった。同日、これらの措置を行うに必要な予算を組み込んだ補正予算案が与党三党などの賛成多数で可決・成立した。政府は直ちに平成一三年度予算の予備費から対米支援のために約八〇億円の拠出を決めた。[89]

基本計画の概要は次のようなものであった。[90]

基　本　計　画

一　協力支援活動の実施に関する事項

ア　協力支援活動の種類及び内容

(ア)　補給（艦船による艦船用燃料などの補給）

(イ)　輸送（艦船による艦船用燃料などの輸送、航空機による人員・物品の輸送）

（ウ）その他〈修理及び整備、医療、〈国内における〉港湾業務〉

イ　協力支援活動の実施区域の範囲

（ア）艦船による補給及び輸送

a　わが国領域

b　インド洋（ペルシャ湾を含む）及びその上空

c　ディエゴ・ガルシア島及びそれに係る英国の領海並びにそれらの上空、オーストラリア領域

d　インド洋沿岸及びわが国領域からこれらに至る地域にある経由地・積卸地となる国の領域

e　a～d内の二地点間の艦船が通過する海域及びその上空

（イ）航空機による輸送

a　わが国領域

b　グアム島及びその上空並びにそれに係る米国の領域の上空、ディエゴ・ガルシア島及びその上空並びにそれに係る英国の領海の上空

c　インド洋及びわが国領域からこれに至る地域にある経由地・乗降地・積卸地となる国の領域

d　a～c内の二地点間の航空機が通過する空域

（ウ）その他

a　修理及び整備

わが国領域、艦船による補給・輸送の実施区域の範囲及び航空機による輸送の経由地・積卸地

b　医療

わが国領域、艦船による補給・輸送の実施区域の範囲

c　港湾業務
　わが国領域
ウ　協力支援活動を外国の領域で行う自衛隊の部隊
(ア)　規模及び構成
a　艦船による補給・輸送
　海上自衛隊の部隊（人員一二〇〇名以内、交替時は二四〇〇名以内）
b　航空機による輸送
　航空自衛隊の部隊（人員一八〇名以内）
(イ)　装備
a　艦船
　補給艦二隻以内及び護衛艦三隻以内（交替時はそれぞれ四隻以内、六隻以内）
b　航空機
　輸送機六機以内及び多用途支援機二機以内
c　その他
　輸送を行う航空自衛隊の部隊の自衛官の数に相応する数量の拳銃など
エ　派遣期間
二〇〇一年（平成一三年）一一月二〇日～二〇〇二年（平成一四年）五月一九日
オ　その他
政府は艦船用燃料を調達し、これを米軍などに譲与する。

二　捜索救助活動の実施に関する事項
　協力支援活動又は被災民救援活動を行う自衛隊の部隊などが遭難者を発見し、又は、遭難者の捜索救助を米軍などから依頼された場合には、インド洋及びその上空に属する、協力支援活動又は被災民救援活動を行う区域の範囲において捜索救助活動を行う。
三　被災民救援活動の実施に関する事項
ア　被災民救援活動の種類及び内容
　ＵＮＨＣＲからの要請に基づく、生活関連物資のＵＮＨＣＲへの提供
イ　被災民救援活動の実施区域の範囲
（ア）わが国領域
（イ）パキスタン領域
（ウ）インド洋の沿岸及びわが国領域からこれに至る地域にある経由地となる国の領域
（エ）（ア）～（ウ）の二地点間の艦船が通過する海域及びその上空
ウ　被災民救援活動を外国の領域で行う自衛隊の部隊
（ア）規模及び構成
　掃海母艦及び護衛艦（協力支援活動を行うものを使用）の部隊（人員一二〇名以内、護衛艦にかかわる人員を除く）
（イ）装備
　掃海母艦一隻以内及び護衛艦一隻以内
（ウ）派遣期間
　二〇〇一年（平成一三年）一一月二〇日～二〇〇一年（平成一三年）一二月三一日

一一月二〇日、防衛庁はこの基本計画に基づき「実施要領」を策定し総理大臣に提出、小泉首相の承認を得た。同日、中谷防衛庁長官は、自衛隊の部隊に対して協力支援活動の実施に関する命令を発した。テロ対策特措法に基づく任務は、自衛隊法の定める基本任務に該当しないため、長官の発する命令は「行動命令」ではなく訓練等の場合と同様の「一般命令」とせざるを得なかった。

**注**：平成一九年一月九日の自衛隊法の一部改正により、国際平和協力活動等が本来任務に格上げされたことに伴い、国際平和協力活動等の実施に関する命令も「行動命令」とするよう訓令の改正が行われた。

海上自衛隊は、長官の発した一般命令（海甲般命）に基づき、護衛艦「さわぎり」、補給艦「とわだ」、掃海母艦「うらが」および既に情報収集のためインド洋に派遣されている艦艇三隻（護衛艦「くらま」および「きりさめ」、補給艦「はるな」の三隻）からなる協力支援活動のための部隊および被災民救援活動などのための部隊（以下本節において「任務部隊」と略称する）を編成した。[91]

一一月二五日、「さわぎり」は佐世保から、「とわだ」は呉から、また、「うらが」は横須賀から出航、一路インド洋に向けて任務の途についた。

一二月二日、任務部隊はインド洋において、協力支援活動としてアメリカ海軍艦艇に対して、洋上補給などの任務を開始した。[92]

**注**：当時、アメリカ海軍はペルシャ湾にカールビンソン、アラビア海にエンタープライズの両空母戦闘群と海兵隊員の乗った揚陸艦グループが一個隊展開していた。艦艇三〇隻、人員約三万名の規模であった。[93]

一方、航空自衛隊は、長官の発した一般命令（空甲般命）に基づき、平成一三年一一月二九日、航空支援集団第一輸送航空隊（小牧基地）のＣ－１３０Ｈにより、在日米軍基地間の国内輸送を開始した。さらに、一二月三日には、在日米軍基地とグアム島方面などの間の国外輸送を開始した。輸送した物品は、航空機エンジン、部品整備器材、衣料品等であった。

海上自衛隊の任務部隊は、平成一四年一月二九日からは、イギリス海軍艦艇に対する洋上給油も開始した。被災民救援活動については、平成一三年一二月一二日、「うらが」および「さわぎり」がパキスタンのカラチ港に入港、救援物資としてテントおよび毛布など総トン数約二〇〇トンをＵＮＨＣＲ現地事務所に引き渡した。被災民救援活動終了後、「うらが」は一二月三一日に横須賀基地に帰投した。また、「さわぎり」は、「とわだ」とともに「くらま」、「きりさめ」、「はまな」と合流し、インド洋を中心にアメリカ海軍艦艇などに対する洋上給油などの支援活動を行った。(94)平成一四年二月一二日、護衛艦「はるな」（舞鶴）、「さわかぜ」（佐世保）、「ときわ」（横須賀）が任務を引き継ぐためインド洋に向かって出航した。(95)

これ以降、洋上給油などの支援活動は継続して実施されることとなる。

基本計画についても、状況の変化に応じて逐次変更する必要に迫られ、第一回目の変更は平成一四年五月一七日に、第二回目の変更は平成一四年一一月一九日に行われた。

平成一四年一二月、政府はイージス艦の派遣に踏み切った。イージス艦の派遣は、アメリカ海軍も要請しており、海上自衛隊も任務開始当初の平成一三年一一月から希望していたが、同年一一月八日、野中広務元幹事長が「護衛のためにイージス艦を派遣するのは如何なものか。危険な感じがする」と反対を表明、また「キティホーク」の護衛について福田官房長官が事前に報告を受けていなかったと不快感を示したことも影響して実現しなかった。その後、平成一四年五月の基本計画の変更時にも話題に上がったが、政府与党内に慎重論が強く実現しなかった。

この年の一一月一五日頃、何としてもイージス艦の派遣を実現したい海上幕僚監部の幕僚が、公明党幹部を議員会館の事務所に訪ね、「現在派遣しているヘリ搭載護衛艦は建造から二五年も経っています。外の気温は四〇度以上あり、甲板の温度は八〇度にもなります。また、艦内は冷房の利きが悪いため三〇度もあります。冷房装置が新しいイージス艦なら二五度まで下げられ、居住性に優れています」と、熱した甲板に生卵を流すだけで目玉焼となった写真を見せて訴えた[96]。これに対して当の公明党幹部は「それだよ。それをどうして早く言わないんだ」と応じたという。優れたイージス艦の高性能ぶりをどんなに説明しても、それでは『米軍が自衛隊の情報をもとに攻撃すれば、政府の憲法解釈で禁じる米軍の武力行使と一体化し、集団的自衛権に抵触しかねない』との懸念が増すだけだ。長期派遣の自衛隊員の居住性を良くするためなら、党内に根強い反対論を薄めるのに役立つ」という判断があったからであった[97]。

イージス艦は、在来型の護衛艦に比べて「対空目標捜索能力が水平距離で約五倍、垂直距離で約四倍」といわれている。海上自衛隊の艦艇が派遣されていた海域は、武器を運ぶ経路のひとつになっており、テロリストが横行していたため、航空機や船を用いた自爆テロがいつ発生するか判らない海域であった。「一日当たりの識別不能な飛行目標が約一〇〇機も確認され、小型水上目標は三〇隻以上」、乗員のストレス、緊張は限界に達していた[98]。イージス艦の派遣は、そうした現場の状況を考慮したものであったが、派遣に踏み切るに至った理由が艦の「戦闘能力」ではなく「居住性」であったことは、自衛隊の置かれている立場を象徴するものであった。

**注**：インド洋における給油支援は、数次にわたってテロ対策特措法の期限延長を行いこの後八年余にわたって実施されることとなる。しかし、平成二一年に成立の鳩山政権は「アフガン支援に役立っていない。日本には他の貢献の仕方がある」として、具体的な代替案を示さないまま平成二二年一月に中止を決定した。

## 四　国際平和協力法の一部改正（ＰＫＦの解除、武器使用による防護対象の拡大）

「国際連合平和維持活動等に対する協力に関する法律」（国際平和協力法）が施行されたのは平成四年八月一〇日で

あり、平成一四年はまさに一〇年目に当たる年であった。この一〇年間、カンボジアへの派遣以来、自衛隊は新しい環境の中で試行錯誤を繰り返しつつ任務を遂行してきた。平成一三年末までの派遣実績は六回に及んでいる。

こうした努力の結果を踏まえて、わが国としてさらに積極的に国際平和協力を実施すべきとの期待が国内外で高まってきた[99]。

平成一三年一一月、平和維持隊（ＰＫＦ）本隊業務への部隊参加の凍結解除を含む国際平和協力法改正案が第一五三回臨時国会に提出された。改正の主要な点は次のとおりであった[100]。

一　ＰＫＦ本隊業務の凍結解除

平和維持隊の業務のうち、医療、輸送、通信、建設などの後方支援業務に加え、自衛隊の部隊による武装解除の監視、緩衝地帯などでの駐留・巡回、検問、放棄された武器の処分などのＰＫＦ本隊業務の凍結を解除

二　武器の使用規定の改正

武器を使用して防衛できる対象者として「自己と共に現場に所在する他の隊員若しくはその職務を行うに伴い自己の管理下に入った者」を追加。

また、派遣先国で自衛隊法第九五条に基づく自衛隊の武器などの防護のための武器の使用を認める。

国際平和協力法改正案は、同年一二月一四日可決成立した。

**註**

（1）『9／11委員会レポート』同時多発テロ独立調査委員会・松本利秋等訳　ＷＡＶＥ出版　〇八二頁。『自衛隊　知られざる変容』朝日新聞「自衛隊五〇周年取材班」編（本田優）一二三頁

(2)『9・11と日本外交』　久江雅彦　講談社現代新書　一四頁
(3)同右
(4)『9／11委員会レポート』　同時多発テロ独立調査委員会・松本利秋等訳　WAVE出版　〇八二頁
(5)『9・11と日本外交』　久江雅彦　講談社現代新書　一四頁
(6)『9／11委員会レポート』　同時多発テロ独立調査委員会・松本利秋等訳　WAVE出版　〇八二頁
(7)『9・11と日本外交』　久江雅彦　講談社現代新書　一四頁
(8)同右
(9)同右
(10)同右
(11)同右
(12)「9・11の衝撃――そのとき、官邸は、外務省は…」伊奈久喜・『【新しい戦争】時代の安全保障』　田中明彦監修　都市出版　一七四頁。『【戦地】派遣』　半田滋　岩波新書　六頁
(13)『自衛隊　知られざる変容』　朝日新聞「自衛隊五〇周年取材班」編（本田優）　一四頁
(14)同右
(15)同右
(16)『【戦地】派遣』　半田滋　岩波新書　七頁
(17)「9・11の衝撃――そのとき、官邸は、外務省は…」伊奈久喜・『【新しい戦争】時代の安全保障』　田中明彦監修　都市出版　一七四頁。『自衛隊　知られざる変容』　朝日新聞「自衛隊五〇年取材班」編（本田優）　一六頁
(18)『【戦地】派遣』　半田滋　岩波新書　六頁
(19)「9・11の衝撃――そのとき、官邸は、外務省は…」伊奈久喜・『【新しい戦争】時代の安全保障』　田中明彦監修　都市出版　一七四頁
(20)同右
(21)『防衛白書（平成一四年版）』　防衛庁　一〇一頁

(22)『【戦地】派遣』半田滋　岩波新書　七頁
(23)『防衛白書（平成一四年版）』防衛庁　三二〇頁
(24)同右
(25)同右
(26)『自衛隊　知られざる変容』朝日新聞「自衛隊五〇年取材班」編（本田優）一八頁
(27)同右　一二五頁
(28)『9・11と日本外交』久江雅彦　講談社現代新書　八九頁
(29)『自衛隊　知られざる変容』朝日新聞「自衛隊五〇年取材班」編（本田優）二六頁
(30)『冷戦後日本のシビリアン・コントロールの研究』武蔵勝宏　成文堂　一一八頁
(31)『自衛隊　知られざる変容』朝日新聞「自衛隊五〇年取材班」編（本田優）二五頁
(32)同右　一八頁
(33)同右
(34)『9・11と日本外交』久江雅彦　講談社現代新書　四九－五〇頁
(35)『自衛隊　知られざる変容』朝日新聞「自衛隊五〇年取材班」編（本田優）一九頁
(36)『防衛白書（平成一四年版）』防衛庁　一〇二頁
(37)「9・11の衝撃――そのとき、官邸は、外務省は：」伊奈久喜・『【新しい戦争】時代の安全保障』田中明彦監修　都市出版　一七六頁
(38)同右　一七七頁
(39)『自衛隊　知られざる変容』朝日新聞「自衛隊五〇年取材班」編（本田優）三一頁
(40)『9・11と日本外交』久江雅彦　講談社現代新書　二三頁
(41)『自衛隊　知られざる変容』朝日新聞「自衛隊五〇年取材班」編（本田優）三二頁
(42)『9・11と日本外交』久江雅彦　講談社現代新書　九〇頁
(43)同右　九一頁

(44)「９・11の衝撃――そのとき、官邸は、外務省は…」伊奈久喜・『【新しい戦争】時代の安全保障』田中明彦監修　都市出版　一八三頁
(45)同右　一八四―一八五頁
(46)『自衛隊　知られざる変容』朝日新聞「自衛隊五〇年取材班」編（本田優）三二頁
(47)「９・11の衝撃――そのとき、官邸は、外務省は…」伊奈久喜・『【新しい戦争】時代の安全保障』田中明彦監修　都市出版　一八五頁
(48)『自衛隊　知られざる変容』朝日新聞「自衛隊五〇年取材班」編（本田優）三四頁
(49)『９・11と日本外交』久江雅彦　講談社現代新書　九三頁
(50)同右　二三―二五頁
(51)同右　四六頁
(52)『冷戦後日本のシビリアン・コントロールの研究』武蔵勝宏　成文堂　一二一頁
(53)「９・11の衝撃――そのとき、官邸は、外務省は…」伊奈久喜『【新しい戦争】時代の安全保障』田中明彦監修　都市出版　一八八頁
(54)『冷戦後日本のシビリアン・コントロールの研究』武蔵勝宏　成文堂　一二一頁
(55)同右
(56)『防衛白書（平成一四年版）』防衛庁　一〇二頁
(57)『冷戦後日本のシビリアン・コントロールの研究』武蔵勝宏　成文堂　一二一頁
(58)同右　一六〇頁
(59)『９・11と日本外交』久江雅彦　講談社現代新書　四七頁
(60)「９・11の衝撃――そのとき、官邸は、外務省は…」伊奈久喜『【新しい戦争】時代の安全保障』田中明彦監修　都市出版　一八八頁
(61)同右　一八九頁
(62)『自衛隊　知られざる変容』朝日新聞「自衛隊五〇年」取材班編（本田優）三〇頁

(63)「9・11の衝撃――そのとき、官邸は、外務省は：」伊奈久喜『【新しい戦争】時代の安全保障』田中明彦監修　都市出版　一八九頁
(64)『9・11と日本外交』久江雅彦　講談社現代新書　四八頁
(65)「9・11の衝撃――そのとき、官邸は、外務省は：」伊奈久喜『【新しい戦争】時代の安全保障』田中明彦監修　都市出版　一九一頁
(66) 同右　一六〇頁
(67)『冷戦後日本のシビリアン・コントロールの研究』武蔵勝宏　成文堂　一二四頁
(68) 同右
(69) 同右
(70) 同右
(71) 同右　一二七頁
(72) 同右
(73) 同右　一二九頁
(74) 同右
(75) 同右　一三〇頁
(76) 同右　一三六頁
(77)「国会議事録」（平成一三年一〇月五日　衆議院予算委員会）。『冷戦後日本のシビリアン・コントロールの研究』武蔵勝宏　成文堂　一三六頁
(78)「国会議事録」（平成一三年一〇月一〇日　衆議院本会議。同右
(79)『防衛白書（平成一四年版）』防衛庁　一〇四頁
(80) 同右
(81)『9・11と日本外交』久江雅彦　講談社現代新書　一〇六頁
(82) 同右　一〇二頁

(83) 同右
(84) 同右　一〇八頁
(85) 同右　一〇九頁
(86) 同右　一一〇頁
(87) 同右
(88) 同右。『防衛白書（平成一四年版）』防衛庁　一〇九頁
(89) 『9・11と日本外交』久江雅彦　講談社現代新書　一一一頁
(90) 『防衛白書（平成一四年版）』防衛庁　一〇九―一一一頁
(91) 同右　一一一頁
(92) 同右
(93) 『9・11と日本外交』久江雅彦　講談社現代新書　一〇五頁。「9・11の衝撃――そのとき、官邸は、外務省は…」伊奈久喜『【新しい戦争】時代の安全保障』田中明彦監修　都市出版　一九二頁
(94) 『防衛白書（平成一四年版）』防衛庁　一一一頁
(95) 同右
(96) 『【戦地】派遣』半田滋　岩波新書　一八頁
(97) 「読売新聞」（平成一四年一二月一五日付）
(98) 『自衛隊　知られざる変容』朝日新聞「自衛隊五〇年取材班」編（本田優）四九―五〇頁
(99) 『防衛白書（平成一五年版）』防衛庁　一二一頁
(100) 同右

# 第三節　武力攻撃事態対処関連法の制定

## 一　有事法制立法化への道程

有事法制は自衛隊創設当時からの懸案であり、昭和五二年（一九七七年）からは福田赳夫首相の了承のもとに有事法制研究も行われてきたが立法化に至らないまま放置されてきた（第四巻第二章第四節参照）。

平成一〇年（一九九八年）四月、自民党の安全保障調査会・外交調査会、国防部会・外交部会が「当面の安保法制に関する考え方」と題する報告書をまとめ、有事法制研究について「国会提出を予定した立法の準備ではないという前提条件を早急に改め、第一分類、第二分類については、次期通常国会以降速やかに法制化を図り得るよう所要の準備作業に着手すべきであり、さらに、第三分類についても、検討を促進し、法制化に向けた取り組みを行うべきである」と提言していた(1)。

しかし、同年七月一二日、第一八回参議院選挙において自民党が敗北、橋本内閣は総辞職し、これに伴い七月三〇日に発足した第一次小渕恵三内閣は、参議院における逆転状況に苦しむこととなり、有事法制に正面から取り組み得る環境は崩れ去ってしまった。

こうした中、八月三一日、北朝鮮が太平洋に向けて弾道ミサイルを発射、わが国の防衛政策に有形無形の影響を与えることとなった（本章第一節参照）。

平成一一年一〇月五日、自民、自由、公明の三党連立の小渕第二次内閣が発足した。この三党連立に当たり自自公三党は「政府の進めてきた有事法制研究を踏まえ、第一分類、第二分類のうち、早急に整備するものとして合意が得られる事項について立法化を図る」ことを政策文書としてまとめた。さらに、与党三党は与党安全保障プロジェクト・チームを設置し、三党間で協議していく体制を整えた(2)。

平成一二年三月一六日、自自公の与党三党間で、「有事法制研究の法制化を前提としないという縛りを外し、法制化を目指した検討を開始するよう政府に要請する」という合意がなされた。この協議では推進論と慎重論との対立があったが最終的には法制化を目指すことで合意に至った。一貫して推進役を果たしたのは自由党であった。これに対して終始慎重な姿勢を示し、ブレーキ役となったのは公明党と自民党の野中広務（平成一二年四月、森内閣成立と同時期に幹事長に就任）や古賀誠（国会対策委員長、野中の次の幹事長）らであった(3)。

同年四月五日、小渕恵三首相が病に倒れ森嘉朗内閣が成立した。二日後の同月七日、森首相は所信表明演説において「有事法制につきましては、法制化を目指した検討を開始するよう政府に要請するとの先般の与党の考え方を十分に受け止めながら、今後政府として対応を考えて参ります(4)」と、首相としてはじめて有事関連事項の法制化に前向きな姿勢を示した。

同年五月、自民党と自由党の合同協議が決裂し、自由党が連立政権から離脱するという事態が起きた。このとき自由党から分離した保守党が政権にとどまり、新たに自公保三党の連立政権が誕生し与党安全保障プロジェクト・チームはそのまま継承する合意がなされた(5)。

一〇月一一日、アメリカの共和党、民主党の知日派集団が、二一世紀を見通して日米同盟体制強化の処方箋を列記した「米国と日本――成熟したパートナーシップに向けて」（アーミテージ報告）を発表した。

**注**：この報告書作成に携わったのは、リチャード・アーミテージのほかカート・キャンベル、ジェームス・ケリー、ジョセフ・ナイ、エドワード・リンカーンなど一六名であった。

この報告書は冒頭（「この報告書について」）に「日米関係に関する超党派の研究グループによる見解をまとめたもので、政治的な文書ではなく、研究会のメンバーの意見を純粋に反映したものである」と、報告書の性格を明らかにし、続いて、「冷戦後の漂流」、「政治」、「安全保障」、「沖縄」、「諜報活動」、「経済関係」、「外交関係」、「結論」の順で二一世紀を見通した日米関係のあり方を論述したものであった。このうち「安全保障」では、わが国の集団的自衛権の行使禁止を解除すべきとする見解等を列挙するとともに、「沖縄」では、アメリカ側も沖縄駐留部隊の削減や、情報収集活動における日本との協力強化などが必要であることを強調していた。その要点は次のとおりであった。(6)

〔安全保障〕

◆日米両国はアジアに極めて深い利害関係を有しており、二一世紀における両国関係について共通の認識とアプローチを策定することが緊急の課題である。（中略）新たな「日米防衛協力のための指針」は共同防衛計画の基盤となっているが、これは太平洋を越える同盟関係において、日本の役割を拡大するための終着点ではなく、出発点となるべきである。

◆日本が集団的自衛権の行使を禁止していることは、同盟への協力を進める上での制約となっている。これを解除することにより、より緊密で効率的な安保協力が可能となろう。これは日本国民だけが決断できることである。（中略）ワシントンは日本がより一層大きな貢献を行い、より平等な同盟のパートナーとなろうとすることを歓迎する旨を明らかにしなければならない。

◆我々は、米国と英国の間の特別な関係が、日米同盟のモデルになると考える。こうした準備には以下の要素が必要となる。

＊防衛コミットメントの再確認。米国は日本防衛に対するコミットメントを再確認し、日本の施政権下にある地

域に尖閣列島が含まれることを明らかにすべきである。
＊有事法制法案の成立を含め、新たなガイド・ラインを鋭意実施すること。
＊米軍の三軍全てと日本の自衛隊との揺るぎない協力体制。
＊ＰＫＯおよび人道的救援任務への全面参加。
＊兵力の展開においては、多機能性、機動性、柔軟性、多様性および生存可能性を持たせること。
＊米国の防衛技術を日本へ優先的に移転すること。
＊日米ミサイル防衛協力の範囲を拡大すること。
◆我々が日本に対して役割の拡大を提起することにより、両国内の健全な議論が行われるであろう。（中略）今やバーデン・シェアリング（経費分担）をパワー・シェアリング（兵力分担）に発展させるべきときであり、米国の次期政権はこれを実現するために必要な時間を十分にかける必要があろう。

〔沖縄〕
◆嘉手納にある米軍基地は、この地域への米国の前方展開にとって決定的に重要な拠点となっている。
◆沖縄に米軍が過度に集中していることは、日本に対しては明白な負担となっているとともに（中略）米国にとっても訓練についての制約のような負担がある。
◆一九九六年のＳＡＣＯ合意は、沖縄における米軍基地の整理・統合および縮小を求めた。日米両国は合意事項を実施しなければならない。
◆我々は、ＳＡＣＯ合意にはアジア太平洋地域全体への分散化という四つ目の重要な目標があって然るべきであったと考えている。軍事的な観点からは、米軍はこの地域で広範かつ柔軟なアクセスを有することが重要である。しかし、政治的な観点からは、沖縄県民の負担を軽減することにより、我々のプレゼンスを維持可能で信頼性のあるものとすることが不可欠である。

この報告書がブッシュ政権の対日政策を占うものという受け止め方がわが国で広まったことから「有事法制を含め、新ガイドラインを鋭意実施すること」を求めている点に特に注目が集まった。

平成一三年一月三一日、第一五一回通常国会における施政方針演説において森首相は「有事法制は自衛隊が文民統制のもとで、国家・国民の安全を確保するために必要であります。昨年の与党の考え方を十分に受け止めて検討を開始いたします」と明言した。しかし、森内閣は、発足当初から支持率が低迷し、首相の意気込みとは裏腹に、与党内での有事法制推進の機運は高まらなかった(7)。

三月二三日、自民党国防部会は「提言：わが国の安全保障政策の確立と日米同盟――アジア・太平洋地域の平和と繁栄に向けて」を発表した。この提言では、集団的自衛権の見直し、有事法制を含む緊急事態法制の早急な立法化が必要であるとの考え方を明らかにしていた(8)。

四月二五日、森内閣に代わって小泉純一郎内閣が成立した。自民党総裁選挙で圧倒的多数の支持を受けて選出された小泉首相は、各派閥からの閣僚候補の推薦を拒否して独自の判断で内閣人事、党人事を断行した。内閣官房長官には福田康夫が、官房副長官には安倍晋三（政務）、古川貞二郎（事務）が充てられた。幹事長には国防族のドンと呼ばれていた山崎拓が、防衛庁長官には自衛官出身の中谷元が任ぜられた。与党内においても、小泉内閣の支持の高さを踏まえて、公明党は首相との関係をより重視した対応をとるようになっていった(9)。

五月七日、小泉首相は衆議院本会議における所信表明演説の中で「『治にいて乱を忘れず』は政治の要諦であります。私は、いったん国家国民に危機が迫った場合にどういう体制をとるべきか検討を進めることは、政治の責任であると考えており、有事法制について昨年の与党の考え方を十分に受け止め検討を進めてまいります(10)」と明言した。

## 二　武力攻撃事態対処関連三法案の作成過程

平成一三年（二〇〇一年）五月、小泉首相の所信表明演説を受けて内閣官房に古川貞二郎官房副長官を責任者として、中央省庁（防衛、外務、総務、警察、国土交通など）の課長級を集めた「有事関連法案検討チーム」が設置され、有事法制案の作成作業が開始された。検討チームのリーダー格は大森敬治官房副長官補（安保・危機管理担当）であった。(11)

昭和五二年（一九七七年）八月に福田赳夫首相のもとで有事法制研究が開始されて以来実に四半世紀の時を経て法制化に向けた一歩がようやく踏み出された。

ところが九月一一日、アメリカにおいて同時多発テロ事件が発生、小泉首相は、直ちに「テロリズムとの戦いをわが国自らの安全確保の問題と認識し、アメリカを強く支持し、世界の国々と一致結束して対応する」姿勢を鮮明に打ち出した（本章第二節参照）。

小泉首相の意向に対応して「有事関連法案検討チーム」は、急遽「テロ対策法案検討チーム」に衣替えされテロ対策特措法案の作成作業を優先させることとなった。これは事態の緊急性を考慮した措置であり、有事法制の整備を推進するという方針が変更されたわけではなかった。

九月二七日、小泉首相は第一五三回臨時国会における所信表明演説の中で「いったん、国家、国民に危機が迫った場合に、適切な対応を取り得る体制を平時から備えておくことは、政治の責任です。『備えあれば憂いなし』、この考え方に立って、有事法制について検討を進めて参ります」と、テロ対策と併行して有事法制整備を推進する姿勢をあらためて強調した。(12)

平成一四年（二〇〇二年）の年明け、小泉首相は自民党の役員会においても有事法制整備の意向をくりかえし表明し、内閣官房に対して検討を指示した。

これを受けて、平成一四年一月、内閣官房の「有事関連法案作成チーム」が復活し、関係省庁からの出向者を中心とする二〇人体制のチームで有事関連法案の作成作業を再開することとなった[13]。

内閣官房の検討チームの作業を補佐するために、各省庁にも法制整備推進のための事務的なタスク・フォースが設けられた。特に、防衛庁は、要員面での協力を含め、内閣官房における検討に協力するとともに、防衛庁における事務体制を強化して政府全体の検討内容、スケジュールとの整合を図りながら検討作業を進める体制を取ることとした[14]。具体的には、有事法制検討会議を設置し、さらにその下に作業部会を設置して法案の細部にわたる検討作業を進めることとした。

有事法制検討会議は内局および各幕僚監部の課長クラス計二六人で構成され、議長には守屋武昌防衛局長が就任した。作業部会は、内局防衛局および各幕僚監部の一佐乃至三佐クラスの計一〇人が法案の作成に当たることとなった[15]。

外務省においても、総合外交政策局を中心に法案作成の体制が整えられ、日米安保条約に基づくアメリカ軍支援のための国内法制定や捕虜に対する国際人道法の検討を分担することとなった[16]。

内閣官房を中心に外務・防衛の各省庁が連携して法案作成作業が開始されたのに対応して、与党でも有事関連法の検討が本格化した。自民党内では、既述のとおり国防問題研究会（代表世話人：箕輪登衆議院議員）が既に昭和五四年六月の段階で防衛二法の改正という形で有事法制の整備の一案を提言、それ以降も同研究会や国防部会において継続的に検討が進められていた。

公明党も平成一四年一月一八日に防衛出動等法制検討委員会を設置し検討に入った。同委員会の方針は、「国民の権利制限を必要最小限に限り、民主的手続きなどの原則を明確にし、議論の対象を憲法第九条のもとでの防衛出動に絞る」というものであった[17]。

一月二一日、与党三党は「国家緊急事態に関する法整備協議会」（以下「与党協議会」と略称）の設置について合意した。この協議会は、三党の幹事長、政調会長国対委員長ら一一人で構成され、座長には自民党の山崎拓幹事長が就いた。また与党三党は、第二次小渕内閣発足時（平成一一年一〇月五日）に三党の安全保障政策の担当者からなる与党安全保障プロジェクト・チーム（座長：久間章生自民党政調会長代理）を既に設置していたことから、このプロジェクト・チームを政策面に焦点を絞った実務的な調整機構と位置づけ機能させることとした。このプロジェクト・チームは二月一九日の初会合以降、与党協議会に代わって法案作成作業の実務面での中核となっていった[18]。

与党安全保障プロジェクト・チームが法案作成の実務面での表舞台に立つこととなったことから、それまで国防・安全保障政策の実質的中核と自認していた自民党国防部会は、これ以降防衛・安全保障政策にどのように関わっていくべきかという課題に直面することとなった。

有事法制制定のための政府・与党の体制が一通り確立されたことから、法案作成の具体的な検討作業が本格的に開始された。

内閣官房チームが最初に直面したのは、有事法制を新たな包括法案として策定するか、自衛隊法等の一部改正によって対応すべきか、という問題であった。

本来、安全保障・国防の根幹となる事項は憲法において規定されるべきであるが、わが国の憲法が占領時代に作成されたことから「占領国管理法」の性格を強くにじませており、当然に、国家緊急権等の規定が欠落していた。このため、これに代わる枠組みをどのような形で構築するかが大きな問題であった。

防衛庁における有事法制研究は、この基本的な枠組みについては言及せず、わが国に対する侵攻が行われる場合の一連の流れを想定して、その各段階における所要の対処行動とこれに関係する法的問題を整理し、三分類法によって現行法制の不備欠落事項を列挙する形を取っていた。これは一刻も早く現実に存在する問題点を解決することを重視して、議論が憲法問題に入り込むことを避ける配慮があったものと考えられる。昭和五四年六月の自民党国防問題研究会の提言が「防衛二法の改正」という形にしたのもこれと同じ発想であった。

これに対して中曽根康弘元首相らは、集団的自衛権の行使を容認する立場から「基本法」の制定を主張していた。小泉首相も、有事法制研究の三分類法に基づく立法作業を批判しつつ、「役所の分類にこだわらないで、概括的・包括的に考えるべきだ」との見解を示していた。[19] 中曽根元首相や小泉首相の発言は原則を重視した正論であったが、これまでの世論の動向や野党の主張を考慮すれば実現性に疑問があることは否定できなかった。ただし、小泉首相が包括法の制定を強く主張したのは国民の意識が大きく変わりつつあることを敏感に汲み取ってのことでもあった。

古川官房副長官も、防衛庁が準備した有事法案には「そもそも有事とはどのような事態を想定しているのか、その際に国家としてどのような行動を取り、国民に対してどのような権限と義務が発生するのか」といった基本的な枠組みが明確にされておらず、緊急時の対応が万全とはいえないと感じていた。古川副長官は、自衛隊の行動よりも国の危機管理システムに主眼を置く基本法を有事関連法案の骨格とする構想を描いていた。それは、テロや武装工作船など広範な緊急事態に対処可能な有事関連法案を念頭に置いた小泉首相の意向に沿うものであった。[20]

内閣官房の検討チームは、このような小泉首相の意向を汲み取った古川副長官の方針のもと、当初は「緊急事態基本法」（仮称）の制定を模索していた。

**注**：平成一四年一月一日「読売新聞」が一面トップで『安保基本法制定』へ。政府、有事に包括的に対応」と報じ、さらに、同年一月一〇日の「サンケイ」が国会に提出される法案は「緊急事態基本法案」（仮称）で、武力事態や大規模テロなどの緊急事態に総合対処する法案になるだろうと「リーク」した。[21]

しかし「包括的な基本法」を制定する場合、「災害対策基本法」その他の現行法令と重複・競合する部分も考えられることから、これらの法令との整合が必要であり、各省庁の権限がどうなるかという新たな問題が浮上することは目に見えていた。また、防衛庁・自衛隊の権限が増大するのではと危惧する向きが野党のみならず自民党内にも少なからずあった。防衛庁側も、議論が憲法問題に入り込み法制化が頓挫してしまうこと、或は、あらゆる緊急事態を包含することが逆に武力事態への対処という最も根幹の問題を稀薄にしてしまうことを避けたいという思いがあった。

自民党の山崎幹事長や中谷防衛庁長官も、各省庁間の利害対立で法案化作業が難航することを避けるため、調整が容易な分野から先行して法制化していくべきとの認識のもとに、既に研究が終了している第一分類、第二分類にかかる自衛隊の行動の円滑化を図るための関連法制の先行処理を主張し、自民党国防部会や保守党もこれに同調する動きを見せていた。[22]さらに、公明党の防衛出動等法制検討委員会が当初から「議論の対象を憲法第九条のもとでの防衛出動に絞る」としていたことも影響していた。

結局、こうした「種々の政治力学が作動して[23]」緊急事態対処の包括法案の構想は後退し、次第に「武力攻撃事態」に限定した新規立法という方向に傾いていった。

有事法制整備の方法について当時主張されていた考え方は、①安全保障基本法の制定、②緊急事態基本法と個別法の制定、③プログラム法と個別法の制定、④第一分類、第二分類を先行的に法制化、の四つに分類できる（別図）。この段階における議論の大勢は、この②ないし③あたりに収斂しつつあった。

二月五日、与党協議会が開催され、内閣官房から「有事法制の第一分類、第二分類、さらに、できれば米軍の行動の円滑化という部分も含めて法整備を行うこととし、その上に包括的な規定を置きたい」との説明があり、与党三党がこれを了承した。[24]また、基本法という名称を用いないこと、テロや不審船対策などについては有事関連法案とは切り離して別途検討することとなった。

難易度から見た有事法制整備　　別図

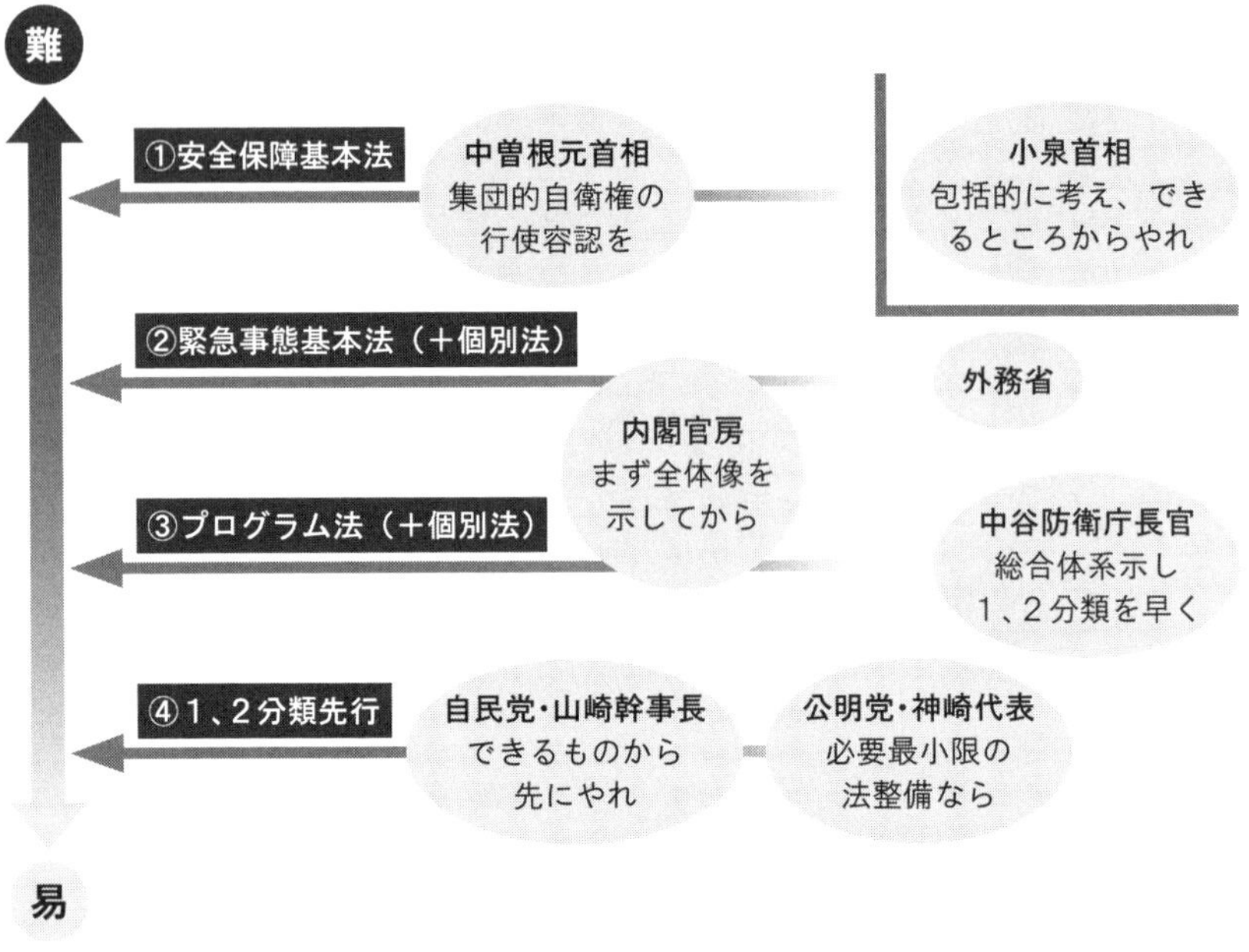


「朝日新聞」平成14年1月11日付をもとに作成
出典：『軍の論理と有事法制』西沢優・松尾高志・大内要三、日本評論社、平成15年

かくして、有事包括法では、有事対処の基本方針、国の責務、国の意思決定手続き、国と地方自治体の関係、今後の法整備の基本方針などを総則的規定とし、自衛隊と米軍の行動や、国民の安全確保、国際人道法遵守に関する項目等は今後の整備目標として包括的に盛り込まれることが確認された[25]。

三月二〇日、与党協議会において、有事対応の枠組みを示す武力攻撃事態対処法案と自衛隊法改正案、安全保障会議設置法改正案、米軍行動特別措置法案の四本を一括して提出することが了承された[26]。

法形式に関する方針が定まったことから防衛庁では、防衛庁所管の法令にかかわる第一分類と、他省庁所管の法令にかかわる第二分類について関係省庁と連携して「自衛隊法の改正案（及び現行法に特例措置を設ける関係法改正案）」の作成作業に取り掛かることとなった[27]。

第三分類については、内閣官房の検討チームとは別に関係する省庁の課長クラスが古川官房副長官を責任者とする検討会議に参加して、官僚組織の代表同士の間で利害の調整を図ることとなった。ここでは各省庁代表が自省庁の既得権限維持の観点から防衛庁・自衛隊の権限拡大を牽制する動きを露わにし、内閣官房の調整権限は限定的なものとならざるを得なかった[28]。

「基本法」の大枠が武力攻撃事態に絞られることとなったが、これと併行して問題となっていたのが武力攻撃事態の定義、即ち、対象とする範囲をどのようにするかであった。

既に平成一四年一月二二日の段階で、内閣官房の検討チームが自民党国防部会・安全保障調査会、基地対策特別委員会の合同会合に対して行った検討状況の報告において、武力攻撃に対する対応を的確にするためには、武力攻撃に至らない段階から適切な措置を講ずることが必要であり、同時に、住民の避難・誘導など国民の安全確保を含めた総合的な対応が必要であることを指摘していた[29]。

しかしそれは国民の権利・自由等の制限にも関連する問題であり、武力攻撃に至らない「どの段階までを対象とするか」が大きな問題となることもまた明白であった。

翌二三日の与党協議会の初会合において、政府は、防衛出動時の対応を確実にするため、一定の範囲で「武力攻撃に至らない段階」も有事の対象に加える考えを示した。これに対して山崎幹事長は、治安出動への拡大を認めないという条件を付して同意した[30]。

二月四日、安倍内閣官房副長官と山崎自民党幹事長らとの会談では、基本法（包括法）が対象とする事態を防衛出動と防衛出動待機命令下を基本とすることで政府・自民党の考えが一致したことから、法案作成は具体的な詰めの段階に入ることとなった。

四月三日、与党安全保障プロジェクト・チームと与党協議会との会合において、プロジェクト・チームが作成した武力攻撃事態法案の概要が提示された。この案では武力事態の定義として「我が国に対する外部からの武力攻撃（武力攻撃の恐れのある場合を含む）が発生した事態または事態が緊迫し、武力攻撃が予測されるに至った事態」としていた。[31]

「武力攻撃が予測される事態」とは、防衛出動待機命令の下令を想定したものであり、侵攻してくる敵を撃破するために必要な措置をできるだけ早くから実施できるようにすることを重視したものであった。

**注**：有事法制研究において「外部からの武力攻撃に対する防衛出動を命じられる事態」としていたものを、今回の法整備では、日米安保条約第五条に基づき自衛隊と共同対処するアメリカ軍の行動関連法制の整備が検討されていたことから「防衛出動事態」を「武力攻撃事態」と言い換えることとなった。[32]

また、国と自治体との関係については、当初、関係各省庁が「首相の責任で自治体に命令できるようにしなければ実効性がない」と主張していたため、内閣官房検討チームの作業は、国の権限を拡大し、住民の避難・誘導や、食糧や水の供給、公共施設や道路の修復などで、自治体に役割を担当させる方向で作業が進んでいた。最も関係の深い防衛庁が念頭においていたのは災害対策基本法と同じレベルの指示権を盛り込むことであった。しかし対象を曖昧にしたまま指示権を設定することは、首相に対する白紙委任を与えることになりかねないとの慎重論が政府内にもあり、また、自治体側もこうした負担増加や国への権限委譲に抵抗を示していた。自治体を所管する総務省も自治体側に理解を示し慎重な姿勢であった。

このため政府・与党で調整が進められ、「地方公共団体は、国及び他の地方公共団体その他の機関と相互に協力し、武力攻撃事態への対処に関し、必要な措置を実施する責務を有する」と規定し、国と自治体の関係については、首相が必要と認めるときは対処基本方針に基づき、地方公共団体等に対し、「総合調整を行うことができる」として、「国民の生命保護、武力攻撃の排除に支障があり、特に必要がある場合」に限り、個別法で別途、指示の中身を規定する

ことを条件に、首相の指示権を明記することで政府・与党の合意が成立した。(33)

このほか国や自治体による国民の権利の制限、罰則による協力の義務づけが問題となっていた。四月三日の内閣官房検討チームの要綱では、次期通常国会以降に提出する個別法で「必要な措置を講ずる」との方針を示すにとどめるものであったが、国や地方公共団体の責務と同様に規定を設けるべきとの意見が保守党から出され、その一方で公明党が慎重姿勢を示していた。その後の調整の結果、物資の保管命令違反については罰則規定が盛られることとなったが業務従事命令違反に対する罰則規定は見送られることとなった。(34)

国民保護法制については、武力攻撃事態対処法案の中に、今後の整備項目（事態対処法制の整備）として、武力攻撃から国民の生命・身体及び財産を保護のため、または武力攻撃が国民生活及び国民経済に影響を及ぼす場合において当該影響が最小となるようにするための措置として六項目を掲げただけで、私権制限など国民の生活に密接にかかわる部分は所管官庁も明確にできなかった。このため国民保護法制などの関連個別法案の提出期限を「武力攻撃事態対処法の施行から二年以内を目標とする」ことで与党の了承を得ることとなった。(35)

国会の関与に関しては法案の最終段階で「内閣総理大臣は対処基本方針（防衛出動を命ずることについての国会の承認の求めに関する部分を除く）の閣議の決定があったときは、直ちに国会の承認を得なければならない。対処基本方針の承認の求めに対し、不承認の議決があったときは、対処措置は速やかに終了されなければならない」と規定することとなった。(36)

かくして、政府・与党内における多様な争点をめぐって調整が進められた結果、有事関連法案は、武力攻撃事態における基本法的な枠組みを定める「武力攻撃事態対処法案」、武力攻撃事態において自衛隊が円滑に行動できるようにするための「自衛隊法等改正案」、首相の諮問機関である安全保障会議の機能を強化する「安全保障会議設置法改正案」の三法案によって構成され、国会に提出されることとなった。

国会提出に至った裏には、安倍晋三（政治）、古川貞二郎（事務）の両官房副長官、大森敬治官房副長官補らの粘り強い調整活動があった。また、ふたりの官房副長官が存分にその能力を発揮できたのは背後に福田康夫官房長官の存在があった[37]。有事関連法案の国会提出は、「時」と「人」と「情勢」の三つの要素がうまく調和したことによって達成できたのであった。

### 三　第一五四回通常国会における有事関連法案の審議

平成一四年（二〇〇二年）四月一六日、政府は有事関連法案（安全保障会議設置法一部改正案、武力攻撃事態対処法案、自衛隊法一部改正案、防衛庁職員給与法一部改正案）を閣議決定し、翌一七日、第一五四回通常国会に提出した。

法案が国会に提出された六月一九日の時点で、会期末までの日数は既に二カ月程度しかなく、審議日程の確保が当面の課題であった。このため与党は、定例日審議に拘束されない特別委員会の設置を野党側に提案した。野党側は当初これに反対したが、四月二三日、委員数を五〇人とすることで妥協が図られ衆議院に武力攻撃事態対処特別委員会（以下「特別委員会」と記す）の設置が決まった。委員長には自民党の瓦力議員が選ばれた[38]。自民党は特別委員会の筆頭理事に穏健な調整型の政治家として定評のある久間章生政調会長代理（与党安全保障プロジェクト・チーム座長兼任）を当てて野党との協調を図る体制を整えた[39]。

一方、野党民主党の筆頭理事には、伊藤英成（ネクスト外務・安全保障大臣）が就任した。伊藤も有事法制の必要性を主張していたが、政府提案の有事関連法案には批判的な立場を取っていた[40]。

四月二六日、衆議院本会議において有事関連法案の審議が始まった。まず福田官房長官が安全保障会議設置法一部改正案及び武力攻撃事態対処法案の提案理由を説明、続いて中谷防衛庁長官が自衛隊法改正案の提案理由の説明を行った。福田官房長官は、まず安全保障会議設置法の一部を改正する法律案について「この法律案は、武力攻撃事態等に際して、政府が、事態の認定、対処に関する基本的な方針の策定等の重大な判断を行うに際しての安全保障会議の重要性にかんがみ、内閣総理大臣の諮問事項および同会議の議員に関する規定を改めるとともに、会議に専門的な補佐組織を設けることにより、事態対処に係る安全保障会議の役割を明確にし、かつ、強化することを目的として提出するものであります[41]」と、法案の趣旨を述べ、続いて法案の具体的内容を説明した。次に武力攻撃事態対処法案についても「我が国の平和と独立を守り、国及び国民の安全を保つため、我が国に対する外部からの武力攻撃に際して、我が国を防衛し、国土並びに国民の生命、身体及び財産を保護するために必要な法制を整えておくことは、国としての責務であります。この法律案は、こうした観点から、武力攻撃事態への対処について、基本理念、国、地方公共団体等の責務、国民の協力その他の基本となる事項を定めることにより、対処のための態勢を整備し、あわせて武力攻撃事態への対処に関して必要となる法制の整備に関する事項を定め、もって我が国の平和と独立並びに国及び国民の安全の確保に資することを目的とするものであります[42]」と、法案の趣旨を述べ、続いて法案の具体的内容を説明した。

中谷防衛庁長官も自衛隊法改正案の提案理由を「我が国の平和と独立を守り、国の安全を保つため、防衛出動を命ぜられた自衛隊がその任務をより有効かつ円滑に遂行し得ることが必要であり、このため、防衛出動時及び防衛出動下令前における所要の行動及び権限に関する規定を整備し、並びに損失補償の手続等を整備するとともに、関係法律の適用について所要の特例規定を設けるほか、武力攻撃の事態に至ったときの対処基本方針に係る国会承認等が新設されることに伴い防衛出動命令の手続きについて所要の整備を行い、あわせて防衛出動を命ぜられた職員に対する防衛出動手当の支給、災害補償その他給与に関し必要な特別の措置を定める必要があります[43]」と述べ、続いて法案の具体的な内容について説明した。

有事関連法案は、このあと特別委員会に付託され、連休明けの五月七日から連日審議が行われることとなった。国会審議において第一に問題となったのは、法案作成過程においても問題となった武力攻撃事態の定義およびこれに関連する周辺事態との関係であった。野党側は、武力攻撃事態と周辺事態が同時に起きた場合に、集団的自衛権の行使に該当する事態が起きることにならないか、また、武力攻撃事態に適用される権限が周辺事態に対しても拡大して適用されるのではないかとの疑念を抱いていた(44)。

まず武力攻撃事態の定義に関して福田官房長官は「武力攻撃の恐れのある場合」とは、防衛出動を下令し得る事態であり、その時点における国際情勢や相手国の軍事的行動、我が国への武力攻撃の意図が明示されていることなどから判断して、我が国への武力攻撃が発生する明白な危険は切迫していることが客観的に認められる事態を指し、「武力攻撃が予測されるに至った事態」とは、防衛出動待機命令等を下令しうる事態であり、その時点における国際情勢や相手国の動向、我が国への武力攻撃の意図が推測されることなどからみて、我が国への武力攻撃が発生する可能性が高いと客観的に判断される事態である、との見解を示した(45)。

また、武力攻撃事態と周辺事態の関係について、中谷防衛庁長官は「周辺事態は、我が国が周辺地域における我が国の平和及び安全に重要な影響を与える事態であり、武力攻撃事態のように、我が国に対する武力攻撃に直接関連づけて定義をされているわけではない。武力攻撃事態と周辺事態はそれぞれ別個の法律上の判断に基くもので、状況によっては両者が事態として併存することはあり得るが、両者の事態は、周辺事態法と武力攻撃事態法のそれぞれの法律に基づいて別個に認定される」と答弁した(46)。ただし、「状況がさらに推移して、周辺事態において米軍が武力を行使している場合に、我が国がその相手国から武力攻撃を受けたときには、武力攻撃が発生した事態になる。武力攻撃に対応して我が国に対する武力攻撃を排除するために共同対処している米軍に対する支援は、今後整備される武力攻撃事態時の米軍支援のための法制に基づき行うこととなるが、この場合の対米支援については、米軍の武力の行使と一体化しているものを含め、我が国の自衛権行使の三要件に合致する限り、憲法上も条約上も何ら問題はない。なお、我が国に対する武力攻撃を排除することを目的としたものである限り、集団的自衛権の行使に当たるということはない[47]」として、武力攻撃事態の場合は、武力行使と一体化しても問題はないとの見解を示した。

第二の問題は、地方公共団体・指定公共機関の協力義務と地方自治との関係であった。武力攻撃事態法案では、周辺事態法の協力要請・依頼（任意規定）とは異なり、地方自治体や指定公共機関は「武力攻撃事態等への対処に関し、必要な措置を実施する責務を有する」ことが規定されていた。対策本部長たる内閣総理大臣は、自治体の長に対し、対処措置に関する総合調整を行い、応じない場合には、対処措置を実施すべきことを指示し、最終的には自ら対処措置を実施することができるというものであった。即ち、内閣総理大臣は、定められた要件を満たす場合、自治体や指定公共機関に対して指示権および直接実施権を行使することができる、実質的な強制力を持つ仕組みであった。

これは、地方自治体の権限を制約するものであることから、大きな関心を呼んだが、地方自治体の役割と対処の手続きを定める国民保護法案の提出が二年間先送りされたことから、法案審議の過程では大きな争点にはなり得なかった[48]。

第三の問題は、国民の権利の制約と協力義務を導入する件であった。わが国土が直接攻撃されるような事態においては、敵を撃破するため作戦部隊の行動を容易にするための措置が必要であり、その結果として、国民生活に対しても規制や制約が加わることは避けられない。武力攻撃事態法案では、国等が対処措置を実施する際に、国民は必要な協力をするよう努めるとの協力義務が明記されていた。しかし、国民の自由や権利がどのように制限されるのかについて政府は「一般的に憲法第一三条により、公共の福祉のため必要な場合には、合理的な限度において国民の基本的人権に対する制約を加えることがあり得ると解されている」との立場を示した上で、「法案の基本理念において、日本国憲法の保障する国民の自由と権利を尊重しなければならず、これに制限が加えられる場合、その制限は必要最小限のものでなければならない[49]」と説明したが、具体的に制限される権利については「個別の法整備において、制限される権利の内容、性質、制限の程度等と、権利を制限することによって達成しようとする公益の内容、程度、緊急性など総合的に勘案してその必要性を検討する」[50]と答えるにとどまった。

有事関連法案については、野党内部でも民主党と自由党が肯定的であったのに対して、共産党と社会党が否定的な姿勢を示していた。民主党では岡田政調会長が原則的に必要性を認める姿勢であったが、鳩山代表はテロ対策特措法案の承認案件で旧社会党系議員を中心に党内から大量の造反者を出した経緯を重視し、当初は有事法制に関する賛否について態度を明確にしていなかったが、総括質疑が開始され、武力攻撃事態と予測事態の定義等について政府側の答弁が混乱するに及んで、反対する可能性を示すようになっていった[51]。

五月一六日、民主党は臨時拡大役員会を開き、両院議員政策懇談会で意見集約することを決め、与党側の出方次第では全ての国会審議に応じないとする一方、修正協議に応じることも選択肢の一つとして残しておくことを確認した[52]。

一方、政府与党側では五月一七日に小泉首相と山崎自民党幹事長が会談し、有事関連法案等の会期内成立を目指すことで一致した。これを受けて自民党執行部は、有事関連法案採決の前提となる公聴会の日程設定を行うことで野党側との折衝に入ったが野党側は時期尚早としてこれに反対した。このため与党は五月二一日の特別委員会において公聴会の日程を単独議決した。野党側がこれに反発、委員会の審議は空転することとなった。

こうした中、自由党は民主党との共同提案によって有事関連法案の対案を提出したい考えであったが民主党がこれを断わった。

五月二二日、こうした状況を踏まえて民主党の両院議員政策懇談会が開催された。参加議員からは有事法案の審議時間が短く、このまま与党単独審議で採決するなら賛成できないとの意見が相次いだ。このため岡田政調会長は、論点を八項目（武力攻撃事態の定義、国会の関与のあり方、国民の安全と基本的人権の確保、地方公共団体・指定公共団体機関等、自衛隊法関連、米軍との関係、安全保障会議設置法改正案関連など）に絞って委員会における論議を進める方針を示して了承を得た[53]。

与党側においても公明党や保守党の議員から与野党出席の上で十分な審議が望ましいとの声が強まり、自民党の慎重派議員からも単独採決を批判する声が挙がっていた。五月二三日、小泉首相も、法案の性格上、国民的なコンセンサスを得る必要があるとの見解を示した[54]。

五月二四日、自由党は非常事態対処基本法案および安全保障基本法案を政府案に対する対案として単独で提出した。五月二七日、自民党の大島理森、民主党の熊谷弘の両国会対策委員長が会談し、公聴会を延期するとともに自由党の対案も正式議題とするなど十分な審議時間を取る方針で合意、国会の正常化が決まった[55]。

国会の正常化が合意を見た直後、防衛庁における情報公開請求者リスト作成の発覚や福田官房長官の非核三原則見直し発言等が問題化し、有事関連法案の審議が再び滞ることとなった。

六月一一日、民主党は拡大役員会を開き、有事関連法案に関する与党との修正協議を拒否し、法案の廃案を要求することを決定した。これに対して政府与党は会期の大幅延長を模索したが、参議院側の意向もあり、会期は七月三一日までとなった[56]。

七月二九日、与党三党の党首会談が行われ、有事関連法案の取扱いについて、政府与党で閉会中に国民保護関連法制の作業を進め、その内容を示すなど、国民の理解を得る努力を行うことを確認し、次の臨時国会で成立させることで合意した[57]。

## 四　第一五五回臨時国会における有事関連法案の審議

第一五四回通常国会における有事関連法案の審議が滞ったのは、直接的には情報公開請求者リスト問題、福田官房長官の非核三原則見直し発言、公聴会開催に関する政府与党内の調整の不備等が影響した結果であったが、より根源的には法案の内容について各方面の理解が得られていなかったことが大きかった。

小泉首相は、与党間の修正協議を促進し、臨時国会における法案成立を期することを決意[58]、法案の不備を補完し、国会審議を円滑に進めるため、関連する責任者・担当者を一新する決断をした。

これに伴い内閣官房チームの再編強化は、古川官房副長官を中心に検討され、大森官房副長官補の下に有事法制担当審議官ポストを新設、増田好平防衛長官防審議官を充てることとし、内閣官房チームの増員も行われた。この中には、統合幕僚会議事務局および陸海空各幕僚監部の幕僚（制服組）も含まれ、法案の作成に制服の幕僚が加わる体制が整えられた。さらに、八月一日には全省庁の局長級による連絡会議を開催し、全省庁参加の態勢を確認するとともに、個別分野ごとに各省庁課長級のメンバーによる作業チームを設置することも決められた[59]。

九月三〇日、内閣改造が行われ、石破茂が防衛庁長官に任ぜられた。石破の防衛庁長官起用は、第一五四回国会の期間中における防衛庁と野党とのギクシャクした関係を修復したいという意味合いもあった[60]。

法案修正作業においては、武力攻撃事態の定義が最大の課題となった。民主党など野党は、武力攻撃事態が、武力攻撃が予測されるに至った事態を包括的に定義していることに対して、事態の緊迫度に応じた対処措置の違いが法案上判りにくいと批判し、「おそれ」と「予測」の違いが判りにくく判断基準も曖昧であるとして、定義の明確化を強く求めていた。

このため、内閣官房では、武力攻撃事態と武力攻撃予測事態の二段階に区分する案が浮上してきた。これに対して防衛庁は、自衛隊法第七六条の防衛出動の要件には、外国からの武力攻撃が現に生起していなくても、武力攻撃のおそれのある場合が含まれており、「おそれ」を削除した場合、武力攻撃が実際に起こるまで出動できない可能性があるとして難色を示していた。

一方、国民保護法制については、災害対策基本法を下敷きに法案作りを進め、首相の指示権を有事の際の警報発令や避難など個別の対処措置ごとに具体的に明記する方針を固め、一〇月七日、内閣官房チームが基本的構成の概要をまとめた。

災害対策基本法では、自治体に責務や権限があるのに対して、国民保護法制においては国が前面に出て、首相の指示権には法的拘束力が伴い、従わない場合には、代執行などの措置も検討された。政府は、一〇月八日の全国都道府県知事会議で検討状況を説明し、臨時国会で法案の輪郭を示すこととした(61)。

一〇月一八日、臨時国会が召集された。政府与党は、与党修正案を提示して民主党との修正協議を呼びかけることとし、一〇月二三日、安倍官房副長官らと与党三党幹事長・政調会長、特別委員会の委員長に就任した鳩山邦夫、特別委員会の与党理事らが会談し、有事関連法案の与党側議員修正案について合意した。

この時の会談では、武力攻撃事態の定義を「武力攻撃が発生した事態または武力攻撃が発生する明白な危険が切迫していると認められるに至った事態」とし、武力攻撃予測事態について「武力攻撃には至っていないが、事態が緊迫し、武力攻撃が予測されるに至った事態」として事態を二段階に区分する案が提示された。これは野党側の分かりにくいという批判と、防衛庁側の「おそれ」を削除した場合に不具合が発生するとの懸念を同時に解消しようとするものであった。そして、それぞれの事態について、対処の基本理念を明らかにするとともに、対処基本方針に記載すべき重要事項を列記することとしていた(62)。

さらに、武力攻撃事態または武力攻撃予測事態に至らない場合でも、大規模テロや武装不審船に対処できるように武力攻撃事態法案の補則（第二四条）を修正することとしていた。これは野党側の批判や小泉首相の指示に応えたものであった。一〇月二九日、与党安全保障プロジェクト・チームの会合を開き、この修正案と国民保護法制の輪郭を野党側に提示し、修正協議を働きかけることを決定した(63)。

一一月一一日、臨時国会の最初の特別委員会において与党は有事関連法案の「法案修正について」と題するペーパーを野党側に提示、また、政府側も「国民保護のための法制について」と題するペーパーを野党側に提示し、民主党側を修正協議の場につかせたい意向を滲ませた。しかし、野党側がこれに乗らず、法案審議は停滞したままとなった。

一二月一〇日、与党側は修正案を特別委員会に提出したが、野党側が難色を示し、審議には応じなかった。この日、民主党の代表選挙が行われ菅直人が代表に選ばれた。菅代表は、ネクスト内閣の安全保障大臣に前原誠司を任命し、安全保障問題に関しては現実主義的なスタンスで臨む姿勢を鮮明にし、有事関連法案についても、党としての法案作成を検討する考えを明らかにした(64)。

一二月一二日、特別委員会は、政府提出の修正案を国会の閉会中も審議することを議決し、法案成立は次期国会を俟つこととなった。

## 五　第一五六回通常国会における有事関連法案の審議……有事関連三法の成立

平成一五年（二〇〇三年）四月八日、民主党はネクスト内閣の閣議を開き「緊急事態法制プロジェクト・チーム」を設置し、同チームと関連四部門（外交・安保・内閣・国土交通）との合同会議を検討の場として、政府案に対する対案を取りまとめることを決定した。座長には、前原誠司ネクスト内閣安全保障大臣が充てられた(65)。

同チームは、四月一四日から連日論議を進め、わずか一〇日足らずの日程で一案を纏め上げた。そして四月二四日に開かれたネクスト内閣の臨時閣議で、緊急事態対処・未然防止基本法案と政府案の武力攻撃事態対処法案に対する民主党修正案を了承した。民主党案は、基本法形式を採用したものであった。基本法形式は、政府与党内でも検討したことがあったが、省庁間の調整見込みが立たず見送りとなったことは既述のとおりである。

民主党からの対案提出を受け、第一五六回通常国会における与党と民主党による修正協議がようやく開始されることとなった。

五月六日の特別委員会では、自由党案と民主党案の趣旨説明が行われた。これを受けて、同日、自民党の久間特別委員会筆頭理事から民主党の前原筆頭理事に対して修正協議の申し入れを行い、民主党提出の基本法案については受け入れ難いが修正案については取り入れ可能なものがあるとの見解が示された。基本法案については、検討すべき課題が多く、会期が迫っている当期国会において成立を図ることは困難であるというのがその理由であった。

与党と民主党との修正協議の成否は、与党が当初受け入れを拒否した民主党の基本法案を修正案と一緒に、どの程度受け入れることができるのか、また、与党の対応に対して、民主党内の保守派と旧社会党系議員の間で意見集約ができるかにかかっていた。

民主党側は、与党との修正交渉の節目・節目において全議員による政策懇談会を開いて意見集約を図っていく態勢を既に整えていた。

五月八日、前原筆頭理事は自民党が示した「民主党案の問題点」に対する反論文書を提示した。その主要なものは次のようなものであった[66]。

＊基本的人権の保障に関する、差別的取り扱いの禁止等六項目の法案への明記
＊武力攻撃事態とは別のテロ、不審船、大災害に一元的に対処するための緊急事態基本法の整備
＊武力攻撃事態対処の終結に係る国会関与の明記
＊国民保護法制の整備までの間、武力攻撃事態対処法の施行期日先送り
＊危機管理庁の設置
＊指定公共機関からの民放の除外

前原は、党内を説得するためには、これらの項目が何らかの形で担保されることが必要であると強調した。五月一一日、久間筆頭理事は、民主党側の要求を踏まえた次のような修正原案を提示した。

＊緊急事態基本法は、今後政党間で真摯に検討し、速やかに結論を得る。

＊危機管理庁は「緊急事態へのより迅速・的確な対応をするべき組織について検討する」

＊武力攻撃事態への対応措置を国会の議決で終了できるよう法案を修正する。

＊国民への情報開示の重要性を基本理念に追加する。

＊指定公共機関に関連して「報道の自由を侵すことがあってはならない」との付帯決議を行う。

＊国民保護法制の整備は、法案の「二年以内」を「速やかに」とし、付帯決議で「一年以内の整備」を盛り込む。

この段階で、久間・前原両筆頭理事の間の意見の相違点は、①基本法の制定確約、②武力攻撃事態法案の施行凍結範囲、③基本的人権の保障規定の法案修正、の三点に絞られていた。

五月一二日、与党三党幹事長・政調会長・国対委員野党側に長会談が行われ、久間筆頭理事が野党側に提示した修正原案を与党見解として了承した。また、民主党側の意見集約をまって対応を決めることでも合意し、以後、自民党の修正協議については山崎幹事長に一任することとされた。

一方、民主党でも、五月一二日に党拡大役員会、同月一三日に全議員政策懇談会を開催し、与党との修正協議を基本的に岡田幹事長に一任することを決めた。

同じく一三日に、久間・前原両筆頭理事の会談が行われた。久間は、民主党内に強硬な意見のあることに配慮して「憲法に規定されている基本的人権は最大限尊重されなければならない」旨を法案に追加する、緊急事態対処基本法の制定について前向きな合意文書を交わす、危機管理庁の設置についての検討を法案の附則に盛り込む、国民保護法制が整備されるまでの法施行を凍結する条文の範囲を広げる、等の譲歩案を提示した。

かくして、同一三日夕刻、与党三幹事長と、民主党の岡田幹事長の四党幹事長と国会対策委員長が会談し、①緊急事態基本法制については、与党三党と民主党間で真摯に検討し、その結果に基づき、速やかに必要な措置を取る、②基本的人権の保障に関する民主党の修正要求事項については、国民保護法制で措置する、の二項目について覚書が結ばれた(67)。

同日夜、小泉首相と管代表による党首会談が行われ、与党三党と民主党間で有事関連法案の修正に関する合意が成立、合意文書が交わされることとなった。

平成一五年五月一四日、衆議院特別委員会に与党三党と民主党の共同提案の形で修正案が提出され、別に独自案を提出していた自由党もこれに賛成することとなった。その結果、与党三党、民主党、自由党を合わせて衆議院の九割の議員の賛成を得て、有事関連法案は衆議院を通過した。参議院審議においても、無修正で法案審議を終了し、六月六日、参議院でも八割を超える議員の賛成をもって有事関連法が可決成立した。

## 六　事態対処関連七法の成立、国民の保護に関する基本指針の策定

平成一五年（二〇〇三年）五月一四日に成立した武力攻撃事態対処法は、前述のとおり、武力攻撃事態などの対処に関する基本法というべき性格の法律であり、その中に武力攻撃事態等への対処に関する基本理念、国・地方公共団体の責務および役割分担、武力攻撃事態等への対処の基本方針を規定するとともに、爾後整備すべき国民保護法をはじめとする個別の事態対処法制のプログラムを明示したものであった。この事態対処法制のプログラムは、武力攻撃事態対処法の審議過程において与野党間で合意されたものであり、特に国民保護法制については、武力攻撃事態対処法施行から一年以内を目標とすることが付帯決議として盛り込まれていた。このためこれらについて速やかな措置が

必要であった。

平成一六年（二〇〇四年）一月一九日、小泉純一郎首相は、第一五九通常国会の施政方針演説において、「有事に際して国民の安全を確保するための関係法案の成立を図り、総合的な有事法制を築き上げます」と、前述の個別の事態対処法制に関する法案をこの国会に提出することを明らかにした[68]。

一月一九日、衆議院に「武力攻撃事態等への対処に関する特別委員会」が設置され、委員長に自民党の自見庄三郎議員が選出された[69]。

四月一三日、衆議院「武力攻撃事態等への対処に関する特別委員会」に事態対処関連七法案および三条約が付託され審議が開始されることとなった。付託された七法案および三条約は次のとおりであった。

◇事態対処関連七法案

＊武力攻撃事態等における国民の保護のための措置に関する法律案

＊武力攻撃事態等におけるアメリカ合衆国の軍隊の行動に伴い我が国が実施する措置に関する法律案

＊武力攻撃事態等における特定公共施設等の利用に関する法律案

＊国際人道法の重大な違反行為の処罰に関する法律案

＊武力攻撃事態等における外国軍用品等の海上輸送の規制に関する法律案

＊武力攻撃事態等における捕虜の取扱いに関する法律案

＊自衛隊法の一部を改正する法律案

◇関連三条約

＊日本国の自衛隊とアメリカ合衆国軍隊との間における後方支援、物品または役務の相互の提供に関する日本国政府とアメリカ合衆国政府との間の協定を改正する協定の締結について承認を求める件

＊一九百四十九年八月十二日のジュネーヴ諸条約の国際的な武力紛争の犠牲者の保護に関する追加議定書（議定書一）の締結について承認を求める件（条約第一一号）
＊一九百四十九年八月十二日のジュネーヴ諸条約の国際的な武力紛争の犠牲者の保護に関する追加議定書（議定書二）の締結について承認を求める件（条約第一二号）

委員会における審議のなかで、野党民主党は、政府原案に対して国民保護法案などの修正案を提出、与野党で協議が行われることとなった。協議の結果、共同提出修正案がまとまり、五月二〇日、事態対処関連七法案および三条約は、与党と、一部の野党を除く全体の約九割の賛成多数で衆議院本会議を通過した。その後、同七法案および三条約は参議院の「イラク人道復興支援活動等及び武力攻撃事態等への対処に関する特別委員会」に付託された。同委員会においては、六月一四日、約九割の賛成多数によって可決され、同日に行われた参議院本会議においても賛成多数で可決され、同七法案が成立し、併せて三条約の締結が承認された[70]。

事態対処関連法制の成立に伴い、わが国に対する武力攻撃など国民の平和と安全にとって最も重大な事態への対処について、住民の避難措置などの国民保護措置、自衛隊が行う外国軍用品の海上輸送の規制措置や捕虜等の取扱いに係る措置、港湾施設・飛行場施設などの円滑かつ効果的な利用を確保するために必要な措置などの武力攻撃事態等に必要となる各種の措置についての法的基盤が一応整えられた。

これに伴い政府は、平成一七年（二〇〇五年）三月二五日、国民保護法の適切かつ円滑な執行を図るため、国民保護法第三二条に基づき、国民の保護に関する基本指針（以下「基本指針」と記述）を策定し閣議決定した[71]。

**注**：国民保護法に基づく措置は、このあと指定行政機関および都道府県が国民保護計画を、指定公共機関が国民保護業務計画を策定することとなる。また、平成一七年六月一四日、政府は村田有事法制担当大臣を通じ、国民保護法に基づき、

国、地方公共団体、その他の関係機関および地域住民が一体となった実動訓練および図上訓練を行うと発表、同年一〇月二八日、官邸危機管理センター、関係省庁、地方自治体が参加による緊急対処事態図上訓練を、また、一一月二七日には福井県において国民保護法に基づく初の実動訓練が実施された。(72)

## 七　有事法制に残る諸問題

有事法制が制定されたことは、大きな前進であったが、これによって問題がすべた解決されたわけではなかった。

第一の問題は、憲法論議を避けたことであった。有事法制は究極的には憲法問題であるという認識は多くの人に共通する思いであったであろうが、国会における合意を得るためには憲法問題を避けるしかなかった。

ごく一般的に言って、「有事」とは憲法秩序そのものが脅かされる事態であり、憲法秩序とは国家主権を全うすること、ひいてはその国家主権の下にある国民の生命・財産の保全のことである。(73) この観点からすれば、憲法制定に際して、「もし憲法秩序が脅かされた場合にどう対処するか」を規定しておくこと、即ち、わが国に対して武力攻撃が行われるような事態に際して、どのように対処すべきかという問題は、本来憲法レベルで考えるべき問題の筈であった。しかし、現行憲法が「占領国管理法」として制定された（正確にいえば、「占領国管理法」として制定された擬制憲法を独立復帰時にそのまま放置した）ことから、国家緊急事態は考慮の対象外とされ、これにどのように対処するのかについての規定は空白のまま放置されてきた。これを解決するためには、新たな憲法の制定が必要であるが、この段階ではそれを避けるしかなかった。この基本的な問題は依然として手付かずのまま残されている。

第二の問題は、自衛隊法の行動にかかる規定の不備点が是正されないまま残されたことであった。栗栖統幕議長の発言が契機となって、問題点が明確になっていたにもかかわらず、これに応える措置が取られないままとなってしまった。中曽根元首相の発言のとおり、国際社会の現状から見て「舳艪《じくろ》相《あい》銜《ふく》んで海洋を越えて来襲し、わが本土に大部隊を大挙上陸させるというような形の侵略は目下のところ考えられない」[74]という見方は現状認識として妥当性があり、当面する脅威はこうした形の侵略ではなく、テロ、ゲリラの非正規戦を含む新たな形態となり、平時、戦時を明確に区分すること自体が困難な性質のものと考えられる。

ところが、自衛隊法における「防衛出動」の考え方は、所謂「平時」と「戦時（防衛出動時）」を明確に区分し、平時における自衛隊の行動に厳しい制約を課してその「暴走の未然防止」を図るとともに、戦時において自衛隊の行動が円滑に行えるよう配慮したものと解することができる。しかし、実際の場面における侵略の判定は極めて困難であり、平時と戦時（有事）を明確に区分することが果たして妥当であるか疑問である。

自衛隊法の趣旨は、相手が不法な行動に出て初めてわが方の防衛行動が開始できるとするものであり、相手がテロやゲリラ等の活動を主に侵攻を開始するような場合に、適時に防衛出動を発することは極めて難しいに違いない。結局、わが方に相当の被害が出て初めて防衛出動を下令することとならざるを得ない。つまり、それまでの間は現地の部隊長の判断に委ねられることとなる。また、仮に、「相手の不法な行為があって初めて」という前提を除外したとしても、現在の国際社会の状況を考えた場合に「適時に」防衛出動を発することが果たして可能か、大きな疑問がある。仮に軍事的に適時の対応ができるよう先行的に防衛出動を発令したとすると、日本侵略を企てている相手国はこれを逆手にとって、「日本こそ侵略国だ、その証拠にわれわれより先に戦争開始の命令を発しているではないか」と国際社会に訴える可能性は決して低くない。隣接する大陸の共産党独裁政権国家を想起すれば、これは決して荒唐無稽とは言い得ない。栗栖発言において指摘された最も重要な点がまさにこのことであった。

「領域警備」に関する規定を速やかに制定すべきという意見は、こうした現状を踏まえて、防衛出動に至らない、しかし、わが国の主権が脅かされつつあるような事態に適正に対処するためには、従来のように、「平時」と「戦時」を明確に区分したままにせず、その中間的ないわゆるグレー・ゾーンを埋める観点から、平時における「領域警備」

について規定すべきとするものである。

第三の問題は、軍令と行政命令（軍政）の区分を法制上明確にしていないことである。ここにいう「軍令」とは、一定の目的を達成するために軍事力を実際に投入し運用する場合（国の防衛のための武力行使等）に発せられるいわゆる「作戦命令」乃至「行動命令」のことであり、「行政命令」といっているのは、軍事力の建設維持管理（部隊における訓練を含む）等に関する行政的業務命令（一般の官庁で発せられる命令と同じもの）のことである。

軍事作戦を、軍事力保持の本来の目的達成のために適切に遂行するには、可能な限り軍事的合理性を追求することが必要であり、そのため発せられる命令には一般の行政命令とは異なった配慮が必要である。それが「軍令」と行政命令を区分する所以である。

軍令と行政命令を明確に分離する最大の相違点は、一般の行政命令が「やってよいことの列挙（Positive list）」という形式をとるのに対して、軍令は「やってはならないこと（Negative list）」の形式をとる点にある。「やってはならないこと」を列挙する方式の軍令には、任務遂行のためには「それ以外のことは指揮官の判断に委ねる」という意味が含まれており、それ故に、いずれの国でもその適用を厳格に規定・管理している。

ところが、自衛隊に関しては、この「軍令」についての考え方が曖昧なまま放置されてきた。厳密に言えば、前述の意味の軍令を想定してこなかったという方が当たっている。

そもそも警察予備隊は、タテマエは警察力の予備として、ホンネは国土防衛のための実力部隊として創設された。このタテマエを貫く限り軍令と軍政を区分する必要がなかった。なぜなら、明らかに「警察」は行政の一環であり、軍令そのものが存在しないと主張することができたからである。旧内務官僚が着目したのがまさにこの点であった。警察予備隊が保安隊を経て自衛隊に改編され、軍事力としての能力を逐次充実向上していった段階においても、防衛庁内局の文官官僚は、軍令と軍政の関係をどのように設定すべきかといった問題をできるだけ避けてきたフシがある。話題にしたくないと考えたのは政治家も同じであった。自衛隊が戦力に該当するかどうか、自衛隊は軍隊なのかどうか、といった神学論争の中では、「軍令」という用語そのものが避けるべきもののひとつであったからである。

しかし、一定の戦力が出来上がり、これを適正に運用すべき段階に至って、しかも軍事力の使用が決して稀ではない国際情勢に適正に対応していくためには、「やってはならないこと（Negative actions）」を示す「軍令」を法制上明確に定めることが必要である。それなしに国土防衛はもちろん、国連の決議等に基づく国際的な任務を遂行することは極めて困難である。また、そうした国際的な任務の実施に際して、シビリアン・コントロールを適正に機能させようとするのであれば、そのとき適用されるべき基準、即ち「やってはならないこと（List of Negative actions)」、或は「行動基準（Rules of Engagement)」を適正に示しておくことが重要である。

軍政（行政命令）と軍令（行動命令ないし作戦命令）の混交を解消し、自衛隊の「行動」に対する規制を「厳正」に行うための法体系、軍令については「やってはならないこと」を示す方式を適用するという法制の整備が必要である。この場合、そもそも軍事機構を国家の機構・組織の中でどのように位置づけるか、防衛大臣は国会議員でなければならないか、なくてもよいか、といった大臣任用基準など、いろいろな問題を含めた総合的な検討が必要である。この点に関しては、終章において私見を述べることとしたい。

**注**：平成二四年（二〇一二年）に民間人の森本敏拓殖大学教授（元航空自衛官、防衛大学校卒）が防衛大臣に任ぜられた際に、民間人が防衛大臣であることに問題はないのかという議論があった。これについても、軍令と行政命令を明確に区分する理由と同じ問題を内包している。終章において併せて考察する所存である。

第四の問題は、「最高指揮権（統帥権）保持者が内閣総理大臣で本当によいのか」という問題である。憲法改正論議が活発になるにつれて、それぞれの立場から改正案を提示するケースも出てきたが、その中で国家防衛のための軍事力保持を憲法上明確にすべきとするものも少なくない。しかし、国軍を保持すべきとする立場の提言も、その大部分は、軍の最高指揮権を内閣総理大臣としているように見受けられる。わが国が議会制民主主義の理念に基づく国家であることを是とする以上、国民から選ばれた政権が軍の最高指揮権を保持するのが妥当とする考えによるものであろう。しかし、この件については、清水幾太郎の指摘（第三巻第一章参照）もあるとおり、政党政治家が最高指揮権を保持して、あらゆる場合に適正にこれを運用できるか疑問もなしとしない。あらゆるケースを想定して、根本から再考することが必要ではないか。検討の結果、内閣総理大臣が最適とするならそれはそれで良いであろう。重要なことは、このような最も基本となる事項については、思い込みや先入観を排除して、あらゆる場合を勘案しながら結論を出すべきと思うのである。

第五の問題は、……法制上の問題ではないであろうが……最高指揮官の資質をどのようにして維持するべきかという問題である。「最高指揮官たる内閣総理大臣」の軍事的資質・見識が問われる場面が少なくないからである。

戦後の事例を見ても、ＭＩＧ―25事件における防衛出動命令発出の是非問題、湾岸戦争時の護衛艦派遣の是非検討等、最高指揮官の見識を疑わせる場面が少なくなかった。キューバ事件におけるアメリカのケネディ大統領、フォークランド紛争におけるイギリスのサッチャー首相、駐ペルー日本大使館占拠事件におけるペルーのフジモリ大統領の決断と比較すれば、その差異は明白である。

**注**：一九七九年（昭和五四年）一〇月二六日、韓国の朴正熙大統領が何者かによって射殺されたとき、第一報を受けた長女の朴槿恵（現韓国大統領）の第一声は「前線（南北の軍事境界線）に異常はないか」であったという[75]。「私」より「国」を優先する姿勢、国の防衛をかたときも忘れない感覚、それこそ国家のトップに求められるものであろう。

これらは明らかに、最高指揮官としての認識・資質の問題である。国家の非常時に、国民をリードできる有為の人材を育成することは、最も重要な事項であり、学校教育を含めて国を挙げて検討すべきであろう。

## 註

（1）『冷戦後日本のシビリアン・コントロールの研究』　武蔵勝宏　成文堂　一五一頁
（2）同右　一五二頁
（3）同右
（4）「国会議事録」（平成一二年四月七日　衆議院本会議）　国立国会図書館
（5）『冷戦後日本のシビリアン・コントロールの研究』　武蔵勝宏　成文堂　一五二頁
（6）http://www.ne.jp/nozaki/peace/data/data_ami_j.html
（7）『冷戦後日本のシビリアン・コントロールの研究』　武蔵勝宏　成文堂　一五三頁
（8）同右
（9）同右　一五四頁
（10）「国会議事録」（平成一三年五月七日　衆議院本会議）国立国会図書館
（11）『軍の論理と有事法制』　西沢優・松尾高志・大内要三　日本評論社　一二頁。『冷戦後日本のシビリアン・コントロールの研究』　武蔵勝宏　成文堂　一六〇頁
（12）「国会議事録」（平成一三年九月二七日　衆議院本会議）国立国会図書館
（13）『冷戦後日本のシビリアン・コントロールの研究』　武蔵勝宏　成文堂　一六一頁
（14）同右
（15）同右
（16）同右
（17）座長の北側一雄政調会長の発言：「朝日新聞」（平成一四年一月一九日付）。『冷戦後日本のシビリアン・コントロールの研究』　武蔵勝宏　成文堂　一六二頁

(18) 同右　一六二頁
(19)『世界の「有事法制」を診る』水島朝穂編　法律文化社　一九一頁
(20)『冷戦後日本のシビリアン・コントロールの研究』武蔵勝宏　成文堂　一六八頁
(21)『世界の「有事法制」を診る』水島朝穂編　法律文化社　一九一―一九二頁
(22)『冷戦後日本のシビリアン・コントロールの研究』武蔵勝宏　成文堂　一六九頁
(23)『世界の「有事法制」を診る』水島朝穂編　法律文化社　一九二頁
(24)「朝日新聞」(平成一四年二月六日付)。『冷戦後日本のシビリアン・コントロールの研究』武蔵勝宏　成文堂　一七二頁
(25) 同右　一七二頁
(26) 同右　一七三頁
(27)『防衛白書（平成一四年版）』防衛庁　一四八頁
(28)『冷戦後日本のシビリアン・コントロールの研究』武蔵勝宏　成文堂　一六四頁
(29)『自民党政策速報』自民党国防部会・安全保障調査会・基地対策特別委員会合同会議　平成一四年一月二二日)・「朝日新聞」(平成一四年一月二二日夕刊)
(30)『冷戦後日本のシビリアン・コントロールの研究』武蔵勝宏　成文堂　一八三頁
(31)「朝日新聞」(平成一四年四月三日、四月四日付)
(32)「朝日新聞」(平成一四年二月八日付)。『冷戦後日本のシビリアン・コントロールの研究』武蔵勝宏　成文堂　一八三頁
(33) 同右　一八八頁
(34) 同右　一九四―一九六頁
(35) 同右　一九八頁
(36) 同右　二〇三頁
(37) 同右　一六四頁
(38)「朝日新聞」(平成一四年四月二三日付)
(39)「朝日新聞」(平成一四年四月二四日付)

(40)『冷戦後日本のシビリアン・コントロールの研究』　武蔵勝宏　成文堂　二二四頁
(41)「国会議事録」(平成一四年四月二六日　衆議院本会議) 国立国会図書館
(42)同右
(43)同右
(44)志位和夫(共産党)委員の質問・「国会議事録」(平成一四年五月七日　衆議院武力攻撃事態対処特別委員会) 国立国会図書館
(45)「国会議事録」(平成一四年五月一六日　衆議院武力攻撃事態対処特別委員会) 国立国会図書館
(46)同右
(47)同右
(48)『冷戦後日本のシビリアン・コントロールの研究』　武蔵勝宏　成文堂　二一六頁
(49)「国会議事録」(平成一四年四月二六日　衆議院武力攻撃事態対処特別委員会における福田官房長官の趣旨説明) 国立国会図書館
(50)「国会議事録」(平成一四年五月七日　衆議院武力攻撃事態対処特別委員会における福田官房長官の答弁) 国立国会図書館
(51)『冷戦後日本のシビリアン・コントロールの研究』　武蔵勝宏　成文堂　二二四頁
(52)同右　二二五頁
(53)同右　二二七頁
(54)同右　二二七―二二八頁
(55)同右　二二八頁
(56)同右　二二九頁
(57)「毎日新聞(平成一四年七月三〇日付)」・同右　二三二頁
(58)「朝日新聞」(平成一四年八月一日付)
(59)「朝日新聞」(平成一四年七月三〇日付)
(60)『冷戦後日本のシビリアン・コントロールの研究』　武蔵勝宏　成文堂　二三六頁
(61)同右　二三七頁

(62) 同右
(63) 同右　二三八頁
(64) 同右　二四〇―二四二頁
(65) 同右　二四四頁
(66) 同右　二五一頁
(67) 同右　二五五頁
(68) 「国会議事録」(平成一六年一月一九日　衆議院本会議) 国立国会図書館
(69) 「国会議事録」(平成一六年一月一九日　衆議院武力攻撃事態等への対処に関する特別委員会) 国立国会図書館
(70) 『日本の防衛 (平成一七年版)』 防衛庁　二〇〇頁
(71) 同右　二一二頁
(72) 『日本の防衛 (平成一七年版)』 防衛庁　二一三頁、『日本の防衛 (平成一八年版)』 防衛庁　四一二頁
(73) 『国を守るとはどういうことか』 森野軍事研究所　ＴＢＳブリタニカ　一八九頁
(74) 『これからの日本の防衛 ―― 第四次防衛力整備計画策定の前提について』 昭和四五年三月一九日　自由民主党安全保障調査会における防衛庁長官演説要旨　一四―一六頁
(75) 「読売新聞」(平成二四年一二月三〇日付)

## 第四節　イラク復興支援

### 一　二一世紀の国際社会が直面した安全保障問題

平成一三年（二〇〇一年）九月のアメリカ同時多発テロは、その規模と手段において世界にかつてない衝撃と憤りを与え、従来からその危険性が指摘されていたテロが二一世紀を迎えた国際社会において現実の姿となっていることを示すものであった。(1)

この同時多発テロを実行したアル・カイーダは、アフガニスタン国土の九〇パーセントを支配するイスラム原理主義勢力・タリバンの庇護を受け、同国内に訓練キャンプなどの施設を設置したため、アフガニスタンはテロリストの温床となっていた。既述のとおりアメリカは、同時多発テロ直後に、アル・カイーダをその実行犯と特定し、タリバンに実行犯の引渡しを迫ったがタリバン側はこれを拒否した。このためアメリカは、平成一三年一〇月八日、アフガニスタンに対する航空攻撃を皮切りに長期的なテロとの戦いを開始した。地上戦においては、アメリカ軍の支援を受けた地元勢力の北部同盟などが、タリバンの拠点となっていた都市を次々に陥落させ、同年一二月にタリバンを本拠地カンダハルから退去させた。かくして、タリバンによる支配は終焉し、アル・カイーダのアフガニスタンにおける活動は困難となっていった。(2)

アフガニスタンにおいては、その後も、国土が再びテロの温床とならないよう、国際治安支援部隊（ＩＳＡＦ）がカブール周辺の治安維持に当たるなど、各国が協力して荒廃した国土の復興のための支援を行うこととなった。

このように、テロの撲滅については、各国による全世界的な努力が払われているにもかかわらず、国際テロ組織は、世界各地にその網をめぐらせ、平成一四年（二〇〇二年）九月には、アル・カイーダ幹部のウサマ・ビン・ラーデン、アイマン・ザワヒリと推測される肉声が放送され、その直後の同年一〇月には、イエメン沖を航行中のフランスのタンカーが自爆テロの攻撃を受け、さらに同年一一月にはケニアのモンバサにおいてイスラエル資本のホテルおよび航空機を目標としたテロ攻撃が行われるなど、テロ攻撃拡散の動きは一向に沈静化しなかった。[3]

二一世紀の国際社会が直面しているもうひとつの難題が大量破壊兵器等の移転・拡散の問題であった。核・生物・化学などの大量破壊兵器が使用された場合、大量無差別の殺傷や広範囲にわたる汚染を生ずる可能性があることから、大量破壊兵器やその運搬手段である弾道ミサイルの移転・拡散は、冷戦後の脅威のひとつとして認識されるようになった。冷戦時代には、アメリカとソ連という二大国が対峙しつつも、核の規制・管理等については一定の秩序を保つ規範があり抑制が働いていた。ところが、冷戦の終焉に伴い、大量破壊兵器の使用に関して、冷戦時代のような抑制が働きにくい国家への拡散・移転が進み、同時にテロリストなどの非国家主体が大量破壊兵器などを取得・使用する懸念も高まっていった。大量破壊兵器等の移転・拡散防止問題は、まさに国際社会が当面する喫緊の課題として浮かび上がってきたのであった。[4]

大量破壊兵器問題に関して最も問題となっていたのがイラクであった。イラクのフセイン大統領は、昭和五四年（一九七九年）に政権につき、その翌年の昭和五五年（一九八〇年）九月にはイランに侵攻、約八年にも及ぶイラン・イラク戦争を引き起こした。イラン・イラク戦争は一九八八年に停戦に至ったが、その二年後の平成二年（一九九〇年）八月には、隣国クウェートに侵攻した。国際社会は、侵攻の直後から国連を中心としてこれに対応することとし、多国籍軍が編成された。多国籍軍は、安保理決議第六七八号によって必要なすべての手段をとることを認められていた。多国籍軍は平成三年（一九九一年）一月から二月にかけて湾岸戦争を敢行、イラク軍をクウェートから撤退させた。湾岸戦争における組織的な戦闘は二月二八日をもって停止し、四月三日、国連安保理事会は安保理決議第六八七号を採択、イラクのフセイン大統領がこれを受諾したことから湾岸戦争が正式に停戦となった。安保理決議第六八七号は、国際的な監視の下、イラクが保有していると見られる大量破壊兵器、射程一五〇キロメートル以上の弾道ミサイルを破棄することを定め、これをイラクが無条件で受け入れることを停戦の条件としていた。

イラクの安保理決議第六八七号受け入れにより、国連特別委員会（ＵＮＳＣＯＭ）および国際原子力機関（ＩＡＥＡ）による査察が実施されることとなったが、イラクは、大量破壊兵器などについて不完全な報告書を提出したほか査察団の活動妨害、査察官に対する威嚇などで対抗し、さらに平成一〇年（一九九八年）にはすべての査察活動への協力停止を表明、これを受けて査察団が同国を撤退した。イラクは、その後約四年間にわたって査察協力を拒否、国際社会はイラク国内における大量破壊兵器の有無を確認できない状態に陥った[(5)]。

平成一四年一一月八日、国連安保理は、イラクに対して、即時、無条件、無制限の査察受け入れを要求し、義務履行の最後の機会を与えた。その上で、イラクによるさらなる決議違反は深刻な結果に直面することとなるとする安保決議第一四四一号を全会一致で採択した。イラクはこれを受け入れ、査察に対する妨害行動等は行わず協力的な態度を見せたが、過去の大量破壊兵器計画についての疑惑に関する新たな情報提供を拒むなど実質面では非協力的な態度に終始した[(6)]。

こうした状況にアメリカは、イラク周辺地域に本格的な戦力展開を行って軍事面からの圧力を強め、外交努力の効果を強めようとした。また、イラクの非協力的態度に変更を迫るべく、新たな国連決議の採択に向けた各国の外交努力も見られたが実現に至らなかった。このためアメリカ、イギリスなどの各国では、イラクの大量破壊兵器が国際社会の平和と安定に与えている脅威をこれ以上放置することはできないとの見方が強まり、これを取除くためには軍事作戦の実施もやむを得ないとの機運が高まっていった[(7)]。

アメリカ政府内には、ドナルド・ラムズフェルド国防長官を中心に単独であってもイラク攻撃に踏み切るべきとする強硬な意見もある中、コリン・パウエル国務長官らは国際社会の合意を得るべく関係国との調整に腐心していた。小泉首相は、こうした国際社会との協調路線を支持し、ブッシュ大統領にも九月の首脳会談でイラクへの先制攻撃の自制を促していた(8)。

## 二　わが国政府の判断……内閣官房・関係省庁、与党の対応

国連安保決議第一四四一号が採択された後も、イラクの出方は不透明であった。このためわが国政府内でも小泉首相の周辺で、アメリカが単独でも武力攻撃を敢行する可能性を否定できないとの見方が支配的となっていった。

**注**：平成一四年一〇月二三日、ワシントンで開催された日米の外務・防衛当局の安全保障審議官級会合（ミニＳＳＣ）において、アメリカ側は日本に対して「もしイラクで戦争が始まったら、貴国はその有志連合に参加するか」と問いかけてきたという(9)。

こうした認識のもと、内閣官房では平成一四年一一月中旬の段階で、既に古川内閣官房副長官が大森官房副長官補や増田好平内閣審議官ら内閣官房の数名の職員を指名して、イラク新法の制定を視野に入れた検討チームを発足させ、内々の検討に取り掛かっていた。この段階で、予想されるアメリカのイラク攻撃に対応して、わが国が採り得る、或は採るべき方策案が複数提示されていたという。

一二月七日、防衛庁でも、直接的か間接的かを問わず、アメリカ軍に対する何らかの支援を行うことが必要との考えが支配的であったことから、石破防衛庁長官の主導により自衛隊法に基づく機雷掃海や海上警備行動の発令による護衛艦の派遣等を含めた検討が開始された(10)。

政府与党内には、テロ対策特措法を援用してイラクにおいて戦闘行動中のアメリカ軍への後方支援を行うという案

も挙がっていたが、テロ対策特措法をイラクにおける軍事行動への協力支援活動に適用するのは困難とする意見が大勢を占めていた。

一二月一八日、福田官房長官の私的諮問機関として設置された「国際平和協力懇談会」（座長：明石康元国連事務次長）が、紛争終了後、国連決議に基づいて派遣される多国籍軍への日本の協力を可能にする法整備の検討を速やかに開始することなどの提言を盛り込んだ報告書を提出した。これを受けた福田官房長官も、フセイン政権崩壊後の復興支援活動を、ＰＫＯの枠外で実施し得るような復興支援法の制定を選択肢のひとつとして考えていた。

こうした中、内閣官房のイラク新法検討チームは、テロ対策特措法をベースに、復興支援に重点を置いたイラク特措法の制定を模索し、この年の年末には復興人道支援、アメリカ軍への後方支援、大量破壊兵器処理の三分野を復興支援新法の骨格とする方針を固めつつあった[11]。

平成一五年（二〇〇三年）一月二七日、国連調査団のハンス・ブリックス委員長は、大量破壊兵器の疑惑が解消されていないとの報告を行った。パウエル国務長官も、二月五日の安保理において自ら新証拠を提示して、イラク側の兵器秘匿を訴えた。小泉首相が「イラク戦争が始まれば支持する」との意向を固め、ごく少数の政府関係者に打ち明けていた[12]。

二月二四日、アメリカは、イギリス、スペインと共同で新決議案を提出、武力行使の容認を求めた。この新決議案に対してフランスとドイツが反対し、フランスは拒否権行使の姿勢を明らかにした[13]。

新決議案採択の見込みがなくなったと判断したブッシュ大統領は、サダム・フセインに対して最後通告を発し、単独でも開戦に踏み切る決意を固めていった。

こうした中、わが国では三月一二日、政府与党がイラク・北朝鮮問題協議会を設置し、大量破壊兵器の開発阻止という共通の目的で、イラクと北朝鮮問題を切り離さず一体的に協議していく体制を整えた[14]。

## 三　軍事作戦の開始（イラク戦争）とわが国の対応

三月一九日、ＣＩＡがサダム・フセインの居場所を特定した。この報告を受けたブッシュ大統領はイラク攻撃開始時期を当初の予定より繰り上げることを決断した。三月二〇日早朝（ワシントン時間一九日夜遅く）、アメリカ軍およびイギリス軍をもって編成されたイラク派遣軍（指揮官・アメリカ中央軍司令官・トミー・フランクス大将）は、イラクに対する軍事作戦を開始した。

**注**：イラクを戦闘正面とする作戦計画（OPLAN-1003）は、平成一三年（二〇〇一年）一二月二六日にブッシュ大統領の承認を得ていた。[15]

三月二〇日、わが国では、安全保障会議が開催され、当面の対処方針として、イラクにおける大量破壊兵器等の処理、海上における遺棄機雷の処理、復旧・復興支援や人道支援等のための所要の措置を講ずることが決定された。この日イラク対策本部（本部長・小泉首相）が開設された。[16] 小泉首相は記者会見を行い「アメリカの武力行使開始を理解し、支持する」旨を明らかにした。

政府与党内では、既述のとおりイラク・北朝鮮問題協議会が設置されていたが、自民党の山崎幹事長が、治安維持上必要があれば国連決議を前提に新法を制定して自衛隊を派遣すべきであると考えていたのに対して、公明党の冬柴幹事長は、自衛隊を派遣することは不可能と考えており、自民、公明両党の考えには相当の開きがあった。

このように、与党内で認識が分かれる中、外務省では、戦争の早期終結をにらんで、復興支援に関する国連決議の採択を安全保障理事会の理事国に働きかける動きを本格化させていた。

開戦当時、イラク軍は正規陸軍約二八万名、共和国防衛隊約八万名、特別共和国防衛隊約一万五〇〇〇名の規模であった。この正規陸軍の主力は北部油田地帯とクルド人対処に、残りが南部油田地帯のシーア派対処（イランとの国境防衛）に当てられていた。首都バグダッドの防衛には共和国防衛隊（六〜七個師団）が当たっていた。さらに首都中枢部には特別共和国防衛隊（フセインおよびウダイ、クサイを守るいわゆる親衛隊）が配備されていた[17]。

一方、イラク派遣軍は、第五軍団（第三歩兵師団基幹、指揮官・ウイリアム・ウォーレス中将）、第一海兵遠征軍（第一海兵師団基幹、指揮官・ジェームス・コンウェイ中将）からなる連合地上部隊（司令官：ダビッド・マッキンナン中将）、および航空戦力（作戦機・約八〇〇機）、海上戦力（艦艇・空母六隻を含む一二〇隻以上）、並びに中央軍特殊作戦コマンドをもって編成された大部隊であった。

イラク派遣軍の作戦は、航空機による敵防空システムやＣ３Ｉ等の撃破、政権指導部等に対するピンポイント攻撃をもって開始された。航空攻撃とほぼ併行して艦艇搭載の巡行ミサイル・トマホークによる首都攻撃が実施された。

地上作戦については、アメリカ軍がイラクの中心部を流れるユーフラテス、チグリスの両川沿いにバグダッドを目指し、イギリス軍はアメリカ軍の作戦とは別個に南部の要域確保に当たるという構想を固めていた。

**注**：イラクの地形は、北西部から国土のほぼ中央を南東に向けてチグリス川（東側）とユーフラテス川（西側）が流れており、両河川は河口の手前で合流してペルシャ湾に注いでいる。ユーフラテス川の西側は砂漠地帯、チグリス川の北東部から東側（イランとの国境線沿い）は山岳地帯となっている。首都バグダッドは国土のほぼ中央、チグリス川沿いに位置している。

三月二〇日、クウェートに集結した連合地上部隊は、航空攻撃および巡行ミサイル攻撃の戦果を確認しつつイラク・クウェート国境線を突破、バスラを目指して進撃を開始した。西側のユーフラテス川沿いを第五軍団主力の第三歩兵師団が、東側のチグリス川沿いを第一海兵師団がそれぞれ川に沿って北上することとなった。イギリス陸軍の部隊は、第一海兵遠征軍の指揮下に置かれ、バスラ近傍における地域の確保・警戒がその任務となった。

第三歩兵師団は、二四日には早くもバグダッド手前のカルバラに達したが、東側を進撃している第一海兵師団の進撃が遅れていたため、進撃を停止し四日間待機した。この間に、西部地域では、三月二一日にアメリカ軍レンジャー部隊とイギリス軍の特殊部隊が、イラクのスカッド・ミサイル基地と思われるふたつの飛行場を制圧した。これは、イラクとイスラエルの衝突を防止するという政治目的によるものであった。また、北部でも二六日にクルド地区に約三〇〇〇名の落下傘部隊を降下させ、予め準備していたクルド人民兵集団と協同して進撃する態勢を整えていた。[18]

三月二八日、第三歩兵師団が再度進撃を開始、四月四日朝にはバグダッド郊外西方約一〇キロのサダム国際空港を奪取した。この頃には、第一海兵師団もバグダッド南二五キロ付近に到達していた。

こうした情勢の中、わが国政府はイラク戦争難民支援としてテント一〇六張りをヨルダンに輸送することを決め、三月三〇日、航空自衛隊のＢ―７４７（政府専用機）・二機をヨルダンに向けて発進させた。

四月七日、イラクのアメリカ軍地上部隊はＦ―16戦闘爆撃機、Ａ―10攻撃機等による対地攻撃支援のもとに、戦車七〇両、戦闘車等六〇両をもって一挙にバグダッド中心部に突入、三つの宮殿を制圧した。さらに、翌八日には官庁街を占拠した。同日、第三歩兵師団はチグリス川東岸に進み、東岸を北上してきた第一海兵師団とバグダッド市内で合流した。

四月九日、第三歩兵師団と第一海兵師団が一体となってチグリス川両岸を制圧した。四月一二日から一四日の戦闘によって、第一海兵師団がサダム・フセインの故郷といわれるティクリートを陥落させた。

こうした状況を見て四月二七日、福田官房長官は、古川官房副長官に対して、復興支援を行うための新法の検討を加速するよう指示した。ちなみにこの段階で小泉首相は、新法制定の必要性については、国連決議の内容に沿って判断するとして明確な意思を示していなかった。

五月一日（ワシントン時間）、ブッシュ大統領が戦闘中止を宣言、アメリカ・イギリス軍による占領統治が開始され、治安回復やイラク要人の捜索が行われることとなった。[19]

五月九日、アメリカ、イギリス、スペインの三カ国が対イラク制裁解除決議案を国連安保理事会に共同提出、また同月一九日には国連の役割などに関して一部修正を行う決議案を提出した。

五月二二日、国連安保理事会は、イラク戦争後のアメリカ・イギリス軍主導による占領統治を認知し、加盟国および国際機関に対してイラク国民に対する人道上の支援やイラク復興支援を行い、イラクの安定に貢献することを求める決議第一四八三号を全会一致で採択した。[20]

**注**：この決議にはわが国も少なからず関与していた。わが国がイラクにおいて人道復興支援を行うためには、国連の決議が不可欠と考えていた政府は、早い段階から決議案の提出についてアメリカに働きかけていた。この決議は、わが国がイラクに自衛隊を派遣する際の法的根拠となり得ると考えられていたからであった。[21]

## 四　イラク復興支援特別措置法の制定

五月二三日、訪米中の小泉首相が、ブッシュ大統領と会談、イラク復興支援にわが国としても国力にふさわしい貢献をする意向を表明した。

先崎一陸上幕僚長（のちに統合幕僚長）は、このニュースを見て「指示が出たときに応えられるように、先行的に検討しておく必要がある」と判断し、宗像久男防衛部長に所要の準備を開始するよう命じた。六月上旬、陸幕に防衛部長をトップに約一五名の課長・班長からなる検討チーム「イラク・プロジェクト（イラクＰＪ）」が設置された。[22]

六月六日、既述のとおり、有事関連法案が参議院で八割を超える議員の賛成を得て可決成立した。この機に小泉首相は、内閣官房にイラク復興支援にかかる新法の法案を早急にまとめるよう指示した。

この段階までに内閣官房のイラク新法検討チームは、法案の基本方針をほぼ固めていた。その内容は、テロ特措法と同様、派遣の根拠を国連の決議に求める方式を採り、安保理事会決議第一四八三号に基づいて自衛隊を派遣する、自衛隊の活動内容は①人道・復興支援、②大量破壊兵器の処理、③治安維持活動への後方支援の三項目とすること、活動地域は非戦闘地域に限定する、武器使用基準の緩和は行わない、というものであった。[23]

六月七日、小泉首相が与党三党幹事長と会談、福田官房長官も同席した。小泉首相は、イラク新法を制定する意向を明らかにし、内閣官房の検討チームが作成していた新法の基本方針を了承、加えて適用期限四年の時限立法とする意向を示し三党の合意を得た。かくして九日に法案要綱を与党側に示し、一三日に閣議決定とすることが決められた。

イラク新法は、内閣官房検討チームが法案を作成し、関係省庁と水面下で調整を行って、ぎりぎりの時点で与党側に示すという異例の扱いとなった。首相が与党三党に法案提出を表明した時点では、法案の内容はほぼ固まっており、与党側に変更の余地を殆んど残さないトップダウン方式がとられた。[24]

新法案に関する内閣官房の検討チームの審議段階で論点となった事項は次のような事項であった。

◇自衛隊派遣の必要性の説明

まず、何故資金供出だけでは駄目なのかを再確認しておく必要があった。これについては湾岸戦争の教訓として、わが国も国際社会に対して目に見える貢献を行うことが必要であるという認識が、政府のみならず広く国民一般にも広まりつつあることが再確認された。イラクの復興を支援する上で、湾岸戦争時のように資金の提供のみでは不十分であり、現地において組織的に行動して支援・貢献すること、国際社会に目に見える形で支援活動を行うことが必要であるとの思いは国民共通のものとなっていた。さらに、世界第二の石油埋蔵量を持つイラクに民主的な国家を建設することが中東全体の和平の進展、安定、発展に大きく貢献するものであり、それは中東の石油に大きく依存しているわが国の国益に合致するものであるとの認識があった。

次に、何故、自衛隊でなければならないのか、民間人の組織、ＮＧＯ等では何故駄目なのかに答える必要があった。これについては、現地の状況を考えれば、自己完結性のある自衛隊でなければ行動そのものが成り立たないという明確な理由があった。民間の組織やＮＧＯでは、現地において独力で行動すること自体が不可能なことは目に見えていた。

◇自衛隊派遣の大義・正当性

自衛隊の派遣は不可避であったが、この点について国民の理解を得るためには、その大義名分・正当性をどのように示すかが問題であった。

最も重視されたのが国連決議であった。わが国政府がアメリカ軍のイラク攻撃に際してこれを支持した背景に湾岸戦争当時採択された国連安保決議第六七八、六八七号および二〇〇二年（平成一四年）一月に採択された決議第一四四一号の存在があった。しかし、フセイン政権が崩壊後もイラク国内から大量破壊兵器は発見されなかったため、大量破壊兵器の疑惑が解消されていないとの名目で開始された戦争自体の正当性がアメリカ国内だけでなく国際的にも問われていた[25]。

このため、イラクにおけるアメリカ・イギリス軍の武力行使を支持する根拠として、国連安保理決議の存在を強調する必要があった。また、日本の復興支援が国際社会の強い要望によるものであることを明示することも必要であった。こうしたことから、イラク特別措置法が対象とする事態（イラク特別事態）を「国連安保理決議第六七八、六八七号及び第一四四一号並びにこれに関連する決議に基づきイラクに対し行われた武力行使並びにこれに引き続く事態」と定め、その上でイラク国民が「国家の速やかな再建を図るためにイラクにおいて行われている国民生活の安定と向上、民主的な手段による統治組織の設立等に向けたイラク国民による自主的な努力を支援し、及び促進しようとする国際社会の取り組みに関し、わが国も主体的かつ積極的に寄与する」ことを新法の目的とすべきという意見が支配的となっていった。

◇安全性の確保

自衛隊を派遣するとしても現地の治安状況が問題であった。安全確保支援活動や人道復興支援活動において、派遣部隊人員の安全性が確保できるかどうか。派遣される自衛隊の安全性を国民が納得できる形で担保する必要があった。このため内閣官房の検討チームはテロ対策特措法の「非戦闘地域」の概念をそのまま準用する方向で作業を進めていた。法案には、自衛隊による対応措置を「現に戦闘行為が行われておらず、かつ、そこで実施される活動の期間を通じて戦闘行為が行われることがないと認められる地域」という地域限定が基本原則として盛り込まれた。この概念は、国連平和協力法案の政府答弁ではじめて示され、周辺事態法の制定以来、自衛隊の海外での活動の合憲性を担保するために法文の中に一貫して用いられるようになっていた[26]。

この規定の狙いは、自衛隊が武力行使の可能性のある地域に入り込むことを避けることによって、他国による武力行使との一体化の問題を生じさせないことを、「制度的に担保する仕組み」を設定しようとするところにあった。それは法律上の概念であり、法律上の理屈として成り立つとしても、「実際の活動地域における安全性」を担保するものではなかった。

◇武器使用基準の緩和

非戦闘地域の援用によって、安全性の問題が「法律上」解決したとしても、現地における安全性の問題が消えないことから、陸幕は「武器使用基準」の見直しを強く求めていた。石破防衛庁長官も、武器使用基準を緩和せずに派遣しても、任務が遂行できなければ意味がないとして見直しを求めていた[27]。

自民党の国防関係議員からも、武器使用基準を国際基準に合わせることを、イラク特措法において先行実施すべきとの見解が示され、自民党内では現行の武器使用基準のままでは自衛隊を派遣することはできないとの認識が広まっていた。公明党でも、神崎代表が自衛官の安全確保を実際に確保するために、現行の武器使用基準の緩和を認めるべきと発言するなど、これまで慎重な姿勢であった公明党も基準緩和を肯定する方向に変わりつつあった。

武器使用基準の緩和を求める流れに待ったをかけたのが内閣法制局であった。内閣法制局は「（武器使用基準の緩和によって）武力行使に該当する状況が生じ、場合によっては憲法との関係が生じうる」として、緩和に否定的な姿勢を崩さなかった。自民党の山崎幹事長も、基準緩和に踏み込めば行政内部での合意達成が困難となり、法案成立が危うくなるとの考えを表明していた。このため内閣官房の検討チームは、早期の新法成立を優先する与党執行部の意向に配慮し、基準見直しに踏み込まない方針をとらざるを得なくなったのであった。[28]

◇武器弾薬の陸上輸送

既述のとおり、この法案における自衛隊の活動内容には、治安維持活動への後方支援が含まれていた。この後方支援活動において問題となったのが、武器・弾薬の外国領土における陸上輸送を活動内容に含めるかどうかであった。テロ特措法では、結局排除された経緯もあった。しかし、現地における状況を考えれば、「荷物の中の一つ一つを点検して武器・弾薬だけを別に運び出す」ことは現場の活動としては無理があり、円滑な輸送業務を重視する観点からは排除できないというのが実際に任務につく自衛隊やアメリカ軍の見解であった。[29]

内閣官房の検討チームは「イラク国内における戦闘が基本的に終了していると考えられること、イラク復興のための国際社会の取り組みに対して寄与することを目的としていることから、あえて業務から除外する必要はない」との立場をとることとした。

こうした問題に従来慎重な姿勢を貫いてきた公明党も、「武器・弾薬だけの輸送を行うことは認めない」との考え方を政府の基本計画策定の際に強く申し入れるとの方針を採ることで、同規定を容認することとなった。[30]

◇国会の関与

イラク特措法に基づく対応措置の実施計画に関して、国会の関与をどの程度とするかも問題となっていた。内閣官房検討チームは、法案が成立すれば、自衛隊の派遣についての承認を得たものと見なし得ると認識していた。また、テロ特措法とイラク特措法の国会関与の形式を区別すべき特段の理由がなく、法的整合性の観点から同一方式が望ましいこと、イラク特措法に基づく自衛隊の任務は人道的な復興支援活動であり、防衛行動とは根本的な差異があること、の二点を考えても事後承認制が望ましいとの判断であった。この考えには、公明党を含めて与党から反対の声はあがらなかった。(31)

六月九日、内閣官房検討チームが作成したイラク特措法案の要綱が与党のイラク・北朝鮮問題協議会に提示された。これに伴い自民党内でも、内閣・国防・外交の三部会合同会議が三日間連続して開催され、武器使用基準の国際標準化、戦闘地域と非戦闘地域の区分、現地ニーズについての調査、恒久法制定の必要性などの議論が行われた後、同意を取り付けることとなった。(32)

イラク特措法案の作成においては、外務省、防衛庁等関係省庁の意見を聴取しつつ内閣官房検討チームがこれを一元的にまとめる方式がとられた。これにより省庁間合意の迅速化が図られた反面、与党自民党への説明がおろそかになったことは否めなかった。このため、国防関係三部会と同時に開催された総務会でも野呂田元防衛庁長官が、イラクの大量破壊兵器問題を理由とする開戦について、イギリスやアメリカ国内で情報操作の疑いがあるとして強く批判されているのに、日本が自衛隊に大量破壊兵器の処理をやらせることは行き過ぎであるとして、当該部分の削除を強く要求して譲らなかった。(33)

このため久間章生政調会長代理は、大量破壊兵器処理項目を削除して合意を図ろうとした。これに対して福田官房長官ら官邸側は、大量破壊兵器処理項目を削除したのでは法案の目的が曖昧になり同意できないと難色を示した。結局、現時点で大量破壊壁処理について国際社会の関与を求める安保理決議が採択されていないとの理由から、政府案から大量破壊兵器処理の部分を削除することで合意が成立し、総務会の同意手続きを終えるに至った。また、総務会が要求していた恒久法の制定については、政府側から恒久法のイメージが不明確との見解が示され見合わせることになった。

六月一三日、イラク特措法案及びテロ対策特措法延長法案が国会に提出された。これに併せて政府は、与党三党の党首会談を開き、国会の大幅な会期延長について合意、六月一七日、衆議院本会議において、会期を七月二八日まで延長することが議決された。

六月二四日の衆議院本会議において、福田官房長官は、イラク特措法案について次のとおり趣旨説明を行った。

「この法律案は、国際連合安全保障理事会決議第六百七十八号、第六百八十七号及び第千四百四十一号並びにこれらに関連する同理事会決議に基づき国際連合加盟国によりイラクに対して行われた武力行使並びにこれに引き続く事態を受けて、国家の速やかな再建を図るためにイラクにおいて行われている国民生活の安定と向上、民主的な手段による統治組織の設立等に向けたイラクの国民による自主的な努力を支援し、促進しようとする国際社会の取り組みに対して、我が国が主体的かつ積極的に寄与するため、国際連合安全保障理事会決議第千四百八十三号を踏まえ、人道復興支援活動及び安全確保支援活動について必要な事項を定めることを目的として提出するものであります。

以上が、この法律案の提案理由であります。

次に、この法律案の内容について、その概要を御説明いたします。

第一に、基本原則として、政府が対応措置を適切かつ迅速に実施すること、対応措置の実施は武力による威嚇または武力の行使に当たるものであってはならないこと、対応措置は戦闘行為が行われることのない地域等で行うことなどを定めております。

第二に、この法律に基づき実施される対応措置を人道復興支援活動及び安全確保支援活動とし、これらの活動のいずれかを実施することが必要な場合には閣議の決定により基本計画を定めることとしております。

第三に、基本計画には、対応措置に関する基本方針、対応措置の種類及び内容、対応措置を実施する区域の範囲、外国の領域で対応措置を実施する場合の自衛隊の部隊等の規模等を定めることとしております。

第四に、内閣総理大臣は、基本計画の決定または変更があったときは、その内容、また、基本計画に定める対応措置が終了したときは、その結果を、遅滞なく国会に報告しなければならないこととしております。

第五に、内閣総理大臣は、基本計画に定められた自衛隊の部隊等が実施する対応措置については、原則として当該対応措置を開始した日から二十日以内に国会の承認を求めなければならないこととしております。

第六に、対応措置の実施を命ぜられた自衛官は、自己または自己とともに現場に所在する他の自衛隊員等もしくはその職務を行うに伴い自己の管理下に入った者の生命または身体を防衛するために一定の要件に従って武器の使用ができることとしております。

なお、この法律案は、施行の日から起算して四年を経過した日に、その効力を失うこととしておりますが、必要がある場合、別に法律に定めるところにより、四年以内の期間を定めて効力を延長することができることとしております」[34]

一方、野党第一党の民主党は、イラク特措法が国会に提出される直前まで法案に対する賛否を明確にしていなかった。ところが、法案提出前日の一二日、民主党イラク調査団（団長：末松義規衆議院議員）が「イラク国内では、戦闘地域と非戦闘地域を区別することは困難である。また、現地のニーズは、医療、教育、衛生、給水等であり、敢えて自衛隊を派遣する必要はない」という趣旨の報告を行ったことから、法案に反対する方向に傾いていった。他の野党については、自由党が、加盟国に部隊派遣を要請する国連決議に基づく派遣でないという理由で、また、共産党と社民党が、アメリカ・イギリスによる占領への協力は憲法に違反するという理由で、それぞれ本法案に反対する姿勢を鮮明にしていた。[35]

平成一五年七月一日、民主党のネクスト・キャビネット（次の内閣）は、法案に反対する立場から与党の修正協議を事実上拒否する内容の修正案を決定した。その内容は次のようなものであった。

＊イラク攻撃の正当性の根拠として法の目的に掲げている安保理決議の削除

＊戦闘地域と非戦闘地域、戦闘員と非戦闘員の峻別の困難さ、武力行使の可能性、或は武力行使と一体化する可能性、自衛隊派遣の削除（自衛隊派遣のニーズの特定ができない）

＊法律の期限を四年間から二年間に短縮

これに対して与党三党は

＊目的から安保理決議第一四八三号以外の安保理決議を削除する

＊法律の期限を二年間とする

という非公式の妥協案をイラク人道復興支援特別委員会の与野党筆頭理事の会談で提示したが、民主党は自衛隊派遣の削除を譲らなかった。

野党が問題視した主要な論点は次の三点であった。

その第一は、自衛隊の活動は、非戦闘地域で行われるとされるが、そもそも非戦闘地域が存在するのか、非戦闘地域という概念自体が非現実的で実態に即していないのではないかという点であった。

既述のとおり、非戦闘地域は法律上の概念であり、法律上の理屈として成り立つとしても、実際の活動地域における安全性を担保するものでないことは、内閣官房の検討チームの議論の段階でも既に認識されていた。

福田官房長官は、自民党の杉浦正健議員の質問に対して「この法案では、非戦闘行為の活動、協力を行う、こういうことになっております。非戦闘行為といえども、この中で、散発とはいうけれども、頻度の高い散発地域、こういうこともあろうかと思います。そういう地域において自衛隊が活動するかどうか、この辺は、これはよく調査をし、そしてそういう危険が排除できないかどうかということを考えた上で派遣を決定する、こういうことになるかと思います。ですから、非戦闘地域だからといってすべてがいいというように私は考えておりません。でございますので、その辺は、今後の調査、事前の調査、現地調査も含めまして、綿密な調査を行わなければいけない。それから、諸外国、国際機関からも十分な情報を得なければいけない。そういうことを行いまして、総合的な判断をしなければいけないというように思います[36]」と答弁した。

福田官房長官の答弁趣旨は、この法案では、自衛隊の活動への安全配慮義務を政府に対して課しており、自衛隊の活動地域を、法律要件である非戦闘地域の中で、さらに安全地域を選んで派遣を決定することで、自衛隊の活動の安全性が担保できる、というものであった。したがって、「この活動地域をこれから決めるわけです。そのときに、非戦闘地域であることは間違いないことでありますけれども、その中でも安全性に問題のあるような地域は選ばない、こういうことであります。翻して言えば、ひっくり返して言えば、自衛のための武器を持っていく、これで自衛ができる、こういう確信が持てる地域に行く、そういうふうに考えていただければむしろわかりやすいんじゃないかなというふうに思います[37]」ということであった。

小泉首相も、「将来、組織的、計画的、継続的に戦闘が行われるかどうか、これは将来、はっきり一〇〇パーセントいつどうなるかというのをこの際断言することはできません。しかし、はっきり申し上げますが、自衛隊が活動している地域は非戦闘地域、これがイラク特措法の趣旨なんです[38]」と答弁した。この両者の答弁では、法律概念としての非戦闘地域が実態を表しているとはいえないにしても、法律での要件を満たす範囲内で、現地における実地調査や関係国からの情報等をもとに総合的に判断して安全を確保できる地域を決定することは可能であり、政府としてそのように行うという姿勢を示したものと見ることができる。

第二に、そもそも自衛隊を派遣すべきニーズが現地にどれだけあるのか、という点であった。小泉首相は、「必ずしもイラクという政府はまだできておりませんけれども、国連決議でも、イラク復興支援に国際社会が一緒に取り組むべしという要請を受けている。日本の国力にふさわしい貢献ということになれば、自衛隊も日本にとっては大事な国力であります。戦争行為ではない、そういう分野において、一般国民ができないことについては自衛隊の諸君に汗をかいてもらおうということで、各国と協調しながら、このイラク復興支援のために自衛隊を派遣することを認めていただこうというのが今回の法案の骨子であります[39]」と自衛隊派遣の理由を述べた。現地のニーズに関し政府は、政府調査チームの報告を踏まえて、給水や航空機による輸送等が想定されるとしていたが、この段階で具体的な内容を明確にするには至っていなかった。一方、民主党は、独自に派遣した現地調査団の報告をもとに、政府が重視している人道復興支援において、自衛隊に対する現地の緊急ニーズはないとの判断から、否定的な立場をとっていた。また、社民党や共産党からは、自衛隊の活動内容に、アメリカ軍に対する安全保障支援活動が含まれていることから、アメリカ軍に対する後方支援活動を目的とした対米追従であるとの批判があがっていた[40]。

これに対して小泉首相は、「本法案は、安保理決議一四八三を踏まえ、イラク国家再建のための努力を支援、促進しようとする国際社会の取り組みに対し、我が国が主体的かつ積極的に寄与することを目的としております。自衛隊の派遣は、このような目的を達成するため、日本自身の問題として主体的に実施するものであり、米国や英国等の要請によるものではありません[41]」と答弁し野党の理解を求めた。

自衛隊の派遣に関しては、社民党と共産党が派遣そのものが違憲であるとして反対の立場を鮮明にしていたのに対して、民主党は、ＰＫＯを含めた自衛隊の派遣の必要性については原則的に是認しつつも、イラクに関しては現地の治安悪化を理由に自衛隊の派遣に否定的な立場を取り、文民のみによる人道復興支援活動を求めていた。しかし、治安の悪化が問題な地域に、武装集団である自衛隊の派遣ではなく文民を派遣すべきとすることが果たして論理的に納得できるものなのか疑問であった。

その第三は、自衛隊の活動内容に、武器・弾薬の陸上輸送が含まれている点であった。武器弾薬の陸上輸送に関しては、与党内でも公明党が当初から慎重な姿勢であったが、野党の民主党も、安全確保の観点からテロ特措法において除外した趣旨との整合性に問題がありはしないかとの疑問を投げかけていた。

武器・弾薬の陸上輸送を除外しなかった理由について、福田官房長官は、「外国領域におきます武器弾薬の陸上輸送は行わないということになりますと、これは防衛庁長官から答弁していただくと、よりその具体的イメージが浮かんでくると思いますが、この後御質問いただきたいと思いますが、結局、いろいろな物品を運びます、武器弾薬でないものも運ぶわけです。そういうものと混在して一つの荷物にまとめるというようなことは、戦地では往々に行われるというように聞いております。武器弾薬を、これを一つ一つ点検して選び出して、それを別にして、こういうようなことは実際のオペレーションとしてはなかなかしにくいというようなことはございます。要するに、円滑な業務が実施できなくなるおそれがある、こういうことでございます(42)」と、現地における運用の実態を考慮したものであることを強調した。

また、武器・弾薬の陸上輸送が含まれることに対応して、現行の武器使用基準の緩和を求める声が与党内からあがった。イラクの治安状況が不安定ななか、派遣される自衛官の安全を確保するためには、現行の武器使用基準を緩和する必要があるとの認識であった。

これに対して、内閣法制局は、海外に派遣された自衛隊による武器使用の態様が、自己保存のための自然的権利として認められてきた範囲を超えるものについては、憲法第九条の禁ずる武力行使に該当するおそれがある」との見解を捨てておらず、任務遂行の妨害に対する武器使用については否定的であった(43)。このため、武器使用基準の緩和は見送られることとなった。

このほか、野党が強く要求したのが、国会への事前承認権限の付与であった。これに対して政府は、今回のケースは、特措法を制定して対処するものであることから、法律の成立が即ち自衛隊の派遣について国会の同意を得たことになるとの立場をとり、野党が要求する事前承認を否定した。

衆議院において論戦が続く中、政府与党は、イラク特措法案の与党単独採決を避けるため、テロ対策特措法延長法案の採決を先送りして野党側に歩み寄りを求めたが効果はなかった。結局、イラク特措法案は、原案のまま無修正で衆議院を通過した。

**注**：七月四日、政府は国連安保理決議第一四八三号を受け、国際平和協力法に基づき、イラク周辺国において国連世界食糧計画（ＷＦＰ）などが行っている人道的な国際救援活動のために必要な物資などの輸送を行うことについて閣議決定した。七月七日、防衛庁長官は、イラク被災民救援空輸隊（Ｃ―１３０Ｈ輸送機三機〈うち一機は国内待機〉、人員九八名）を編成し、七月一七日から人道支援物資などの空輸活動を開始した。同空輸隊は、任務完了に伴い八月一八日までに帰国した。[44]

参議院では、与党が特別委員会の委員長ポストを取れなかったため、常任委員会の外交防衛委員会で審議されることとなった。七月二八日の会期末が近づく中で、野党は、法案阻止のため川口順子外相、石破茂防衛庁長官、福田康夫官房長官らの問責決議案を提出して抵抗を続けた。

こうした状況のなか、七月二六日、与党は、参議院外交防衛委員会において強行採決に踏み切り、同日の本会議においてイラク特措法が可決成立、八月一日に公布・施行された。[45]

## 五　イラク復興支援特措法に基づく基本計画の策定

イラク特措法の成立に伴い政府は、具体的な要望事項を調査するため、九月一四日から一〇月九日にかけて、政府調査チームを、また、一一月一五日から一一月二八日にかけて自衛官を中心とした専門家チームを現地に派遣して情報収集・調査等を行った。国内では同法の規定に基づく基本計画の策定作業が開始された[46]。

そうした折の一一月二九日、外務省の奥克彦・在英大使館参事官（殉職後大使の称号を付与された）と井ノ上正盛三等書記官（殉職後一等書記官）が北部イラク支援会議に出席のため四輪駆動軽防弾車で走行中銃撃され死亡するという事件が発生した。現地では戦闘が終わったあとも情勢が安定せず不穏な空気に包まれていることを如実に物語る事件であった。二名の殉職者を出したことが外務省の風向きを一変させ、同省として職員を現地に派遣して本格的に取り組む姿勢を鮮明にしていった[47]。

一二月九日、政府の基本計画が閣議決定された。これは自衛隊の部隊が現地に送り込まれる日が目前に迫ったことを端的に示すものであった。陸自部隊の規模は、六〇〇名以内と決められた。もともと陸幕は一〇〇〇名規模の派遣を考えていたが、陸幕計画の内容が一部メディアにリークしてしまった。これに対して福田内閣官房長官が苛立ちを見せ、人員を五〇〇名とするよう指示、内閣官房と陸幕の間で再度検討が行われて六〇〇名となったのであった[48]。また、自衛官を中心とした専門家チームの現地調査の結果、自衛隊の展開先としてサマーワが具体的に浮上していた。

**注**：展開地の選定に関しては、陸幕内で、隊員が安心して活動するためには、①アメリカ軍と一緒の方がいいか、②アメリカ軍とは一線を画し独自に活動するほうがいいかの議論があった。この頃、首相補佐官の岡本行夫は「イラク北部の都市モスルへの陸自派遣」を提案していたが陸幕の判断は②のアメリカとは一線を画す案に傾きつつあった。「アメリカ軍への後方支援を重視するなら、アメリカ軍と一体となって行動しないと隊員の安全が確保できない。するとアメリカ軍と同じ武器使用基準が必要になって超えられない壁にぶち当たる。自前で安全を確保してでも、反米勢力から反感を持たれない人道支援をするしか道はない」というのがその理由であった[49]。

基本計画の概要は次のとおりである[50]。

◇イラク人道復興支援特措法に基づく対応措置に関する基本計画（概要）

一　基本方針

●イラクにおける主要な戦闘は終了し、国際社会は、同国の復興支援に積極的に取り組んでいる。

●イラクの再建は、イラク国民や中東地域の平和と安定はもとより、我が国を含む国際社会の平和と安全の確保にとって極めて重要。

●このため、我が国は、イラク復興のため、主体的かつ積極的に、できる限りの支援を行うこととし、イラク人道復興支援特措法に基づき、人道復興支援活動を中心とした対応措置を実施。

二　人道復興支援に関する事項

（一）人道復興支援に関する基本的事項

●医学等の分野を中心に、早急な支援が必要。

自衛隊の部隊とイラク復興支援職員は、関係在外公館とも密接に連携して、一致協力して復興支援に取り組む。

●現地社会との良好な関係を築くことも重要であり、できる限り努力。

（二）人道復興支援活動の種類及び内容

ア　自衛隊の部隊による人道復興支援活動

●安全対策を講じた上で、慎重かつ柔軟に、医療、給水、学校等の公共施設の復旧、整備及び人道復興関連物資等の輸送を実施。

イ　イラク復興支援要員による人道復興支援活動

●治安状況を十分に見極め、安全対策を講じ、安全の確保を前提として、慎重かつ柔軟に、医療、イラクの復興を支援する上で必要な施設の復旧・整備及び利水条件の改善を実施。

（三）人道復興支援活動を実施する区域の範囲

ア　自衛隊の部隊による人道復興支援活動を実施する区域の範囲

ａ　医療、給水及び学校等の公共施設の復旧・整備

・ムサンナー県を中心としたイラク南東部

ｂ　人道復興関連物資等の輸送

・クウェート及びイラク国内の飛行場施設

・ムサンナー県を中心としたイラク南東部

・ペルシャ湾を含むインド洋

イ　イラク復興支援要員による人道復興支援活動を実施する区域の範囲

ａ　医療（略）

ｂ　イラクの復興を支援する上で必要な施設の復旧・整備（略）

ｃ　利水条件の改善（略）

（四）人道復興支援活動を外国の領域で実施する自衛隊の部隊及び派遣期間

ア　部隊の規模・構成・装備

・医療、給水及び学校等の公共施設の復旧・整備を行うための陸上自衛隊の部隊

人員六〇〇名以内、ドーザ、装輪装甲車、軽装甲機動車その他の車両（二〇〇両以内）と、安全確保に必要な拳銃、小銃、機関銃、無反動砲及び個人携帯対戦車弾

・人道関連物資等の輸送を行う航空自衛隊の部隊

輸送機その他の輸送に適した航空機（八機以内）と、安全確保に必要な拳銃、小銃及び機関拳銃
・陸上自衛隊の輸送等を行う海上自衛隊の部隊
輸送艦その他の輸送に適した艦艇（二隻以内）及び護衛艦（二隻以内）
イ　派遣期間
平成一五年一二月から平成一六年一二月一四日まで
（五）国際連合等に譲渡するために関係行政機関がその事務または事業の用に供しまたは供していた物品以外の物品を調達するに際しての重要事項
●政府は、イラク復興支援職員が公共施設に設置する発電機等及び利水条件の改善を行うに必要な浄水・給水設備を調達。
（六）その他人道復興支援活動の実施に関する重要事項
●我が国は、人道復興支援活動を的確に実施し得るよう、国際連合等と十分に協議し、密接に連絡する。
三　安全確保支援活動の実施に関する事項（略）
四　対応措置の実施のための関係行政機関の連絡調整及び協力に関する事項（略）
**注**：政府が基本計画を策定した直後の一二月一三日、フセイン元大統領がアメリカ軍によって拘束された。

## 六　陸自部隊の派遣、海自輸送部隊の派遣、空自輸送部隊の派遣

政府の基本計画が決定したことに伴い、一二月一八日、防衛庁は、同計画の実施のための「実施要項」を策定し小泉首相の承認を得た。同月一九日、石破防衛庁長官は、自衛隊に対して対応措置の実施に関する命令を発した。これに基づき、陸・海・空自衛隊は直ちに派遣に向けて所要の準備を開始することとなった(51)。

統合幕僚会議は、平成一四年八月以降、アメリカ・フロリダ州のアメリカ中央軍司令部に連絡幹部を既に派遣していたが、イラクへの部隊派遣に関しても、現地情勢などの情報収集、自衛隊の活動に関わる事項についてのアメリカ軍との調整等をこの連絡幹部を通じて行うこととした。また、バグダッドの連合軍司令部にも連絡幹部を派遣し現地における調整に当たらせることとした。(52)

陸上自衛隊は、第二師団（北海道旭川市）を中心に第一次イラク復興支援群を編組し、所要の準備（派遣される隊員に対する語学〈英語とアラビア語〉やイスラム文化・風習・宗教などの事前教育、警備や給水など現地における活動内容を想定した部隊訓練等）を本格的に開始した。

**注**：自衛隊の国際平和維持活動（ＰＫＯ）参加の場合には、法律成立の段階で官房長官が準備指示を出すのが慣例となっていた。しかし、イラク特措法はイラクという特定地域への派遣を想定した時限立法であったことから、基本計画を閣議決定する以前に特に指示を出すという規定がなかった。このため政府は「今回は準備の指示は必要ない」とし、福田官房長官も「（派遣準備は）防衛庁長官の指示でできることばかりだ」との認識を示していた。その背景には、自衛隊の派遣準備は着実に進めたいが、衆議院選挙の大きな争点にはしたくないとの福田官房長官の思惑があった。このため、石破防衛庁長官は、一〇月一四日夕刻、首相官邸で福田官房長官に対し、隊員の語学教育、予防注射の接種など数項目の派遣準備を進めたいとの意向を示し、同月一七日、陸海空の各幕僚長に対し「官邸の了解を得た」と新たな準備作業を進めることを指示していた。(53)

同日（一九日）、航空自衛隊もイラク復興支援派遣輸送航空隊を編組、派遣先をクウェートのアリ・アル・サーレム空軍基地と予定し、同地における航空機の受け入れ・運用開始に必要な準備のための要員を先遣することとした。

一二月二六日、石破長官は、空自先遣要員の派遣命令を発した。

基本計画に示された派遣期間は一年間とされていたが、現地の復興の進展状況、イラクにおける政治プロセスの進展状況、現地の治安状況、多国籍軍の活動状況などの諸事情を踏まえて、わが国の主体的判断として、基本計画の変更を閣議決定し、自衛隊による人道復興支援活動を中心とした活動を継続することとした[54]。これに対応して石破防衛庁長官も実施要項の変更を決定、平成一六年一月九日に内閣総理大臣の承認を得た。

同日（九日）、石破長官は、陸上自衛隊イラク派遣部隊の先遣隊および航空自衛隊派遣空輸隊に派遣命令を発した。陸自の先遣隊長には陸上幕僚監部教育訓練部訓練班長であった佐藤正久一等陸佐（現参議院議員）が任命された。佐藤一佐は、カンボジアＰＫＯ当時外務省勤務であったことから平和協力業務に携わった経験があり、また、第一次ゴラン高原派遣輸送隊長を務めた経験もあった。陸幕では広報業務に関してアメリカ軍との調整に当たったこともあり、アメリカ軍との人脈にも期待がもてた。先崎一・陸上幕僚長（その後に統合幕僚長）が佐藤一佐を選んだのはこうした経歴を踏まえたものであった。

一月一六日、先遣隊約三〇名は成田からノースウエスト航空機でバンコクに、バンコクからはクウェート航空機でクウェートに向かった。成田空港事務所では迷彩服での空港立ち入りが認められなかったため、背広に着替えての出発となった。外国の航空会社機を選んだのはテロを警戒してのことであったという。ノースウエストの機内では、アメリカ人のキャビン・アテンダントから隊員全員に「Thank you from US crew.（アメリカ人搭乗員より感謝を込めて）」というメッセージ・カードとキャンディなどが入った袋が渡されたという。派遣隊長の佐藤は「われわれは必ずしも国を挙げて送り出してもらったわけではなかった。日本の空港や航空会社の対応に悲哀を感じていたこともあって、アメリカ人キャビンアテンダントの心遣いが一層身に沁みた」と回想している[55]。

先遣隊は、一月一七日の朝、クウェートのアメリカ軍基地に到着した。佐藤先遣隊長は、直ちに民間タイプのジープで密かに国境を越えバスラのイギリス軍基地に入り、イギリス軍から状況説明を受け、その日のうちにクウェートに戻った。マスコミの察知を避けた隠密行動であった。

航空自衛隊の派遣空輸隊本隊も一月二二日、小牧基地を発進、クウェートのアリ・アル・サーレム空軍基地（航空自衛隊の活動拠点）に向かった。

海上自衛隊は、前年一二月一九日の対応措置実施命令に基づき、輸送艦「おおすみ」、護衛艦「むらさめ」の二隻、人員約五〇〇名をもって派遣海上輸送部隊を編組、室蘭において第一次イラク復興支援群が使用する車両約七〇両の搭載等出航準備を進めていた。

一月二六日、石破防衛庁長官は、陸上自衛隊第一次イラク人道復興支援群（群長：番匠幸一郎一等陸佐）および海上自衛隊の派遣海上輸送部隊に対して派遣命令を発した。

二月一日、第一次イラク復興支援群は、旭川駐屯地において小泉首相から復興支援群の隊旗を授与され、逐次サマーワに向けて出発した。二月二〇日、派遣海上輸送部隊の「おおすみ」、「むらさめ」が室蘭を出航しクウェートに向かった。

三月三日、陸自部隊車両による輸送業務が開始された。同日、空自部隊のＣ－１３０Ｈによる空輸業務も開始された。さらに三月一五日、派遣海上輸送部隊がクウェートに入港、直ちに陸自車両が陸揚げされた。陸揚げ終了後、海自部隊はクウェートを出航、帰国の途についた（四月八日帰国）。

三月一六日、イラク人道復興支援群は部隊の態勢を整えつつ、医療活動を開始した。さらに三月二〇日からは、学校などの公共施設の復旧・整備等の諸活動を、三月二六日からは給水支援を、三月三〇日からは道路等の公共施設の復旧・整備を開始した。(56)

現地における活動が軌道に乗る中、三月一七日には空自の第二次派遣要員がクウェートに向けて出発、陸自も五月八日に第二次支援群の要員がイラクに向けて出発した。陸上自衛隊は、イラク復興支援群のほか、先遣隊を改編したイラク復興業務支援隊のふたつの部隊をもって任務を推進することとし、復興支援群は約三カ月で、復興業務支援隊は約六カ月で部隊を交代させるローテーション体制を整えた。空自部隊も逐次要員の交代を行いつつ空輸業務を行う体制を整えた。

現地においては、自衛隊による人的貢献と外務省所管の政府開発援助（ＯＤＡ）による支援が「車の両輪」として進められていった。これらの活動は、国際社会全体の活動と一体となって成果を生み出し、イラクにおける政治プロセスを着実に進展させていった。[57]

平成一八年（二〇〇六年）五月、イラク新政府が発足したことにより、国連安保理決議で定められたイラクにおける政治プロセスは完了した。さらに、六月にはマーリキー・イラク首相が、ムサンナー県の治安権限を多国籍軍からイラク当局へ移譲することを発表した。

こうした状況を踏まえて、わが国政府は、六月二〇日、ムサンナー県では、復興・治安の両面において、応急復旧的な支援措置が必要とされる段階は基本的に終了し、自立的な復興の段階に移行しつつあり、国際社会と連携してのイラク人の復興努力の支援という陸自の活動目的を達成したと判断、ムサンナー県において活動中の陸自部隊を撤収させることを決定するとともに、空自部隊による物資輸送等、人道復興支援活動を中心とした活動は継続していくことを決定した。[58]

現地における陸自部隊の活動内容とその成果（平成一八年六月の終了時まで）は、次のとおりである。[59]

○医療活動

平成一六年二月一九日以降、陸自の医官がサマーワ総合病院における症例検討会などに参加、現地医師に対して、診療方法、治療方針について指導・助言を、また、平成一六年三月一四日以降、サマーワ市の母子病院において、わが国から供与の医療器材の使用方法と最新の治療技術についての指導・助言を行うなど現地の状況に適合した医療活動を推進した。医療技術指導は二七七回におよんだ。陸自部隊の協力による基礎医療基盤の整備により、サマーワ母子病院における分娩直後の新生児の死亡率が、わが国の技術支援前に比べて三分の一に改善されたといわれている。また、サマーワの救急医療能力の向上に貢献したと考えられる。

○学校などの公共施設の復旧・整備活動

平成一六年三月二五日以降、ムサンナー県タラージ村の中学校の補修を行い、電気配線や扉などの修繕を実施した。また、三月三〇日以降、同地で測量を実施、ワルカ道路の補修作業を開始した。

学校の修復活動は、電気配線工事の際に漏電の可能性があり、点検しながらの工事を余儀なくされ、また、予想以上に雨量が多く、排水も悪いため降雨後の道路補修作業が容易ではないなどの困難もあったが、隊員の努力により、住民の要望に適時的確に応えてきた。

ムサンナー県内で壁・床・電気配線等の補修が行われた学校は三六校にのぼった。これらにより、ムサンナー県内の約三分の一の学校設備が整い教育環境の改善が図られた。

現地住民が使用する生活道路の整備・舗装は三一カ所にのぼり、住民生活における利便性が大幅に向上した。そのほか、診療施設（ＰＨＣ：Primary Health Center）、サマーワの養護施設、低所得者用住居、ワルカ浄水場、ルメイサ浄水場、ウルク遺跡、オリンピック・スタジアムなどの文化施設六六カ所の補修を行った。

○給水活動

平成一六年三月二六日以降、サマーワ宿営地においてムサンナー県水道局の給水車への配水作業を開始、同年五月三一日までにおよそ四八四〇トンに及ぶ浄水を供給した。予想以上に厳しい寒暖の差、砂嵐、多量の降雨といった過酷な環境下での活動に対応できるよう天幕で浄水セットを防護したり、地盤を強化するなど隊員の懸命の努力が続けられた。

平成一七年二月四日、ＯＤＡにより宿営地近傍に設置した浄水設備が稼動を開始したことに伴い、陸自派遣部隊による給水活動が終了した。終了までに実施した給水は、合計約五万三五〇〇トン、延べ約一一八九万人分となった。

○その他

平成一六年四月、ユーフラテス川が約二〇年ぶりの増水となった。これに対して陸自部隊が土嚢積みなどの氾濫対処措置に協力した。また、空自Ｃ―１３０Ｈ輸送機と陸自車両により国際協力機構の緊急援助物資のテントなどの輸送を実施した。

公共施設の復旧・整備等に際しては、現地企業を活用し、また、宿営地における通訳・ゴミ収集作業等に現地住民を雇用し、一日当たり最大で一一〇〇名強の雇用を創出（延べ四九万人程度を雇用）した。

空自部隊は、平成一八年六月の政府決定に基づき、国連多国籍軍などに対する空輸支援をそのまま継続していたが、平成二〇年一一月、わが国政府は空輸支援の目的を達成したと判断、同年一二月一二日をもって空輸任務を終了することとした。活動終了までの輸送実績は、輸送回数八二一回、輸送人員約四万六五〇〇名、輸送物資重量約六七三トンにのぼった[60]。

平成二〇年一二月二三日、イラク復興支援特措法に基づく空自輸送部隊が帰国、ここに約五年におよぶイラク復興支援活動は大きな成果をあげて終了となった。

## 七　イラク復興支援活動……現地指揮官の苦悩

目覚しい成果の裏で、派遣部隊指揮官の苦労は、並大抵ではなかった。先遣隊長として佐藤一佐がイラク入りしたとき、「現地では想像を絶する自衛隊への期待が渦巻いていた。現地の人々は、自衛隊が支援に来るというイメージではない。世界第二の経済大国、日本が手を差し伸べてくれる、である。自衛隊をソニーやトヨタであるかのように錯覚していた」[61]という状況であった。大きな期待は、それが萎んだとき失望から反感へと変化する。自衛隊への期待が大きければ大きいほど、失望も反感も比例して大きくなる。このため、先遣隊の仕事が、現地の人々の誤解を解いて回ることから始まったのはやむを得ないことであった。それは「現地の期待を裏切り、失望に変える作業にほかならない。自ら首を絞めている」[62]に等しい苦悩に満ちた仕事であった。限られた能力と過大な期待のギャップ、無理解な本国政府、重圧はずしりと佐藤の肩にのしかかっていた。

しかも、イラクは「インシャラー（神の思召しのまま）」、「ブクラ（あした）」、「マレーシ（気にするな）」、「シュワイヤ、シュワイヤ（ゆっくり、ゆっくり）」の世界であった。現地の人々は何事にも鷹揚に構えて急がない[63]。このような別世界で、限られた機能しか持たない自衛隊が、過大な期待を抱いているイラクで何をなすべきなのか。どうすればいいのか。「商売をした経験もない自衛隊の人間であるわれわれが、したたかなアラブの商人たちをうまく丸め込もうとしても無理に決まっている。ならば、素直に焦らず真っ直ぐぶつかっていった方が、彼らの気持ちを動かせるだろう。中途半端な小細工は一切なし、正面突破」あるのみ、「何事にも前向きに、焦らず、正直に向き合う」こと[64]、それが佐藤のたどり着いた心境であったという。

また、今回のイラク人道復興支援は、これまでのカンボジアやゴラン高原、東チモールなどのＰＫＯ活動とは任務の性格が異なるものであった。イラクにおける任務は復興支援であった。復興はその国の基礎づくり、一〇年先、二〇年先を見据えた中長期的展望が欠かせない。当然に、派遣期間内で完了する性格のものではない。最初から、復旧ではなく復興の芽を出すものでなければならない。「五年過ぎて、自衛隊がいなくなっても、イラクの人々が自らの手で復興できるようにしておかなければ復興支援にならない。イラクの人々の自立を支援するのが自衛隊の仕事である、『魚を与えるのではなく、魚の釣り方を教える』、効果は遅効性でもいい。自衛隊が目立たなくてもいい、現地の人の自立を促す教育支援型が最も適切な復興支援である」、それが先遣隊長佐藤の出した結論であった。[65] こうした考えのもとに、佐藤は行動を開始した。

イスラム教諸国ではヒゲを生やして一人前の男と認められる。早速、佐藤もヒゲを生やした。かくして「ロヒゲを生やした日本部隊の隊長」はサマーワの知名人となった。しかし、ヒゲは決して「おしゃれ」のためのものではなかった。「われわれは、サマーワに鉄砲を撃ちに行くわけでも、イラクの人々を支配するために出かけるわけでもない。困っている現地の人々の支援が目的である。支援活動の場は駐屯地でもなければ演習場でもない。まさに民の真ん中だ。だから、住民との関係がすべて。彼らと信頼という絆を築けなければ、成功はない」[66]「総勢六〇〇名弱のわれわれが、サマーワから無事、日本に帰るために、住民との信頼関係が必須だった。人間関係もゼロからのスタートゆえ、住民とのネットワークづくりは容易ではない。しかし、自衛隊に好意を持っている人を徐々に活動場所の周辺に増やしていけば『信頼と安全の海』ができあがる。その中で仕事をすれば、よい仕事ができるし、安全も担保できる」[67] というのがヒゲの裏に秘められた佐藤の思いであった。派遣された自衛官達は、紛争を避けつつ、限られた権限の中で如何にして効果的な支援ができるか、ただそれだけを考えて、涙ぐましい努力を重ねていたのであった。

**注**：二〇〇四年（平成一六年）五月二〇日午後七時過ぎ、サマーワで自衛隊の駐屯地付近の運河にイラクの青年が沈んだまま浮かんでこないという事件があった。現地の猟師らが魚網を使うなどして捜索活動をしていたが成果はなかった。このとき警務幹部の吉田純真二等陸佐が運河に飛び込み捜索に当たった。この運河には病原菌が生息しており、風土病や伝染病に感染する虞があり泳ぐなといわれていたことを吉田は知っていた。しかし、吉田は「人道復興支援活動」を熱望してイラク行きを志願したのだから、たとえ一命に関わることがあろうと、イラクの人々とともに捜索に加わらなければならないと考えたという。吉田二佐の気持ちと行動はイラク住民にも伝わっていた。この時佐藤一佐は、この気持

ちがある限り、今回の派遣は成功すると確信したという。

識者や評論家の中には、自衛隊はイラクにいるだけでいいのだという人が少なからずいた。「イラクに自衛隊が行くだけで、アメリカの顔が立ち、日米同盟が堅持される。それ以上のことは必要ない。むしろ、危険を冒し復興支援などしないほうがいい」とか、「復興支援やＯＤＡは、自衛隊の安全確保のためにやったのであって、現地の人々のためではない」などという主張さえまかり通っていた。これらは、現地の状況や、派遣された自衛隊員の心情を全く知らない無責任な発言というべきである。「隊員はみな志願して、イラクの復興支援に加わった。荒廃したイラクの国づくりに少しでも役立ちたい、復興のモデル作りをしたいという熱い思いが隊員全員にあった」[68]ことを忘れてはなるまい。

現地の指揮官がこころを砕いたもうひとつの問題が、自己防護であった。保有している武器は当面する状況下で所要を満たしているとはいえなかった。しかも、およそ軍隊ならいずれの国でも採用している「ネガティヴ・リスト方式」の命令ではなく、一般行政と同じ「ポジティヴ・リスト方式」の命令で対処しなければならないという現実を前に、ひとりの犠牲者も出すことなく任務を完遂するにはどうすればよいか、指揮官としての苦悩はまさにこの点にあった。第一次復興支援群長の番匠幸一郎一等陸佐も、一人の犠牲者も出すことなく任務を完了するために如何にすべきかを懸命に考えていた。番匠が到達した結論は次のようなものであったという[69]。

その第一は、「厳格な内部規律の保持」であった。整理整頓は直線・直角、誤差は三センチ以内。車を止める場合でも決められた位置から三センチ以上の逸脱は許さない。厳しい規律の保持は、士気の確保に不可欠なだけでなく、テロリストへのメッセージでもあった。「やったら逆にやられるかもしれない」という意味で、ハード・ターゲットであることを見せ付けることこそ真の狙いであった。

その第二は、「大義の徹底」であった。危険を伴う任務につく部下隊員に、何のためにイラクでの任務を遂行するのかについて迷いを抱かせてはならない。何のためにわれわれはイラクに来たのか、その大義は何か。それは支援の手を差し伸べてほしいという現実がイラクにあるからであり、中東の安定は国際社会の平和・日本の国益に直結する大事であるからであり、この今、日米同盟の真価が試されているからである。われわれの仕事は「歴史の中の一点を担う仕事」なのだと、番匠はそのように説明し理解を求めたという。

その第三は、特別な技能をもった「多彩なチームの編成」であった。第一次の部隊編成に際して上司からは、信頼できる人材を選ぶこと、部隊の建制を崩さないこと、さまざまな能力・技能の持主を選ぶことを重視するよう指導があったという。現地で臨時のバンドを組んでサマーワの学校でミニコンサートを開き、人々から歓迎されたのも、トランペットの名手・吉川孝文など特殊な技能の持主がいたからできたことであった。こうしたイベントは現地の人々との距離を縮め、不要な摩擦を防ぐために大きく貢献するものであった。

その第四は、「当事者優位の原則」を貫くことであった。復興の主役はイラクの人々であり、復興支援は彼らに歓迎されるものでなければならない。

その第五は、幻想を抱くことなく「与えられた枠の中でベストを尽くすこと」であった。武器使用には厳しい制約があった。制約を嘆いても解決策は何も生まれない。当事者として考えるべきことは、与えられた法律の枠内で全力を尽くすことであり、そのためあらゆる可能性を考え訓練することであった。番匠は、「義理・人情・浪花節」という言葉をよく使った。「義理というのはタテマエ、人情というのはホンネ、それを浪花節で繋いでいかないと、時としてタテマエガ大事なときもあるし、時としてホンネでいかなきゃいけないときも世の中にはありますから。何でもかんでも杓子定規にやるわけにはいかない」、与えられた枠内で最善を尽くすにはどうするべきか、その到達点が「義理・人情・浪花節」であったと当の番匠は述べている。それにしても「義理・人情・浪花節」は奇異でもある。敢えて勘ぐる。「軍事作戦を余儀なくされる場合もあり得ると見ていながら作戦遂行に必要な権限を付与することなく、ただ実行すべき任務のみを付与する母国日本政府の態度を痛烈に皮肉ったのではないか」……と。
イラクにおける復興支援活動は、図らずも「自衛隊が明確に軍隊として認められていないことによる諸問題」を浮き彫りにすることとなったのであった。

**註**

（１）『日本の防衛（平成一五年版）』防衛庁　五頁
（２）同右
（３）同右　五―六頁
（４）同右　七―九頁
（５）同右　九―一〇頁
（６）同右　一〇頁
（７）同右
（８）『冷戦後日本のシビリアン・コントロールの研究』武蔵勝宏　成文社　二六三―二六四頁
（９）「有志連合」本田優・『自衛隊　知られざる変容』朝日新聞「自衛隊五〇年」取材班　朝日新聞社　七〇頁
（10）『冷戦後日本のシビリアン・コントロールの研究』武蔵勝宏　成文社　二六四頁
（11）『イラク戦争と自衛隊派遣』森本敏　東洋経済新報社　二六三頁
（12）「有志連合」本田優・『自衛隊　知られざる変容』朝日新聞「自衛隊五〇年」取材班　朝日新聞社　七一―七二頁
（13）『冷戦後日本のシビリアン・コントロールの研究』武蔵勝宏　成文社　二六四頁
（14）同右　二六六頁
（15）「有志連合」本田優・『自衛隊　知られざる変容』朝日新聞「自衛隊五〇年」取材班　朝日新聞社　六八頁
（16）『冷戦後日本のシビリアン・コントロールの研究』武蔵勝宏　成文社　二六六頁
（17）『シンポジウム・イラク戦争』冨澤暉　四四頁

(18) 同右　五二頁
(19) 同右　五五―五六頁
(20)『冷戦後日本のシビリアン・コントロールの研究』　武蔵勝宏　成文堂　二六九頁
(21) 同右　二六八頁
(22)「有志連合」本田優・『自衛隊　知られざる変容』　朝日新聞「自衛隊五〇年」取材班　朝日新聞社　七六―七七頁
(23)『冷戦後日本のシビリアン・コントロールの研究』　武蔵勝宏　成文堂　二六八頁
(24) 同右　二六九頁
(25) 同右
(26) 同右　二七二頁
(27) 同右　二七三頁
(28) 同右　二七四頁
(29) 同右
(30) 同右　二七五頁
(31) 同右　二七六頁
(32) 同右
(33) 同右　二七七―二七八頁
(34)「国会議事録」（平成一五年六月二四日　衆議院本会議）国立国会図書館
(35)『冷戦後日本のシビリアン・コントロールの研究』　武蔵勝宏　成文堂　二八一―二八二頁
(36)「国会議事録」（平成一五年六月二六日　衆議院イラク人道復興支援並びに国際テロリズムの防止及び我が国の協力支援活動等に関する特別委員会）国立国会図書館
(37)「国会議事録」（平成一六年一一月一〇日　両院基本政策委員会合同審査会）国立国会図書館
(38) 同右
(39)「国会議事録」（平成一五年六月二五日　衆議院イラク人道復興支援並びに国際テロリズムの防止及び我が国の協力支援活動等

に関する特別委員会）国立国会図書館
(40)『冷戦後日本のシビリアン・コントロールの研究』　武蔵勝宏　成文堂　二六九頁
(41)民主党の中山正春議員尾質問に対する答弁・「国会議事録」（平成一五年六月二四日　衆議院本会議）
(42)「国会議事録」（平成一五年六月二五日　衆議院イラク人道復興支援並びに国際テロリズムの防止及び我が国の協力支援活動等に関する特別委員会）国立国会図書館
(43)『冷戦後日本のシビリアン・コントロールの研究』　武蔵勝宏　成文堂　二八六頁
(44)『日本の防衛（平成一七年版）』　防衛庁　二二三頁
(45)『冷戦後日本のシビリアン・コントロールの研究』　武蔵勝宏　成文堂　二九二頁
(46)『日本の防衛（平成一七年版）』　防衛庁　二一九頁
(47)『イラク自衛隊「戦闘記」』　佐藤正久　講談社　二三頁
(48)「読売新聞」（平成一六年一月九日付）
(49)「有志連合」本田優・『自衛隊　知られざる変容』　朝日新聞「自衛隊五〇年」取材班　朝日新聞社　八二—八三頁
(50)『日本の防衛（平成一六年版）』　防衛庁　三九二頁
(51)同右　二〇〇頁
(52)「読売新聞」（平成一五年一〇月一九日付）
(53)『日本の防衛（平成一六年版）』　防衛庁　二〇〇頁
(54)『日本の防衛（平成一七年版）』　防衛庁　二二一頁
(55)『イラク自衛隊「戦闘記」』　佐藤正久　講談社　二七頁
(56)『日本の防衛（平成一六年版）』　防衛庁　二〇二頁
(57)『日本の防衛（平成一八年版）』　防衛庁　二二五頁
(58)同右
(59)『日本の防衛（平成一九年版）』　防衛庁　二八五頁、『日本の防衛（平成二一年版）』　防衛庁　二四〇頁
(60)『日本の防衛（平成二一年版）』　防衛庁　二四〇頁

(61)『イラク自衛隊「戦闘記」』佐藤正久　講談社　三四頁
(62)同右　三六頁
(63)同右　四六頁
(64)同右　四五頁
(65)同右　四三頁
(66)同右　七三頁
(67)同右　七七頁
(68)同右　一七五頁
(69)「武士道の自衛隊たれ」橋本五郎・「読売新聞」(平成一六年一二月一九日付)。「有志連合」本田優・『自衛隊　知られざる変容』朝日新聞「自衛隊五〇年」取材班　朝日新聞社　一二五頁

# 第五節　「平成一七年度以降に係る防衛計画大綱」

## 一　「安全保障と防衛力に関する懇談会」（荒木委員会）の設置

防衛政策は、「国を守る」という国家の根本政策そのものであり、その実効性を確保していくためには防衛力のあり方について、時々変化する国際情勢等に応じた不断の見直しが必要である。

こうした観点から防衛庁では、平成一三（二〇〇一年）年九月、今後の防衛力のあり方に関連する事項について幅広い観点から検討すべく「防衛力の在り方検討会議」を設置し、安全保障環境認識、新たな防衛力の役割や防衛構想の考え方、統合運用の必要性、各自衛隊の体制の基本的な考え方などについての検討を開始した(1)。

また、平成一五年（二〇〇三年）一二月一九日、新たな安全保障環境を踏まえた防衛力の見直しの方向性を示すものとして「弾道ミサイルシステムの警備について」が安全保障会議と閣議において決定された(2)。

平成一六年（二〇〇四年）四月、政府としても今後の防衛力のあり方に関して政府全体の立場から、幅広い観点に立った検討を行う必要があるとして、小泉首相のもとに安全保障、経済などの分野の有識者から意見を聴取することを目的とした「安全保障と防衛力に関する懇談会」を設置、次の一〇名が委員に選ばれた(3)。

座　　長：荒木　浩（東京電力顧問）
座長代理：張　富士夫（トヨタ自動車株式会社取締役社長）
委　　員：五百旗頭　真（神戸大学法学研究科教授）
　　　　　佐藤　謙（㈶世界平和研究所副会長）

田中明彦　（東京大学東洋文化研究所教授）
西元徹也　（日本地雷処理を支援する会会長・元防衛庁統合幕僚会議議長）
樋渡由美　（上智大学外国語学部教授）
古川貞二郎　（前内閣官房副長官）
柳井俊二　（中央大学法学部教授・前駐米大使）
山崎正和　（東亜大学学長）

四月二七日、「安全保障と防衛力に関する懇談会」の第一回懇談会が開催され、小泉首相が出席して挨拶、続いて「わが国の安全保障上の枠組み」について討議が行われた。これ以降、同懇談会では、五月に一回、六月に三回、七月に二回、八月に一回、九月に四回と、精力的に討議が行われ、九月三〇日の第一二回懇談会において最終的な意見集約に至り[4]「安全保障と防衛力に関する懇談会・報告書」（「荒木レポート」）に盛るべき内容がまとめられた。

「安全保障と防衛力に関する懇談会・報告書」は、九・一一以降の国際環境について、「テロリストや国際犯罪集団など非国家主体からの脅威を正面から考慮しない安全保障政策は成り立たない[5]」とする一方、「国家間の安全保障問題が消滅したわけではなく、世界各地における内戦や民族対立、政権不安定などの状況は、冷戦終結後の主要な軍事紛争の根源となっており、常に国際的な軍事対立につながる可能性を秘めている[6]」との認識を示し、さらに、わが国周辺については「二つの核兵器国（ロシア、中国）及び核兵器開発を断念しない国（北朝鮮）が存在する[7]」と指摘した上で、統合的な安全保障戦略の構築を提言するものであった。

統合的な安全保障戦略の構築に当たっては、まず、①日本に直接脅威が及ぶことを防ぎ、脅威が及んだ場合にその被害を最小化すること、②世界の様々な地域における脅威発生確率を低下させ、日本に脅威が及ばないようにすること、の二つを大きな目標と位置づけ、この両者について、①日本独自の努力、②同盟国との努力、③国際社会との努力、という三つのアプローチを適切に組み合わせることによって方策を導き出すこととした⑻。

日本防衛の現状については、「基盤的防衛力は、緊張緩和が進む国際環境の中で、自らが力の空白となって侵略を誘発することのないようなレベルの防衛力として機能してきた⑼」と評価し、七〇年代や九〇年代に共通する部分がある現下の国際情勢の下でも有効な面があると指摘した上で、テロリストなどの非国家主体による攻撃という従来になかった新たな脅威への対処には、これまでの基盤的防衛力の考え方のみで対応できないことは明らかであり、国家からの脅威を対象としてきた「基盤的防衛力の概念」は、安全保障環境の変化に対応して見直されるべきであるとの認識を示した⑽。

また、同盟国との協力については、日米安全保障条約に基づく日米同盟こそ、同盟国との連携を全うするための恒常的制度であるとして、わが国の防衛力を補完する観点から「米国の核抑止力」の重要性を指摘した⑾。

国際的安全保障環境の改善による脅威の予防については、これまでのわが国では国際協力について「日本の安全保障に直結する切実な活動であるとの認識が不足していた」と指摘し、「世界各地で行われている国際平和構築や人間の安全保障実現に向けた活動は、それ自体が日本の安全保障に直結する活動と捉えるべきである⑿」、即ち、「一九九〇年代に行うようになった国際平和協力活動は、法的には当初想定された自衛隊の本来任務とは異なるものであった。しかしながら現在の安全保障環境とこれに対する日本の戦略という観点からすれば、これらの活動は、まさに『国際的安全保障環境の改善による脅威の予防』という目標のために行われてきたのだと見ることができる。このような変化は、公式の戦略や政策に反映されなければならない⒀」と強調した。

その上で、こうした状況に適切に対処するための戦略構築においては、統合性の確保が重要であると強調、新たな安全保障戦略を支える防衛力として「多機能弾力的防衛力」の構築を提言したものであった⒁。

統合的安全保障戦略を推進していくための体制整備については、①緊急事態対処、②情報能力の強化、③安全保障会議の機能の抜本的強化、④安全保障政策の基盤整備の四つの施策が必要であると強調した。⒂

日米同盟のあり方については、「日米防衛協力のための指針」にしたがって、わが国および周辺事態における日米協力のあり方を具体化していくことが重要であり、そのため同「指針」に基づく「包括的なメカニズム」を活性化することなどの重要性を強調していた。⒃

国際平和協力の推進については、「自衛隊のみならず、政府全体として統合的に国際平和協力に取り組むべきである」との認識を示し、実施主体間の役割分担を明確にすること、国際平和協力活動を自衛隊の本来任務とすること、要員の安全を確保すること、国際平和協力のための一般法を整備することを強調した。⒄

荒木レポートは、こうした考察を踏まえて、「防衛計画大綱」に定めるべき事項について次のように提言した。⒅

＊「防衛計画大綱」に定めるべきもの

新「大綱」には、統合的な安全保障戦略を進めるために国全体としてとるべき政策、その中において自衛隊が果たすべき役割、保有すべき機能と体制を盛り込むべきである。

＊防衛力整備目標の示し方

新たな「大綱」は、日本の安全保障戦略の全体像を示すものであると同時に、防衛力整備の指針を示すものでなければならない。その際、次の二点に留意することが必要である。

・防衛力のいかなる機能が量的にどのように変わるのか、その達成時期も含めて国民に明確に示すこと

・不断に弾力的に見直されるべきこと

平成一六年一〇月四日、第一三回（最終回）懇談会が開催され、「安全保障と防衛力に関する懇談会・報告書」（「荒

木レポート」）の内容が小泉首相に報告された[19]。

## 二　「平成一七年度以降に係る防衛計画大綱」の策定

今後の防衛力のあり方に関する検討は、前述の「弾道ミサイル防衛システムの整備等について（平成一五年一二月一九日）」や「安全保障と防衛力に関する懇談会・報告書（平成一六年一〇月四日）」を踏まえつつ本格的に進められていった。

平成一六年一〇月二一日、安全保障会議において、新たな防衛計画の大綱に関する審議が開始された。同会議はこれ以降六回にわたって開催されることとなり、今後の防衛力のあり方について幅広い観点から総合的な検討を進めていくこととなった[20]。

安全保障会議に提示された大綱案は、二つの目標・三つのアプローチという懇談会・報告書における基本的な考え方がそのまま採用され、安全保障の目標として

①　わが国に直接脅威が及ぶことを防止し、脅威が及んだ場合にはこれを排除するとともに、その被害を最小化すること

②　国際的な安全保障環境を改善し、わが国に脅威が及ばないようにすること

の二つを掲げ、これらの二つの目標を達成するため

①　わが国自身の努力

②　同盟国との協力

③　国際社会との協力

という三つのアプローチを総合的に組み合わせて方策を整理する方式が採られていた。また、核兵器の脅威にはアメリカとの核抑止力に依存すると同時に核兵器などの大量破壊兵器やミサイルなどの軍縮および不拡散・拡散防止のた

めの取り組みにも積極的な役割を果たすべきことが盛り込まれた[21]。

こうした基本的な考え方のもとに、新たな防衛力は「抑止効果」重視から「対処能力」重視へ転換を図るべきとして、基盤的防衛力構想の見直し、多機能で弾力的な実効性のある防衛力への転換を図ることを目指すものとなっていた[22]。

同年一二月一〇日、「平成一七年度以降に係る防衛計画の大綱」が安全保障会議において決定され、同日、閣議においても決定された[23]。

**注**：平成一七年度以降に係る防衛計画の大綱（抜粋）は次のとおり[24]。

**平成一七年度以降に係る防衛計画の大綱**（平成一六年一二月一〇日　安全保障会議決定　閣議決定）

Ⅰ　策定の趣旨

我が国を取り巻く新たな安全保障環境の下で、わが国の平和と安全及び国際社会の平和と安定を確保するため、今後の我が国の安全保障及び防衛力のあり方について、「弾道ミサイル防衛システムの整備等について」（平成一五年一二月一九日　安全保障会議及び閣議決定）に基づき、ここに「平成一七年度以降に係る防衛力整備計画の大綱」として、新たな指針を示す。

Ⅱ　我が国を取り巻く安全保障環境（略）

Ⅲ　我が国の安全保障の基本方針

一　基本方針

我が国の安全保障の第一の目標は、我が国に直接脅威が及ぶことを防止し、脅威が及んだ場合にこれを排除するとともに、その被害を最小化することであり、第二の目標は、国際的な安全保障環境を改善し、我が国に脅威が及ばないようにすることである。

我が国は、国際の平和と安全の維持に係る国際連合の活動を支持し、諸外国との良好な協調関係を確立するなどの外交努力を推進するとともに、日米安全保障体制を基調とする米国との緊密な協力関係を一層充実させ、内政の安定により安全保障基盤の確立を図り、効率的な防衛力を整備するなど、我が国自身の努力、同盟国との協力及び国際社会との協力を統合的に組み合わせることにより、これらの目標を達成する。

また、我が国は、日本国憲法の下、専守防衛に徹し、他国に脅威を与えるような軍事大国にならないとの基本理念に従い、文民統制を確保するとともに、非核三原則を守りつつ、節度ある防衛力を自主的に整備するとの基本方針を引き続き維持する。

核兵器の脅威に対しては、米国の核抑止力に依存する。同時に、核兵器のない世界を目指した現実的・漸進的な核軍縮・不拡散の取組において積極的な役割等を果たすものとする。また、その他の大量破壊兵器やミサイル等の運搬手段に関する軍縮及び拡散防止のための国際的な取組にも積極的な役割を果たしていく。

二　我が国自身の努力

（一）　基本的な考え方

安全保障政策において、根幹となるのは自らが行う努力であるとの認識の下、我が国として総力を挙げた取組により、我が国に直接脅威が及ぶことを防止すべく最大限努める。また、国際的な安全保障環境の改善による脅威の防止のため、我が国は国際社会や同盟国と連携して行動することを原則としつつ、外交活動等を主体的に実施する。

（二）　国としての統合的な対応

（上略）我が国に脅威が及んだ場合には、安全保障会議等を活用して、政府として迅速・的確に意思決定を行い、関係機関が適切に連携し、政府が一体となって統合的に対応する。このため、平素から政府の意思決定を支える情報収集・分析能力の向上を図る。また、自衛隊、警察、海上保安庁等の関係機関は、適切な役割分担の下、一層の情報共有、訓練等を通じて緊密な連携を確保するとともに、全体としての能力向上に努める。（本項の以下略）

（三）我が国の防衛力

防衛力は、我が国に脅威が及んだ場合にこれを排除する国家の意思と能力を表す安全保障の最終的担保である。

（中略）

今後の防衛力については、新たな安全保障環境の下、「基盤的防衛力構想」の有効な部分は継承しつつ、新たな脅威や多様な事態に実効的に対応し得るものとする必要がある。また、国際社会の平和と安定が我が国の平和と安全に密接に結びついているという認識の下、（中略）国際的な安全保障環境を改善するために国際社会が協力して行う活動（以下「国際平和協力活動」という）に主体的かつ積極的に取り組みうるものとする必要がある。（中略）このような観点から、今後の我が国の防衛力については、即応性、機動性、柔軟性及び多目的性を備え、軍事技術水準の動向を踏まえた高度の技術力と情報力に支えられた、多機能で弾力的な実効性あるものとする。（本項の以下略）

三　日米安全保障体制

米国との安全保障体制は、我が国の安全保障にとって必要不可欠なものであり、また、米国の軍事的プレゼンスは、依然として不透明・不確実な要素が存在するアジア太平洋地域の平和と安定を維持するために不可欠である。さらに、（中略）日米両国の緊密な協力関係は、テロや弾道ミサイル等の新たな脅威や多様な事態の予防や対応のための国際的取組を効果的に進める上でも重要な役割を果たしている。（本項の以下略）

四　国際社会との協力

国際的な安全保障環境を改善し、我が国の安全と繁栄の確保に資するため、政府開発援助（ＯＤＡ）の戦略的な活用を含め外交活動を積極的に推進する。また、地域紛争、大量破壊兵器等の拡散や国際テロなど国際社会の平和と安定が脅かされるような状況は、我が国の平和と安全の確保に密接にかかわる問題であるとの認識の下、国際平和協力活動を外交と一体のものとして主体的・積極的に行っていく。（本項の以下略）

Ⅳ　防衛努力の在り方

一　防衛力の役割

（一）新たな脅威や多様な事態への実効的な対応

事態の特性に応じた即応性や高い機動性を備えた部隊等を（中略）編成・配備することにより、新たな脅威や多様な事態に実効的に対応する。事態が発生した場合には、迅速かつ適切に行動し、警察等の関係機関との間では状況と役割分担に応じて円滑かつ緊密に協力し、事態に対する切れ目のない対応に努める。自衛隊の体制の考え方は以下のとおり。

ア　弾道ミサイル攻撃への対応

弾道ミサイル攻撃に対しては、弾道ミサイル防衛システムの整備を含む必要な体制を確立することにより、実効的に対応する。我が国に対する核兵器の脅威については、米国の核抑止力と相まって、このような取組により適切に対応する。

イ　ゲリラや特殊部隊による攻撃への対応

ゲリラ特殊部隊による攻撃等に対しては、部隊の即応性、機動性を一層高め、状況に応じて柔軟に対応するものとし、事態に実効的に対応し得る能力を備えた体制を保持する。

ウ　島嶼部に対する攻撃への対応

島嶼部に対する侵略に対しては、部隊を機動的に輸送・展開し、迅速に対応するものとし、実効的な対処能力を備えた体制を保持する。

エ　周辺海空域の警戒監視及び領空侵犯対処や武装工作船等への対応

周辺海空域において、常時継続的な警戒監視を行うものとし、艦艇や航空機等による体制を保持する。また、領空侵犯に対して即時適切な措置を講ずるものとし、戦闘機部隊の体制を保持する。さらに、護衛艦部隊等を適切に保持することにより、周辺海域における武装工作船、領海内で潜没航行する外国潜水艦等に適切に対処する。

オ　大規模・特殊災害等への対応

大規模・特殊災害等人命または財産の保護を必要とする各種の事態に対しては、国内のどの地域においても災害救援を実施し得る部隊や専門能力を備えた体制を保持する。

(二)　本格的な侵略事態への備え

見通しうる将来において、我が国に対する本格的な侵略事態生起の可能性は低下していると判断されるため、従来のような、いわゆる冷戦型の対機甲戦、対潜戦、対航空侵攻を重視した整備構想を転換し、本格的な侵略事態に備えた装備・要員については抜本的な見直しを行い、縮減する。同時に、防衛力の本来の役割が本格的な侵略事態への対処であり、また、その整備が短期間になし得ないものであることにかんがみ、周辺諸国の動向に配慮するとともに、技術革新の成果を取り入れ、最も基盤的な部分を確保する。

(三)　国際的な安全保障環境の改善のための主体的・積極的な取組

国際平和協力活動に適切に取り組むため、教育訓練体制、所要の部隊の待機態勢、輸送能力等を整備し、迅速に部隊を派遣し、継続的に活動するための各種基盤を確立するとともに、自衛隊の任務における同活動の適切な位置付けを含めて所要の体制を整備する。（本項の以下略）

二　防衛力の基本的な事項

（一）統合運用の強化

各自衛隊を一体的に運用し、自衛隊の任務を迅速かつ効果的に遂行するため、自衛隊は統合運用を基本とし、そのための体制を強化する。（本項の以下略）

（二）情報機能の強化

新たな脅威や多様な事態への実効的な対応をはじめとして、各種事態において防衛力を効果的に運用するためには、各種事態の兆候を早期に察知するとともに、迅速・的確な情報収集・分析・共有等が不可欠である。このため、安全保障環境や技術動向等を踏まえた多様な情報収集能力や総合的な分析・評価能力等の強化を図るとともに、当該能力を支える情報本部をはじめとする情報部門の体制を充実することにより、高度な情報能力を構築する。

（三）科学技術の発展への対応（略）

（四）人的資源の効果的な運用（略）

Ⅴ　留意事項

一　防衛力の整備・維持及び運用に際しては、次の諸点に留意して行うものとする。

（一）格段に厳しさを増す財政事情を勘案し、一層の効率化、合理化を図り、経費を抑制する（本項の以下略）。

（二）装備品等の取得に当たっては、（中略）ライフサイクルコストの抑制に向けた取り組みを推進する（本項の以下略）。

（三）（上略）防衛施設の効率的な維持及び整備を推進するため、当該施設の周辺地域とのより一層の調和を図るための施策を実施する。

二　この大綱に定める防衛力の在り方は、おおむね一〇年後までを念頭においたものであるが、五年後または情勢に重要な変化が生じた場合には、（中略）必要な修正を行う。

# 別表

| | | |
|---|---|---|
| 編制定数 | | 一五万五〇〇〇人 |
| | 常備自衛官定数 | 一四万八〇〇〇人 |
| | 即応予備自衛官定数 | 七〇〇〇人 |
| 陸上自衛隊 基幹部隊 | 平時地域配備する部隊 | 八個師団<br>六個旅団 |
| | 機動運用部隊 | 一個機甲師団<br>中央即応集団 |
| | 地対空誘導弾部隊 | 八個高射特科群 |
| 陸上自衛隊 主要装備 | 戦車 | 約六〇〇両 |
| | 主要特科装備 | 約六〇〇門・両 |
| 海上自衛隊 基幹部隊 | 護衛艦部隊（機動運用） | 四個護衛隊群（八個隊） |
| | 護衛艦部隊（地域配備） | 五個隊 |
| | 潜水艦部隊 | 四個隊 |
| | 掃海部隊 | 一個掃海隊群 |
| | 哨戒機部隊 | 九個隊 |
| 海上自衛隊 主要装備 | 護衛艦 | 四七隻 |
| | 潜水艦 | 一六隻 |
| | 作戦用航空機 | 約一六〇機 |

| | | |
|---|---|---|
| 航空自衛隊 基幹部隊 | 航空警戒管制部隊 | 八個警戒群<br>二〇警戒隊<br>一個警戒航空隊（二個飛行隊） |
| | 戦闘機部隊 | 一二個飛行隊 |
| | 航空偵察部隊 | 一個飛行隊 |
| | 航空輸送部隊 | 三個飛行隊 |
| | 空中給油・輸送部隊 | 一個飛行隊 |
| | 地対空誘導弾部隊 | 六個高射群 |
| 航空自衛隊 主要装備 | 作戦用航空機 | 約三五〇機 |
| | うち戦闘機 | 約二六〇機 |
| 弾道ミサイル防衛にも使用し得る主要装備・基幹部隊 | イージス・システム搭載護衛艦 | 四隻 |
| | 航空警戒管制部隊 | 七個警戒群<br>四個警戒隊 |
| | 地対空誘導弾部隊 | 三個高射群 |

（注）「弾道ミサイル防衛にも使用し得る主要装備・基幹部隊」は海上自衛隊の主要装備または航空自衛隊の基幹部隊の内数

**註**

(1)『日本の防衛（平成一七年度版）』防衛庁　八九頁
(2)同右
(3)『「安全保障と防衛力に関する懇談会」報告書』安全保障と防衛力に関する懇談会　三四頁
(4)同右　三五―三六頁
(5)同右　三頁
(6)同右
(7)同右
(8)同右　五頁
(9)同右　六頁
(10)同右　六頁、一二頁
(11)同右　七頁
(12)同右　一〇頁
(13)同右　一二頁
(14)同右
(15)同右　一四―一八頁
(16)同右　一八―一九頁
(17)同右　一九―二〇頁
(18)同右　二九―三〇頁
(19)同右　三〇頁
(20)『日本の防衛（平成一七年版）』防衛庁　九〇頁
(21)同右　九一頁
(22)同右　九二―九三頁

(23) 同右　九〇頁
(24)『日本の防衛（平成一八年版）』防衛庁　三三三－三三六頁

# 第六節　日米共同作戦体制（その八）……在日米軍の再編

## 一　「日米同盟：未来のための変革と再編」

冷戦の終結は国際安全保障環境に大きな変化をもたらした。その影響は、当初、ヨーロッパ正面に限られると考えられたが、時間の経過とともにアジア太平洋正面においても看過できないものとなり、わが国としてもこれに対応すべく日米安全保障体制等の見直しを迫られることとなった。このため既述（第四巻第三章第三節）のとおり日米間で様々な対話が行われ、その集大成として平成八年（一九九六年）四月一七日、旧赤坂離宮の迎賓館における橋本首相・クリントン大統領の共同記者会見において、新世紀における両国の協力関係の方向性を示した「日米安全保障共同宣言――二十一世紀に向けての同盟」が発表された(1)。

この共同宣言においては、日米の安全保障上の関係が、地域の安定と繁栄を維持するための基礎であり続けることが再確認され、日米同関係の信頼性を高める上で重要な柱となる具体的な分野での協力事項が示された。

さらに、これを踏まえて日米両国は平成九年（一九九七年）九月二三日、新たな「日米防衛協力のための指針」を策定するに至った(2)（第四巻第三章第三節参照）。

また、この新「指針」を実効あるものとするための措置として、平成一一年八月二五日、「周辺事態安全確保法」が制定・施行された（第四巻第三章第四節参照）。

平成一三年（二〇〇一年）三月一一日、アメリカにおいて同時多発テロが発生（既述）、全世界にかつてない衝撃を与えた。空前のテロの惨禍を前に、アメリカは憤りを隠すことなく各国に協力を訴えて反テロの国際的連帯を形成し、すべての国際テロ・ネットワークを打破すべく長期にわたるテロとの闘いに乗り出した(3)。

テロとの闘いは、国際社会に対して従来の確執を乗り越えた新たな枠組みの構築を促す効果をもたらした。アメリカとロシアがテロとの闘いにおける協議を梃子としつつ関係を進展させ、新たな戦略的枠組みの構築に踏み出したのはその典型であった。アメリカが、国土安全保障省創設を推進するに至ったのもテロとの闘いを念頭に置いたものであった。日米両国が新たな安全保障環境に適切に対応するため「各々の防衛・安全保障政策の見直しに際して、日米間で緊密な意見交換を行っていくことが重要である(4)」との認識を示したのも同様であった。

その直後の平成一三年一〇月一日、アメリカは「四年毎の国防計画の見直し（QDR）」を発表した。このQDRでは、アメリカの国防政策の目標として次の四項目を挙げていた(5)。

＊同盟国・友好国に米国のコミットメントを保証する。

＊敵に将来の軍事的競争を思いとどまらせる。

＊前方展開戦力により、敵の脅威や威圧を抑止する。

＊抑止が崩れた場合、いかなる敵も決定的に打破する。

また、同QDRは、この政策目標を踏まえて、国防戦略をそれまでの「脅威ベースの戦略」から「能力ベースの戦略」へと転換すること、特に、非対称的脅威への対処能力を向上させることに重点を置く姿勢を明示した上で、次のような重点項目を明らかにしていた(6)。

＊海外展開については、前方展開戦力の維持、その能力の強化を強調し、西太平洋における海軍のプレゼンスの増強、太平洋、インド洋、ペルシャ湾における空軍の緊急展開基地、中継施設の確保などを図る。

＊軍の変革（トランスフォーメーション）を推進し、$C^4$ISR、統合作戦、緊急展開能力、長距離戦力投射能力、ステルス性、精密誘導兵器、地中貫徹爆弾、無人機、ミサイル防衛、NBC対処、テロ対処などを重視する。

＊核戦略については、核戦力と通常戦力からなる攻撃能力、防衛システム、国防の基盤を新たな三本柱と位置づけ、大量破壊兵器が拡散している中での抑止力の向上を図る。

これに加えて、平成一四年（二〇〇二年）、アメリカは一月八日に「核態勢の見直し」（ＮＰＲ）を、九月二〇日に「国家安全保障戦略」を発表した。

こうした一連の流れに対応して、一二月一七日の日米安全保障協議委員会（「２＋２」会合）においても、日米間の安全保障に関する協議を強化することが確認されたのであった。

この協議に臨むアメリカ側の方針は、厳しい国防予算を考慮しつつ、日本の防衛とアジア太平洋地域の平和と安全に対するコミットメントの信頼性・実効性を確実に維持・向上させることにあった。一方、わが国の方針は、防衛大綱に示された抑止力を維持しつつ、基地を提供している地元の負担をできるだけ軽減することにあった。

この協議においてはこうした両国の思惑を整合しつつ、両国の役割と任務、兵力と兵力構成、地域の課題やグローバルな諸課題への対処における二国間協力、国際的な平和維持活動その他の多国間取り組みへの参画、ミサイル防衛についての更なる協議と協力、在日アメリカ軍の施設・区域にかかる諸問題解決に向けた進展といった広範な課題を日米間で扱うことで合意するに至った(7)。注目すべきはこうした一連の戦略対話の中で、アメリカ軍の再編問題が日米協議の主要課題と認識される傾向が一層強まったことであった。

平成一五年一一月一五日、来日中のラムズフェルド国防長官と石破防衛庁長官との間で、日米防衛首脳会談が開催され、日米両国は、グローバルな課題への取り組みについて国際社会と協力しつつ連携を強化することなど「世界の中の日米同盟」を強化していくことで意見が一致した(8)。具体的には、テロとの闘い、イラク人道復興支援、インド洋における地震・津波災害への支援など国際的な活動における日米協力が挙げられていた(9)。

日米間の戦略的対話は、平成一六年九月二一日の日米首脳会談（石破・フーン両長官の会談）においても続けられ、平成一七（二〇〇五年）年二月一九日の日米安全保障協議委員会（「２＋２」）においては、これまでの日米防衛・外務当局者の協議を踏まえて「日米両国が追及すべき共通の戦略目標」を確認するに至った。その概要は次のとおりであった[10]。

① 安全保障環境を確認（テロ・大量破壊兵器などの新たな脅威、アジア太平洋地域における不透明性・不確実性の継続と新たな脅威の発生など）

② 共通の戦略目標を、各々の努力、日米安保体制の下の協力、同盟関係を基調とする協力を通じて追及していくことを確認

③ 共通の戦略目標の内容を確認（第一段階）

○地域：日本の安全の確保…地域の平和と安定の確保、朝鮮半島の平和的統一、北朝鮮に関連する諸問題の平和的解決、中国の責任ある建設的役割を歓迎し協力関係を発展、台湾海峡を巡る諸問題の平和的解決、中国の軍事分野での透明性向上、平和で安定した活力のある東南アジアを支援

○世界：国際社会での民主主義などの基本的価値推進、国際平和協力活動などにおける協力、大量破壊兵器不拡散、テロ防止・根絶など

このときの「２＋２」会合の共同発表においては、日米両国が共通の戦略目標を追求する上で、多様な課題に対して実効的に対処するため、自衛隊とアメリカ軍がどのように役割・任務・能力を分担し協力していくかについて検討を継続することが合意された（第二段階）[11]。

また、在日アメリカ軍の兵力構成については、戦略目標や日米の役割・任務・能力に関する検討を踏まえつつ、日米両国が協力して各種事態に効果的に対処し得るように抑止力を維持するとともに、在日アメリカ軍の駐留が国民の

理解を得て安定的になされるよう地元の過重な負担を軽減することが重要であるとの観点から、在日アメリカ軍の兵力態勢の再編・兵力構成の見直しを踏まえつつ集中的に検討を進めることで意見が一致した（第三段階）[12]。

これ以降、日米の事務当局間で検討が進められ、平成一七年一〇月二九日、ワシントンで開催された日米安全保障協議委員会（「2＋2」）において「日米同盟：未来のための変革と再編」と題する共同文書が取りまとめられた[13]。

この「共同文書」においては、日米の役割・任務・能力（RMC：Roll, Mission, Capability）の具体的方向性とともに、在日アメリカ軍および関連する自衛隊の部隊の態勢の再編についての具体的な方向性が示された。

**注**：「共同文書」（抜粋）の内容は次のとおりである[14]。

**「日米同盟：未来のための変革と再編」**

Ⅰ　概観

日米安全保障体制を中核とする日米同盟は、日本の安全とアジア太平洋地域の平和と安定のために不可欠な基礎である。同盟に基づいた緊密かつ協力的な関係は、世界における課題に効果的に対処する上で重要な役割を果たしており、安全保障環境の変化に応じて発展しなければならない。（中略）

閣僚は、役割・任務・能力に関する検討内容及び勧告を承認した。また、閣僚は、この報告に含まれた再編に関する勧告を承認した。これらの措置は、新たな脅威や多様な事態に対応するための同盟の能力を向上させるためのものであり、全体として地元に与える負担を軽減するためのものである。これによって、安全保障が強化され、同盟は地域の安定の礎石であり続けることが確保される。

Ⅱ　役割・任務・能力

テロとの闘い、拡散に対する安全保障構想（PSI）、イラクへの支援、インド洋における津波や南アジアにおける地震後の災害支援をはじめとする国際的活動における二国間協力や、二〇〇四年一二月の日本の防衛計画の大綱、弾道ミサイル防衛（ＢＭＤ）における協力の進展、日本の有事法制、自衛隊の新たな統合運用体制への移行計画、米軍の変革と世界的な態勢の見直しといった、日米の役割・任務・能力に関連する安全保障及び防衛政策における最近の成果と発展を、双方は認識した。

１　重点分野

この文脈で、日本及び米国は、以下の二つの分野に重点を置いて、今日の安全保障環境における多様な課題に対応するための二国間、特に自衛隊と米軍の役割・任務・能力を検討した。

・日本の防衛及び周辺事態への対応（新たな脅威や多様な事態への対応を含む）

・国際平和協力活動への参加をはじめとする国際的な安全保障環境の改善のための取組

２　役割・任務・能力についての基本的な考え方

双方は、二国間の防衛協力に関連するいくつかの基本的な考え方を確認した。日本の防衛及び周辺事態への対応に関連するこれらの考え方には以下が含まれる。

●二国間の防衛協力は、日本の安全と地域の平和と安定にとって引き続き死活的に重要である。

●日本は、弾道ミサイル攻撃やゲリラ、特殊部隊による攻撃、島嶼部への侵略といった、新たな脅威や多様な事態への対応を含めて、自らを防衛し、周辺事態に対応する。これらの目的のために、日本の防衛態勢は、二〇〇四年の防衛計画の大綱に従って強化される。

●米国は、日本防衛のため、及び、周辺事態を抑止し、これに対応するため、前方展開兵力を維持し、必要に応じて兵力を増強する。米国は、日本の防衛のために必要なあらゆる支援を提供する。

●周辺事態が日本に対する武力攻撃に波及する可能性のある場合、または、両者が同時に生起する場合に適切に対応し得るよう、日本の防衛及び周辺事態への対応に際しての日米の活動は整合を図るものとする。

●日本は、米軍のための施設、区域（以下、「米軍施設・区域」）を含めた接受国支援を引き続き提供する。また、日本は、日本の有事法制に基づく支援を含め、米軍の活動に対して、事態の進展に応じて切れ目のない支援を提供するための適切な措置をとる。双方は、在日米軍のプレゼンス及び活動に対する安定的な支持を確保するために地元と協力する。

●米国の打撃力及び米国によって提供される核抑止力は、日本の防衛を確保する上で、引き続き日本の防衛力を補完する不可欠のものであり、地域の平和と安全に寄与する。

また、双方は、国際的な安全保障環境の改善の分野における役割・任務・能力に関連するいくつかの基本的な考え方を以下のとおり確認した。

●地域及び世界における共通の戦略目標を達成するため、国際的な安全保障環境を改善する上での二国間協力は、同盟の重要な要素となった。この目的のため、日本及び米国は、それぞれの能力に基づいて適切な貢献を行うとともに、実効的な態勢を確立するための必要な措置をとる。

●迅速かつ実効的な対応のためには柔軟な能力が必要である。緊密な日米の二国間協力及び政策調整は、これに資する第三国との間で行われるものを含む定期的な演習によって、このような能力を向上し得る。

●自衛隊及び米軍は、国際的な安全保障環境を改善するための国際的な活動に寄与するため、他国との協力を強化する。

（本項の以下略）

3　二国間の安全保障・防衛協力において向上すべき活動の例

双方は、あらゆる側面での二国間協力が、国連の安全保障政策及び法律並びに日米間の取決めに従って強化されなければならないことを確認した。役割・任務・能力の検討を通じ、双方は、いくつかの個別分野において協力を向上させることの重要性を強調した。

●防空
●弾道ミサイル防衛
●拡散に対する安全保障構想（ＰＳＩ）といった拡散阻止活動
●テロ対策
●海上交通の安全を維持するための機雷掃海、海上阻止活動や他の活動
●捜索・救難活動
●無人機（ＵＡＶ）や哨戒機により活動の能力と実効性を向上することを含めた、情報、監視、偵察（ＩＳＲ）活動
●人道救援活動
●復興支援活動
●平和時期活動及び平和事のための他国の取組の能力構築
●在日米軍施設・区域を含む重要なインフラの警護
●大量破壊兵器（ＷＭＤ）の廃棄及び除染を含む、大量破壊兵器による攻撃への対応
●補給、整備、輸送といった相互の後方支援活動（本号の以下略）
●非戦闘員退避活動（ＮＥＯ）のための輸送、施設の使用、医療支援その他の関連する活動
●港湾、空港、道路、水域・空域及び周波数帯の使用（本号の以下略）

4　二国間の安全保障・防衛協力の態勢を強化するための不可欠な措置

上述の役割・任務・能力に関する検討に基づき、双方は、さらに、新たな安全保障環境において多様な課題に対

処するため、二国間の安全保障・防衛協力の態勢を強化する目的で平時からとり得る不可欠な措置を以下のとおり特定した。また、双方は、実効的な二国間の協力を確保するため、これまでの進捗に基づき、役割・任務・能力を引き続き検討することの重要性を強調した。

●緊密かつ継続的な政策及び運用面の調整（本文略）
●計画検討作業の進展（本文略）
●情報共有及び情報協力の向上（本文略）
●相互運用性の向上（本文略）
●日本及び米国における訓練機会の拡大（本文略）
●自衛隊及び米軍による施設の共同使用（本文略）
●弾道ミサイル防衛（ＢＭＤ）（本文略）

Ⅲ　兵力態勢の再編

双方は、沖縄を含む地元の負担を軽減しつつ抑止力を維持するとの共通のコミットメントにかんがみて、在日米軍及び関連する自衛隊の態勢について検討した。安全保障同盟に対する日本及び米国における国民一般の支持は、日本の施設・区域における米軍の持続的なプレゼンスに寄与するものであり、双方は、このような支持を強化することの重要性を認識した。

１　指針となる考え方

検討に当たっては、双方は、二国間の役割・任務・能力についての検討を十分に念頭に置きつつ、日本における兵力態勢の再編の指針となるいくつかの考え方を設定した。

●アジア太平洋地域における米軍のプレゼンスは、地域の平和と安全にとって不可欠であり、かつ、日米両国に

とって決定的に重要な中核的能力である。（以下略）

●再編及び役割・任務・能力の調整を通じて、能力は強化される。これらの能力は、日本の防衛と地域の平和と安全に対する米国のコミットメントの信頼性を支えるものである。

●柔軟かつ即応性のある指揮・統制のための司令部間の連携向上や相互運用性の向上は、日本及び米国にとって決定的に重要な中核的能力である。（以下略）

●定期的な訓練及び演習や、これらの目的のための施設・区域の確保は、兵力の即応性、運用能力及び相互運用性を確保する上で不可欠である。（以下略）

●自衛隊及び米軍の施設・区域の軍事上の共同使用は、二国間協力の実効性を向上させ、効率性を高める上で有意義である。

●米軍の施設・区域には十分な収容能力が必要であり、また、平時における日常的な使用水準以上の収容能力は、緊急時の所要を満たす上で決定的に重要かつ戦略的な役割を果たす。

●米軍施設・区域が人口密集地域に集中している場所では、兵力構成の再編の可能性について特別の注意が払われる。

●米軍施設・区域の軍民共同使用を導入する機会は、適切な場合に検討される。（以下略）

2　再編に関する勧告

これまでに実施された精力的な協議に基づき、また、これらの基本的な考え方に従って、日米安全保障条約及び関連取極を遵守しつつ、以下の具体案について国内及び二国間の調整が速やかに行われる。（以下略）

●共同統合運用調整の強化

●米陸軍司令部能力の改善

●航空司令部の併置
●横田飛行場及び空域
●ミサイル防衛
●柔軟な危機対応のための地域における米海兵隊の再編
＊普天間飛行場移設の加速
＊キャンプ・シュワブの海岸線の区域とこれに近接する大浦湾の水域を結ぶL字型に普天間飛行場代替施設を設置
＊兵力削減
＊土地の返還及び施設の共同使用
●空母艦載機の厚木飛行場から岩国飛行場への移駐
●訓練の移転
●在日米軍施設の収容能力の効率的使用

これら一連の協議は、日本防衛の義務（米国）と基地提供（日本）という「非双務性（非対称の責任分担）」に起因する感情的なもつれを含む難問であり、防衛のあり方という本来の協議事項とは全く次元の異なる問題であった。一連の協議は、これをどのように解決するかという、出口を見出すことが極めて困難な問題に正面から取り組もうとするものであった。わが国が直面している基地問題の難しさは、同盟の『基本のかたち』に由来しており、それゆえに、日米両国ともに感情のもつれを生じやすい問題に違いなかった。基地を貸す方（日本側）は、借りる方（アメリカ側）が基地の負担と危険性を十分理解していないのではないかと疑い、一方、基地を借りる方（アメリカ側）は、自国の若者に命のリスクまで負わせて抑止力を提供しているにもかかわらず、それが全く評価されていないという不満を抱いていることは否定できなかった。この感情の摩擦は、現実には「抑止と負担のバランス」を図って解消するしかないものであるが、「抑止は目に見えにくく、負担は目につきやすい」ことは否定しようのない現実であり、そのために、負担がクローズアップされるのは、ある意味自然なことであった。[15] しかしそれは、日米のいずれの国民にとっても心情的に納得しにくいことであった。基地問題の難しさは、まさに、この感情面のもつれに由来するところにあり、たとえ理屈で理解したとしても感情的に納得しにくいところに難しさがあった。

日米両国政府はこうした現実を踏まえつつ、「抑止と負担のバランス」をとる努力を引き続き行っていくこととしたのであった。

## 二　「再編実施のための日米のロードマップ」

平成一八年（二〇〇六年）五月一日、ワシントンにおいて日米安全保障協議委員会（「２＋２」）が開催された。この会合においては、これまでの協議を集大成する形で「再編実施のための日米のロードマップ」と題する文書が合意された。これにより、兵力態勢の再編の最終的な取りまとめがなされ、具体的施策を推進するための詳細が明らかになった。[16]

その中には、抑止力の維持に関連するものとして、たとえば①在日米軍司令部の改編、②横田飛行場やキャンプ座間における自衛隊と在日米軍の司令部の併置による日米の司令部間の連携向上、③嘉手納飛行場などから各地の航空自衛隊基地への航空機の訓練移転による日米間の相互運用性の向上、沖縄のキャンプ・ハンセンや嘉手納飛行場における施設・区域の日米共同使用、④航空自衛隊車力分屯基地へのＢＭＤ用移動式レーダーの展開などが含まれることとなった。[17]

また、地元負担の軽減に関連するものとして、①普天間飛行場の移設・返還、②在沖縄米海兵隊要員とその家族のグアムへの移転、③嘉手納飛行場以南の人口が集中している地域の相当規模の土地の返還など一連の沖縄に関する再編など特に沖縄に対する配慮を明確にしていた。地元負担の軽減に関しては、この他に、厚木飛行場から岩国飛行場への空母艦載機の移駐や横田空域の一部返還をはじめとする空域や航空管制に関する措置も含まれていた。(18)

**注**：「再編のための日米ロードマップ」（抜粋）は次のとおり。(19)

**再編のための日米ロードマップ**（平成一八年五月一日）

概観（略）

再編案の最終取りまとめ

　個別の再編案は統一的なパッケージとなっている。これらの再編を実施することにより、同盟関係にとって死活的に重要な在日米軍のプレゼンスが拡充されることになる。

　これらの案の実施における施設整備に要する建設費その他の費用は、明示されない限り日本国政府が負担するものである。米国政府は、これらの案の実施により生ずる運用上の費用を負担する。（以下略）

実施に関する主な詳細

一　沖縄における再編

（a）普天間飛行場代替施設

●日本及び米国は、普天間飛行場施設を、辺野古岬とこれに隣接する大浦湾と辺野古湾の水域を結ぶ形で設置し、V字型に配置される二本の滑走路はそれぞれ一六〇〇メートルの長さを有し、二つの一〇〇メートルのオーバーランを有する。（以下略）

●合意された支援施設を含めた普天間飛行場代替施設をキャンプ・シュワブ区域に設置するため、キャンプ・シュワブの施設及び隣接する水域の再編成などの必要な調整が行われる。

●米国政府は、この施設から戦闘機を運用する計画を有していない。

（b）兵力削減とグアムへの移転

●約八〇〇〇名の第三海兵機動展開部隊の要員と、その家族約九〇〇〇名は、部隊の一体性を維持するような形で二〇一四年までに沖縄からグァムに移転する。移転する部隊は、第三海兵機動展開部隊の指揮部隊、第三海兵師団司令部、第三海兵後方群司令部、第一海兵航空団司令部及び第一二海兵連隊本部を含む。

●対象となる部隊は、キャンプ・コートニー、キャンプ・ハンセン、普天間飛行場、キャンプ瑞慶覧及び牧港補給地区といった施設から移転する。

●沖縄に残る米海兵隊の兵力は、司令部、陸上、航空、戦闘支援及び基地支援能力といった海兵空地任務部隊の要素から構成される。

（c）土地の返還及び施設の共同使用

●普天間飛行場代替施設への移転、普天間飛行場の返還及びグァムへの第三海兵機動展開部隊要員の移転に続いて、沖縄に残る施設・区域が統合され、嘉手納飛行場以南の相当規模の土地の返還が可能となる。

●返還対象となる施設に所在する機能及び能力で、沖縄に残る部隊が必要とするすべてのものは、沖縄の中で移設される。これらの移設は、対象施設の返還前に実施される。

●キャンプ・ハンセンは、陸上自衛隊の訓練に使用される。

●航空自衛隊は、地元への騒音の影響を考慮しつつ、米軍と野戦共同訓練のために嘉手納飛行場を使用する。

（d）再編案間の関係

●全体的なパッケージの中で、沖縄に関連する再編案は、相互に結びついている。

●沖縄からグァムへの第三海兵機動展開部隊の移転は、①普天間飛行場代替施設の完成に向けた具体的な進展、②グァムにおける所要の施設及びインフラ整備のための日本の資金的貢献に懸っている。

二　米陸軍司令部能力の改善（略）

三　横田飛行場及び空域（略）

四　厚木飛行場から岩国飛行場への空母艦載機の移駐（略）

五　ミサイル防衛（略）

六　訓練移転

●双方は、二〇〇七年度からの共同訓練に関する年間計画を作成する。必要に応じて、二〇〇六年度における補足的な経過表が作成され得る。

●日本国政府は及び米国政府は、即応性の維持が優先されることに留意しつつ、共同訓練の費用を適切に分担する。

**註**

（1）『日米の戦略対話が始まった』秋山昌廣　亜紀書房　二一六頁

（2）『日本の防衛（平成一八年版）』防衛庁　一七五頁

（3）『日本の防衛（平成一四年版）』防衛庁　四頁

（4）『日本の防衛（平成一八年版）』防衛庁　一七六頁

（5）『日本の防衛（平成一四年版）』防衛庁　一二一頁

（6）同右　一二三—一二四頁

（7）『日本の防衛（平成一七年版）』防衛庁　一三〇頁

（8）『日本の防衛（平成一六年版）』防衛庁　一一二頁

（9）『日本の防衛（平成一八年版）』防衛庁　一七五頁
（10）『日本の防衛（平成一七年版）』防衛庁　一四三頁
（11）同右
（12）同右　一四三―一四四頁
（13）『日本の防衛（平成一八年版）』防衛庁　一七八頁
（14）同右　三六三―三六七頁
（15）『日米同盟の難問』坂元一哉　ＰＨＰ研究所　一三一頁
（16）『日本の防衛（平成一八年版）』防衛庁　一七八頁
（17）同右　一八五頁
（18）同右
（19）同右　三六八―三七〇頁

# 第七節　国防中央機構の改革

## 一　統合運用体制の強化をめぐる論議と法整備

統合運用の必要性は、自衛隊創設当時から既に認識されていたが、具体化に向けた検討の中で種々の政治力学が作用し、その結果、望ましい統合運用体制を確立するに至らなかった。まさに古くて新しい課題であった。

この検討は、保安隊・警備隊から自衛隊に移行する過程において、幕僚監部を一つにまとめる（陸海統合）か、第一（陸上）、第二（海上）の二つに分けるかという論議において既に始まっていた。防衛二法の起案者であった加藤陽三は「部隊は陸海に分けても、今の幕僚監部は一つにしたいということを原案として考えていた。この原案をもって吉田総理に承認を求めに行ったところ、他の点は異存なかったが、どうしても幕僚監部を二つにしろと言われる。これはどうも旧海軍の野村吉三郎氏など吉田首相に近い者が、陸海を一つの幕僚監部にすると、兵員の上からいって陸の方が圧倒的となる。日本が島国であるにもかかわらず、いろいろな防衛構想・作戦指揮というものが陸中心になるのではないかということを、吉田首相に吹き込んだのではないかと今でも思っている。どうしても承諾を得られないので、とうとう第一幕僚監部、第二幕僚監部ということにした」と述べている(1)。

かくして、まず、幕僚監部を統合する案が防衛二法制定時点で消滅し、これに代わるものとして、このとき統合幕僚会議が設置されることとなった。

**注**：防衛二法の作成に当たっていた加藤陽三は、「保安庁を作るとき、私たちは、この幕僚監部を内局にした。装備局や防衛局とならんだ内局にしたが、内局同志の間でも官房各局と幕僚監部との関係は概ね警察予備隊本部の各局と制服の総

隊本部との関係と同様とした。防衛庁を作るときに、どうしようかと議論したわけであるが、結局、統合幕僚会議を作ることになった。統幕という機関を内局にするということが、当時、国家行政組織法上なじまなかった。これは性格上は国家行政組織法第八条の一つの機関だという意見に内閣法制局が固執した。統合幕僚会議だけ別にするのもどうだろうかということで、結局、三幕とも、今のように内局から外して、機関にしようということになった」と述べている。(2)

昭和二七年（一九五二年）一一月、当時の第一幕僚監部が保安庁法改正案要綱を作成、その中で統幕のあり方について次のように提言していた。(3)

＊統合幕僚機関を持たなかったため、大東亜戦争において陸海軍は相互の調整に苦心し、これが敗戦の一因となった。

＊統合的な見地から防衛計画の策定や防衛活動の実施指導を行うには、「専門的な補佐機関」を設ける必要がある。

＊防衛方針、防衛計画など「純作戦事項、即ち軍令事項」について、長官を補佐する機関（「統合幕僚会議」）または「統合幕僚部」を、新組織の中央に設置する。

＊長官官房及び各局（内局）は、統合幕僚機関の担任を除く「政務事項、即ち軍政事項」と予算、人事、装備、教育など「軍令軍政混成事項」について長官を補佐する。

この第一幕僚監部案は、長官に対する補佐事項を「軍令」と「軍政」に峻別し、機能別に並列的な補佐機構を構築すべきとする、当時すでに国際社会において広く認められていた考え方を取り入れたものであったが、内局、特に、保安局が、時期尚早として強く反対した。(4)

**注**：加藤陽三は、「統合幕僚会議議長の権限を強化したいと考えた。これは、制服を一元的に掌握する機関にしたいと考え

たわけだが、やはり、反対が今の海上自衛隊、当時の警備隊から出て、なかなか部内の意見が調整できなかった。結局、時間がなくなって、当時のアメリカの統合参謀本部の機構と同じ形になった」と述べている。[(5)] 内局が統幕の設置を考えたのは作戦運用上の必要性からではなく、制服を「一元的に管理・掌握する」ことを狙ったものであり、これに対して海幕側が「文官統制（ビューロクラト・コントロール）」の強化につながるとして反対したのであった。

昭和三三年（一九五八年）四月三日、アメリカではアイゼンハワー大統領が議会に特別教書を送り、軍の統合促進を勧告、[(6)] これを受けて「一九五八年国防総省再編法」が制定された。これにより、統合軍（太平洋軍など地域別の軍）と特定軍（戦略空軍など特定任務・機能の軍）に関しては、大統領・国防長官からの命令が統合参謀本部を経由して直接指揮官に下達される体制が整い、陸・海・空軍各省は軍政に専念することとなった。[(7)]

こうしたアメリカ側の動きに触発されて、昭和三三年九月四日、防衛庁内局の麻生茂考査官が統合機能の強化に関する一案（「麻生私案第一次案」）を提示した。その骨子は次のとおりであった。[(8)]

＊統合幕僚会議の所掌事務を拡大し、災害出動時を除く自衛隊の行動に対する命令の立案及び伝達、関連指示の権限を与える。これにより、各幕僚監部は、平時業務と教育訓練、後方補給、人事など行政的事務を担当する。

＊議長の地位を、長官に対する最高の専門的助言者たる「幕僚総長」に格上げし、会議の議決権を与える。統合幕僚会議の事務局を「統合幕僚部」と改称し、各幕僚監部で自衛隊の行動に係る運用面を担当する防衛部は、これを吸収する。

昭和三三年一二月一九日、防衛庁は「麻生私案」から、議長の地位および事務局の改編に関する部分を削除し、各幕僚監部の地位と権限を変更することなく、統合部隊編成時の指揮命令等に関連して、統合幕僚会議および議長の権限を新たに加えた「中央指揮機構の整備に関する件」を庁議で決定した。これを土台に、昭和三六年二月、防衛二法が改正され、「出動時」における統合幕僚会議および議長と各幕僚監部の権限は、次のとおり整理された。

＊統合幕僚会議は、「出動時」に発せられる指揮命令の「基本」（改正前は単に「指揮命令」）と必要な統合調整、統合部隊に対する指揮命令について長官を補佐する。

＊議長は、統合部隊に対し長官から発せられる指揮命令を伝達、執行する。

＊各幕僚監部は、長官の定めた方針・計画を執行する。これは、平時の活動や各自衛隊が個別に行動する場合の指揮命令は、統合幕僚会議及び議長を介することなく、各幕僚長が伝達・執行することを意味する。

「麻生私案」は、統合幕僚会議の組織・機能を大幅に見直し、三自衛隊の一元的な指揮・統制を図ろうとするものであったが、防衛庁内局はこれに同調せず、防衛二法の一部改正にとどめる結果となった。事実上、麻生私案の「骨抜き」であった。そして、これ以降、冷戦時代を通じて、統合運用の強化に関する動きはほとんど見られなくなるのであった。

そもそも当時は、政治家が国防について積極的に語ること自体を回避する風潮があった。統合の強化にとどまらず、防衛に関する機能強化を主張することはほとんどなかったといっても過言ではなかった。こうした風潮が統合運用に関する検討を進展させなかった最大の理由であったといえるかもしれない。

**注**：加藤陽三は統幕の権限強化について「当時（筆者注：防衛二法制定当時）、これではいけないと思っていたが、現在（昭和五七年四月現在）は、アメリカの統合参謀本部が、太平洋軍とか大西洋軍という統合軍の一線部隊をほとんど握るようになっている。日本のような小さい部隊については、当然、あの時に、統幕議長にあれくらいの権限を与えるべきだったと考えている[9]」と述べているが、それが本心であったかどうかは極めて疑わしい。このときも「麻生私案」を事実上

骨抜きにして防衛二法の改正を行っており、防衛庁内局は統幕議長の権限強化には一貫して消極的であったとしか言えない。内局の狙いは「統制の強化」であり、結局、統幕の権限強化を行わず、むしろ三幕の分割統治を図ろうとしたと見ることができる。

昭和四〇年代末において日米共同作戦体制強化のための本格的な検討が開始されると、これが契機となって統合運用に関する研究も新たな展開を見せることとなった。既述のとおり、昭和四〇年二月一〇日、衆議院予算委員会において社会党の岡田春夫議員が「三矢研究」問題を取り上げて政府を追及し国会が紛糾した。このことが日米共同作戦に関して日本政府が適切に対応できる体制が確立されていないのではないかとの疑問をアメリカ側に抱かせることとなった。こうした疑惑から、昭和四八年一月二七日、アメリカ側はベトナム和平協定の調印を機に、作戦計画の一時保留を統幕事務局に通告してきた。これが当時の山中防衛庁長官に報告され、次の坂田長官の時代に日米共同作戦体制をあらためて政府レベルで検討することが日米間で合意された。かくして昭和五三年一一月二八日、「日米防衛協力のための指針」が策定されたのであった（第四巻第一章第四節・第七節、第二章三節参照）。

日米共同作戦計画を作成する段階において、わが国の統合運用体制の不備が明瞭となったことから、防衛庁内局でも防衛二法改正と併行して中央機構改革に関する部内研究が行われていた。この研究では、有事の際に各幕僚監部を統制し、一元的に長官を補佐する機関となる「統合幕僚監部」の設置、統幕・内局の情報部門を集約した「中央情報組織」の新設などが提言されていた[10]。

一方、自民党国防問題研究会も防衛二法について、その制定過程に遡って問題点を明らかにするという方式で研究を進めていた。その中で「文民長官が制服を直接掌握して文民統制が確保されることとなるが、設置法第二〇条（現行設置法第一六条）により長官が直接軍事を掌握できないところに大きな問題がある。中央機構で防衛庁長官と政務次官を補佐するのは、軍事関係では制服であり、防衛行政業務については事務次官以下でなければならない[11]」と指摘していた。

昭和五四年（一九七九年）九月、自民党国防問題研究会は、それまでの研究成果を「防衛二法改正の提言」としてまとめた。その中で、国防中央機構について、次のような措置が必要であると指摘していた[12]。

＊長官が統合幕僚機関を直接掌握するため、内局は防衛行政事務（軍政）事項を、統幕は戦略、行動、訓練運用（軍令）事項を並列して補佐するよう、防衛庁設置法第二〇条を改正すること。

＊三軍統合原則を確立し、戦略の統一、指揮命令の単一、迅速化を図るため、議長の権限を拡大すること。

＊議長は、統合部隊と自衛隊各部隊の行動について、長官の命令を執行すること。

＊議長を、長官に対する最高の助言者とすること。

自民党国防問題研究会の提言は、第一幕僚監部の「保安庁法改正案要綱」や「麻生私案」のエッセンスが網羅されており、したがって、「この段階で、統幕機能強化論の典型的モデルが形成され、主要な論点もまた整理された」と見ることができる[13]。しかし、これが直ちに法律に反映されるには至らなかった。

冷戦が終結し国際安全保障環境が激変したことにより、自衛隊はいよいよ「存在するだけ」では済まされなくなった。現実の国際環境の中で、国益を守り国家の安全を確保するために、「いかに活動すべきか」が問われることとなったからであった。もはや神学論争に明け暮れることは許されなくなり、より現実的な対応が必要となった。

こうした情勢の変化に対応すべく、平成一〇年四月二四日、防衛二法が改正され、統合幕僚会議と議長の権限が次のように拡大された[14]。

＊統合幕僚会議は、大規模災害、「出動時」以外でも「統合運用が必要な場合」に下される指揮命令の基本と統合

調整、統合部隊への指揮命令について、長官を補佐する。

＊議長は、「出動時」以外でも統合部隊が編成される場合、当該部隊に対し長官から下される指揮命令を伝達する。

防衛二法の改正に対応して、「出動時以外において統合運用が必要な場合を定める訓令」（防衛庁訓令第一三号）が制定され、一定の前進を見たことは確かであった。

しかし、このときの設置法改正も、前述の自民党国防問題研究会のまとめた改正要綱を完全に満たしたものではなく、いわば弥縫的改善に過ぎなかった。自衛隊を軍事力として適正に機能させるためには、統合的な運用が不可欠なことは多くの人が認めるところとなり、当面する各種事態に適切に対応できる体制を確立することが必要であるとの認識が広まったことから、ようやく本格的な検討が開始されることとなったのであった。

平成一四年四月五日、中谷元・防衛庁長官から統幕および各幕に対して「統合運用に関する検討」の実施についての長官指示が発せられた。この指示を受けて、統合幕僚会議事務局および各幕僚監部などの要員をもって構成された「統合検討チーム」が設置された。「検討チーム」は、同年七月、検討の成果に関する中間報告を中谷防衛庁長官に提出した[15]。

この中間報告では、議長に三自衛隊を代表する長官補佐権を与えること、各幕僚監部の部隊運用権限を集約し、議長が一元的に長官の指揮命令を伝達・執行すること、自衛隊の運用は「統合運用を基本とする」ことなどを提言するものであった。

中間報告の提言は、従来各幕僚監部が持っていた軍令に関する権限を統合幕僚監部に集約することを意味し、それは各幕僚監部の権限を縮小することに他ならなかった。このため、各幕僚監部側が両手を挙げて賛同したとは言い難く、冷ややかな、或は、懐疑的な見方があったことも否定できない。

**注**：佐久間一・元統合幕僚会議議長（海将）は、「今回の防衛二法による統合化は、『統合を基本とする』としながら『自衛隊のすべての運用を統合化する』ものである。それは、統合を絶対視する統合原理主義と言うべきであろう[16]」と不満の意を表していた。アメリカ海軍第七艦隊との連携を重視してきた海上自衛隊の事情を言外に込めた発言と言えよう。

同年一二月一九日には検討結果の報告書が提出された。この報告書は、それまでの「各自衛隊ごとの運用を基本」とする態勢から「統合運用を基本」とする態勢に移行することの必要性を整理し、「自衛隊の運用に関する軍事専門的見地からの防衛庁長官の補佐の一元化」、「統合運用のための幕僚組織の設置」、「陸・海・空自衛隊の部隊における統合運用体制の強化」についての施策を提言したもので、その概要は次のとおりであった[17]。

＊新たな統合幕僚組織として「統合幕僚長」を長とする「統合幕僚監部」を設置する。

＊「統合幕僚長」に自衛隊最上位者としての長官補佐権を与える。各幕僚監部の部隊運用権限を集約、長官の指揮命令は、「統合幕僚長」が一元的に伝達・執行する。このため、各幕僚監部から運用機能を統合幕僚監部に移管し、各幕僚監部は、防衛力の整備・維持（人事、訓練、後方補給など）を担当する。

＊三自衛隊の主要指揮官（方面総監、自衛艦隊司令官、航空総隊司令官など）を、事態に応じて編成される統合任務部隊（ミサイル防衛、島嶼作戦、大規模災害救援など）の指揮官に指定する。

最終報告は、三自衛隊の関係については「麻生私案」に沿った統幕機能強化の観点からの論点を集大成した内容となっていたが、統合幕僚監部と内局との関係については、「内局の行う政策的見地からの補佐との密接な連携を保持」という表現にとどめ、踏み込んだ言及を避けたものとなっていた。このため、この報告書に基づく改革が実行されたとしても、「文官統制（ビューロクラト・コントロール）」を実質的に担保している「統制補佐権」と「参事官制度」はそのまま存続することとなり、実質的に「文民統制（シビリアン・コントロール）」を棚上げにした「悪しき制度」は何ら変わることがないことが確定的となった。文官官僚の牙城を崩すほどには、政治家の見識が未だ到達していないというのが実情であった。

しかし、平成一六年一二月に決定された防衛計画の大綱（一七大綱）に、統合運用の強化が盛り込まれたことから、事態は大きく進展することが確定的となった。

## 二　統合幕僚監部の新設

平成一七年二月、「統合運用に関する検討」の最終報告書を踏まえた組織改編を行うための防衛二法改正案が国会に提出され、同年七月二九日、可決成立、平成一八年三月三一日までの間において政令で定める日から施行されることとなった。これに伴い、平成一八年三月二七日、統合幕僚監部を中核とする新たな統合運用体制が発足した。

統合運用体制の概要は、次のとおりとなった[18]。

《基本的な考え方》

＊統幕長が、陸上・海上・航空自衛隊を含めた統一的な運用構想を立案し、自衛隊の運用に関する軍事専門的観点からの長官の補佐を一元的に行う。

＊自衛隊の運用に関する長官の指揮は統幕長を通じて行い、自衛隊の運用に関する命令は、統幕長が執行する。

《統合運用に必要な中央組織の整備》

＊統合幕僚長による自衛隊の運用に関する軍事専門的な観点からの長官補佐の一元化と陸・海・空幕長による部隊の造成責任

＊自衛隊の運用に関する長官の命令の統幕長による執行

《統合幕僚監部》

＊統合幕僚監部に、総務部、運用部、防衛計画部、指揮通信システム部の四部、及び、主席法務官、報道官、主席広報官を置く。定員は約五〇〇名とする。

《陸・海・空各幕僚監部》

＊各幕僚監部にあった「防衛部運用課」を「運用支援・情報部運用支援課」（陸・空）、または「防衛部運用支援課」（海）とし、その役割を部隊の造成、後方面の総合調整等とする。

《統合運用体制の充実のための基盤整備》

＊情報本部は、「『庁の中央情報組織』としての役割・地位を明確にするため」長官直轄とする。

統合幕僚監部の新設に伴い、従来、陸・海・空の各幕僚長を通じて行うこととされてきた自衛隊の行動に関する指揮命令が統合幕僚長に集約されることとなった。これは、軍令と政務（軍政）を明確に区分する考え方に基づくものであるが、陸・海・空各幕僚長が「長官に対する最高の専門的助言者」として位置づけられることに変更はなく、したがってその地位も従来と何ら変わるものではなかった。

今回の改革において、自衛隊の行動に関する指揮命令系統が統合幕僚長に一元化され、軍令と軍政が明確に区分されたとはいえ、内局と統幕の関係について何ら踏み込んだ検討が行われなかったこと、陸・海・空各幕僚監部と統合幕僚監部の任務・機能に差異（陸・海・空各幕僚監部は「Force provider」として機能し、統合幕僚監部は「Force User」として機能する）をつけながら、同じ「幕僚監部」という名称を両者がそのまま踏襲するとしたこと、行動命令の「あるべき姿」について何ら検討されなかったことから、「理念」そのものが曖昧となり、全体として中途半端な改革に終わった観は免れ得ない。

## 三　防衛庁から防衛省への移行（防衛省設置法の制定）

国防中央機構を「省」とすることは、自衛隊創設当時からの懸案事項の一つであった。

まず昭和二八年一二月九日の保守三党による第三回折衝において、改進党が提示した「保安庁法改正要綱」には、「保安庁及び保安庁法の名称は適切なものに変更し、保安庁はその重大性に鑑み、新たな設置法を設け、独立した機関とすること」という一項が含まれていた。

同年一二月一三日の第五回折衝においては、「保安庁の組織を独立省とするか否か」を研究決定することが合意され、これに基づき一二月三〇日、衆議院法制局が「自衛隊法案・自衛庁（仮称）設置法案」を作成した。昭和二九年二月一日の三党防衛折衝において、衆議院法制局がまとめた要綱に同意することが合意され、この段階で独立の省とする件は見送られることとなった（第三巻第三章第六節参照）。

その後、国際社会が米ソを中心に東西両陣営が対峙するいわゆる冷戦構造が出来上がり、小さな武力衝突でも全世界を巻き込む紛争に発展する可能性が否定できなくなったことから、結果として大きな武力紛争が回避されてきた。こうした国際情勢も影響して、国防中央機構を抜本的に見直すというような大改革が行われる機運は湧いてこなかった。

**注**：昭和三五年、岸首相は社会党の万田廣文議員の質問に答えて「実は国防省を作れというような議論が一部にあることは確かであります。その議論には、まだその議論を裏付けるような理由も付けられておりません。しかし少なくとも戦後の新憲法のもとにおける防衛というものは、旧憲法のときの軍部、陸海軍とかその他のような立場を絶対に取らしてはならないことは言うまでもありません。従って国防省というような考え方が、ややもすると今万田議員のご懸念になっているようなことも伴う恐れもありますから、そういう問題は軽々にこれを決めるべき問題ではなくして、私自身とし

ては、今のところそういうことを考えておりません」と答弁した[19]。その四年後の昭和三九年二月一一日、池田首相が民社党の小平忠議員の質問に答えて「国防省あるいは防衛省という問題につきましては、これはいま別途に検討を続けておるのであります[20]」と、省昇格の検討を行っていることを明言、同年六月、防衛二法の一部改正案を閣議決定したが、国会の会期が迫っていたこと、池田首相の体調に問題があったこと、社会党が強硬に反対していたこと等により、結局、国会に提出するには至らなかった。その後、防衛問題に意欲的に取り組んでいるとも言われていた中曽根首相は、民社党の柳澤錬造議員から「防衛庁といった国家にとって非常に重要なポジションだと思う思うんですけれども、それを扱っているのが日本の場合には総理府の外局の防衛庁、こういう扱いを受けているのが世界の主要国の中で他にありますか。私はないと思うんです。それで、総理も安全保障の重要性ということはよく説かれるわけですけれども、安全保障がいかに重要かといいながら、それを所管する官庁が総理府の外局で単なる防衛庁、これでは総理がいかに重要性を説いても実態がそれに伴っていないんであって、重要な官庁であるならばそれにふさわしい扱いをすべきだと思うんですけれども、その辺について総理のご意見はいかがですか」と、暗に省昇格を促す質問をしたが、これに対して中曽根首相は「昭和三〇年頃、今の防衛庁設置法を作るについて私参画した一人でございます。そのころからも柳澤さんのご意見のようなご意見もございまして、防衛省にせよ、あるいは国防省にせよ、外局でない省にせよ、そういう議論もありました。しかし、日本の当時置かれている立場、あるいは現在も憲法その他の関係から見て、いろんな立場から見て、総理大臣の直属の庁にしておいたほうが適切であろう、そういう考えに立ちまして今のような防衛庁にしたわけでございます。今、急にこれを変える必要はないんではないか、私はそう思っております[21]」と答弁した。それ以降、この問題が真剣な議論の対象となることはなかった。

平成八年（一九九六年）一一月七日、自民、社民、新党さきがけ三党連立による第二次橋本内閣が成立した。その翌日、橋本首相は、記者会見において、中央省庁再編を柱とする行政改革、国家財政を再建するための財政構造改革など、「五大改革」を提唱、中央省庁の再編を柱とする行政改革については「首相直属の行政改革推進機関の月内設置、平成一三年初めまでに中央省庁の統廃合を行い新体制に移行[22]」という具体的な目標を明らかにした。

同年一一月二九日、橋本首相は「省益、特定業界の利益を排除して、真に国民的で大胆な改革案を作る」として、行政改革会議を発足させた。行政改革会議は、橋本首相自ら会長を務め、官僚ＯＢを排除して会長代理に武藤嘉文行政改革担当大臣兼総務庁長官が就任、委員には、芦田甚之助・日本労働組合総連合会会長、有馬朗人・理科学研究所理事長、飯田庸太郎・行政改革委員会委員長、猪口邦子・上智大学法学部教授、河合隼雄・国際日本文化研究センター所長、川口幹夫・日本放送協会会長、佐藤幸治・京都大学大学院法学研究科教授、塩野谷祐一・一橋大学名誉教授、豊田章一郎・経済審議会会長、藤田宙靖・東北大学法学部教授、水野清・内閣総理大臣補佐官、諸井虔・地方分権推進委員会委員長、渡辺恒雄・読売新聞社代表取締役社長の一三人が任ぜられた[23]。

発足に当たって橋本首相は、国の機能を、①外交、防衛、治安、財政など国家存続のための機能、②経済と産業、国土の保全・開発、科学技術など国富を拡大する機能、③社会福祉、雇用、環境など国民生活を保護する機能、④教育や国民文化を醸成・伝承する機能の四つに分け、二二の省庁を機能ごとに再編成する方針を打ち出した。

平成九年九月三日、中間報告が公表された。この中間報告に至る過程において、各省庁や与党などとの事前すり合わせや調整は一切行われなかった。従来の審議会のように事前に調整をして方針を決めるやり方では思い切った案が打ち出せないとの橋本首相の強い思いがあったからであった。このため「寝耳に水」の省庁などは自民党の族議員と組んで外部から圧力をかけて巻き返しを図ろうとした。防衛機能に関しては、「防衛庁とすべきであるとの考え方と、独立の省としての防衛省に担わせるべきであるとする考え方との両論がある」と指摘するにとどまっていた[24]。

同年一一月一七日から二度目の集中審議が行われ、最終報告が提出された。郵政事業改革、大蔵省からの金融行政分離問題、公共事業担当官庁などの取扱いが焦点となっていた。防衛庁の省格上げは、自民党内では総務会などで昇格を強く求める意見が出たものの、社民党が反対し、最終的には橋本首相が見送りを決定した。かくして防衛庁の省昇格は、当面凍結という結果に終わった。

その後、大きな転機となったのは武力事態対処法の成立であった。平成一五年、小泉内閣は「防衛省設置法案」を国会に提出した。しかし、同法案は、同年一〇月一〇日の衆議院の解散に伴い廃案となった。

平成一八年一月二五日、小泉首相は、参議院本会議において公明党の草川昭三議員の質問に答えて「防衛力の役割、主要な装備品の規模などを定める防衛計画の大綱や中期防衛力整備計画といった国防に関する重要事項は、これまで文民統制の確保の観点から安全保障会議における審議を経て閣議で決定しております。防衛庁の省移行について国民の十分な理解が得られる形で議論が尽くされることが重要であると考えておりますが、引き続き、こうした文民統制の確保に努めるべきことは当然だと思います[25]」との見解をしめした。

その直後に防衛施設庁関連の不祥事が発覚した。一月三〇日、防衛施設庁の幹部職員が、防衛庁庁舎や関連病院の空調工事入札で談合にかかわったとして逮捕された。

これに対して額賀防衛庁長官が素早い対応を見せた。逮捕当日の深夜、防衛庁に「防衛施設庁入札談合再発防止に係る抜本対策に関する検討会」を、施設庁に「防衛施設庁入札談合等に係る事業に対する調査委員会」をそれぞれ立ち上げ、二月一日には「施設庁については原点に返ってこれを解体する[26]」ことを明らかにした。

防衛施設庁の不祥事については、その後も岩国飛行場や佐世保での工事に関連して逮捕者が出たことから、関係職員ＯＢから事情を聴取するなど前代未聞の調査が行われた。これらをまとめて六月には「防衛施設庁入札談合等に係る事案の調査について」と題する報告書がまとめられた。この報告書には「三千百人の全職員が施設庁を解体する中で新しい出発を行うこととする」として、防衛施設庁を解体して防衛庁へ吸収する方針が明示された[27]。これにより防衛庁の陣容が一段と拡大し、国防中央機構の抜本的な組織見直しの必要性を改めて印象づけることとなった。

平成一八年九月二六日、安倍晋三内閣が成立した。安倍首相は「防衛庁の省移行については、我が国の危機管理体制を万全にするため、ぜひ必要であると考えます[28]」と発言、省昇格は必要との態度を鮮明にした。

同年一二月一五日、防衛庁から防衛省に移行する内容を含む改正防衛二法が参議院本会議で与党と民主党、国民新党などの賛成多数で可決・成立、平成一九年一月九日をもって施行されることとなった。

法律が成立した日、久間章生防衛庁長官は、記者会見で「長い間、『防衛庁は政策官庁として脱皮すべきである』と、そう言われながらなかなか実現しなかった。（中略）本当に非常に良いことだと思っております。世界各国とも、単なるエージェンシー（庁）ではなく、ミニストリー（省）として、国の安全を論ずる政策官庁として、これから先、立ち向かっていかなければならないと思っております」と述べた[29]。

**注**：防衛施設庁の解体は、公式には平成一九年九月一日に行われ、同庁の業務は、防衛省内部部局として新設された地方協力局に引き継がれた。

## 四　防衛参事官制度の廃止

防衛省には、防衛参事官という独特の制度があった。一般にわが国の省庁においては、「参事官」は大臣官房や各局に置かれ担当部局の業務のみを行う役職を指しており、防衛省においても、大臣官房に「参事官」（官房参事官）が五人置かれ、防衛書記官をもって充てる（防衛省組織令第一〇条の四）こととされている。

これに対して「防衛参事官」は防衛省本省の大臣直属の役職で、防衛省の所掌事務に関する基本的方針の策定について防衛大臣を補佐することを任務とする（防衛省設置法第七条第二項）ものであった。

第三巻第三章第七節で述べたとおり、この制度が制定されたのは、昭和二九年一月当時、局課制度に代えてアメリカ国防総省の次官補制度のようなものを採用してはどうかという保安庁内局の若手部員の発想を植村官房長が取り上げ提示したことに始まるものであった。これに対して加藤陽三・人事局長らが「局長が長官を補佐するという保安庁法第一八条の趣旨を骨抜きにする意図が見受けられ『文官統制』を壊してしまう」といった理由を挙げて反対したが、木村保安庁長官の強い指示で採用が決まった。ただこの時、加藤らは法案作成に際して、防衛参事官に関する条文を変更することなく、別の条文（長官官房及び各局）の最後に、「官房長及び局長は防衛参事官をもって充てる」という一項を追加した。これにより防衛参事官は「官名」なのか「職名」なのか不明確なものとなり、結局、制度そのものが有名無実の、単に文官官僚の指定職ポストを増加させただけのものとなってしまった。

**注**：「防衛参事官」という用語が用いられたのは中央省庁再編に伴う改正が行われた時からであり、当初は「防衛庁参事官」という用語が用いられていた。本書では、一般の参事官との区別を図る意味ですべて「防衛参事官」と記述している。

その後、冷戦時代が続き、自衛隊が表立って行動する機会がなかったことから、この制度の欠陥について正面から指摘し是正しようとする動きは全く見られなかった。

冷戦が終結し、自衛隊が随所で活動することとなったことから、防衛参事官制度の適否が改めて問われることとなった。

口火を切ったのは、海上幕僚長の古庄幸一海将であった。平成一六年七月、防衛庁内で開催された「防衛力のあり方検討会議」の席上、古庄は石破防衛庁長官に対して文民統制の大幅見直しを提言する「統合運用体制への移行に際しての長官補佐体制」と題する文書を提出した(30)。

**注**：平成一三年九月、防衛庁長官の下に「防衛力のあり方検討会議」が設置され、今後の防衛力のあり方に関連する事項についての検討が行われていた。古庄発言のあった時期は、同検討会議の最終段階であった。

この文書では「文官優位」の体制を見直し、軍政（一般行政）と軍令を明確に区分し、両者を対等の地位におくよう制度の見直しを提言、この観点から「防衛参事官」を最優先で廃止すべきである、廃止が困難な場合は次善の策として統合幕僚長、陸・海・空各幕僚長を参事官に加える処置が必要としていた。また、防衛事務次官の権限を定めた内閣府設置法について、次官の部隊運用の監督機能を削除するとした改正案を提案、改正が実現しない場合、統合幕僚長と事務次官の関係整理が不十分だが、将来の課題とすることも可能としていた。さらに、「長官の指揮監督権限」や「幕僚長の職務」を規定した自衛隊法第八条、第九条についても改正が必然としていた。

これに対して石破長官は七月二日の記者会見で「それぞれの立場で意見を言っている」と述べ、「海幕長個人の提案である」と、冷静に受け止める姿勢を明らかにした[31]。

その石破長官も、「参事官制度とは、そもそもは、見識のある人が長官を支えて補佐し、進退をともにするのが目的、いわゆるポリティカル・アポインティ（政府任用）のスタッフを採用するということである。警察は政府に隷属し、軍隊は国家に隷属する。しかし、その国家とは、行政そのものではない。そうすると防衛庁の場合、長官を補佐するのは普通の官庁と同じでは駄目だということで参事官制度を導入した筈である。ところが「防衛庁設置法」ができたときに、「官房長及び局長は、防衛参事官をもって充てる」としたため、内局の官僚がそのまま防衛参事官に充てられることとなってしまった[32]」と、防衛参事官制度の実態が当初の趣旨と異なっていることに違和感を抱いていた。

古庄海幕長の具申や石破自身の疑問もさることながら、組織の見直しを実際に迫る要素となったのが新たな防衛大綱であった。既述のとおり、新防衛大綱（二一七大綱）は、多機能で弾力的な実効性ある防衛力という考え方に基づいて防衛力を構築するとしており、このような状況に対応し、防衛機能を果たしうる体制を整備する必要があった。その場合、防衛庁長官に対する補佐の体制をどのように確立するかが問われることとなる。こうした観点から、八月に入り「防衛庁の組織に関する検討」が開始されることとなったのであった[33]。

そうした折の九月二三日（秋分の日）、北朝鮮がノドン発射準備をしているらしいとの情報が舞い込んできた。国家としての対応策に多くの不具合がある、しかも総理は外遊中であった。石破長官は、その日予定していた横須賀の潜水艦部隊視察を取りやめて防衛庁で待機することとした。

ところが、この緊迫した状況にあって、参事官のなかに登庁しなかった者がいた。休日とはいえ、事態が緊迫化し長官が部隊視察を取りやめて登庁している、そのような状況下でなぜ参事官が全員そろわないのか。「長官を補佐するはずの参事官が何故登庁してこないのか」と質したのに対して内局の文官官僚は「こういうとき集まる者は決まっていますから」と回答した。石破の疑問は「防衛参事官が全般にわたって長官を補佐する立場にあるのならば、まして、朝から新聞、テレビで『ミサイルが来るかもしれない』という騒ぎになっていれば、登庁するのが当たり前であろう。それをせずに何を補佐すると言うのか(34)」ということにあった。

石破長官の疑問は、「防衛庁の組織に関する検討」に反映される筈であったが、その結果を見ることなく九月二七日の内閣改造に伴って防衛庁を去った。後任には大野功統が任ぜられた。

長官交代によって石破の思いは事実上葬り去られた。一二月にまとめられた「中間報告」では、「防衛参事官制度の在り方」として、「防衛参事官による長官補佐と、各局長、各幕僚長などによる長官補佐との関係を整理しつつ、防衛参事官制度が実効的に機能するよう制度を見直す」とするにとどまり、改革の機運は一歩も二歩も後退した。

防衛参事官制度の見直しの機運が退歩し、再び現状維持に終わるかと思われた矢先に起きたのが防衛施設庁の不祥事（既述）であった。この不祥事を教訓として防衛省の抜本的改革を行うには、大局を正確に把握し適切に処理できる防衛省トップが必要であった。

平成一九年九月二六日、石破茂が防衛大臣に任ぜられた。また、一二月三日には、総理官邸に「防衛省改革会議」が設置された。

**注**：「防衛省改革会議」は、一二月三日に第一回会合を開催、以後、平成二〇年七月一五日までに計一一回開催された。平成二〇年五月二一日に開催された第九回の会合では、石破防衛大臣が「防衛省における組織等の在り方に関する検討状況等について」報告を行った。(35)

平成二〇年七月一五日、「防衛省改革会議」の「報告書」が提出された。この「報告書」では「防衛大臣を中心とする政策決定機構の充実として、防衛参事官を廃止し防衛大臣補佐官を設置すること、防衛会議を法律で明確に位置付けることが盛り込まれた。(36)

長きにわたって維持されてきた防衛参事官制度という「悪弊」がようやく解消された。しかし、古庄の指摘したもう一つの問題、次官の部隊運用の監督機能については検討さえ行われなかった。

**註**

（1）「防衛二法制定当時の問題意識について」　加藤陽三　防衛庁長官官房法制調査室　六頁
（2）同右　七頁
（3）『統合幕僚会議の設置と強化に関する経緯』宮崎弘毅　『新防衛論集（第三巻第二号）』　防衛学会　六九―七〇頁
（4）同右
（5）「防衛二法制定当時の問題意識について」　加藤陽三　防衛庁長官官房法制調査室　七頁
（6）「朝日新聞」（昭和三三年四月四日付朝刊）
（7）「ゴールド・ウォーター・ニコルス法について」千川一司　『鵬友（第二九巻第一号）』　九一頁
（8）「統合幕僚会議の設置と強化に関する経緯」宮崎弘毅　『新防衛論集（第三巻第二号）』　防衛学会　七七―七八頁
（9）「防衛二法制定当時の問題意識について」　加藤陽三　防衛庁長官官房法制調査室　七頁
（10）有事法制シリーズ『国家緊急権の研究』　林茂夫編　晩聲社　一一八―一一九頁

(11)『有事法令研究』　自由民主党国防問題研究会　Vol.4　一七―一八頁
(12)「自衛隊の統合運用（統合幕僚組織の機能強化をめぐる経緯を中心に）」鈴木滋　『レファレンス（平成一八年七月号）』　国立国会図書館　一二九―一三〇頁
(13)同右　一三一頁
(14)同右　一三三頁
(15)同右　一三四頁
(16)『世界週報』（平成一七年九月八日号）
(17)「自衛隊の統合運用（統合幕僚組織の機能強化をめぐる経緯を中心に）」鈴木滋　『レファレンス（平成一八年七月号）』　国立国会図書館　一三五頁
(18)「統合運用に関する検討」成果報告書（平成一四年一二月一九日）」統合幕僚会議　『朝雲』（平成一五年一月九日）
(19)「国会議事録」（昭和三五年五月一六日、衆議院内閣委員会）　国立国会図書館
(20)「国会議事録」（昭和三九年二月一一日、衆議院予算委員会）　国立国会図書館
(21)「国会議事録」（昭和六一年一二月九日、参議院内閣委員会）　国立国会図書館
(22)「朝日新聞」（平成八年一一月九日付）
(23)「中央省庁再編の政策課程」　三留規
(24)同右
(25)「国会議事録」（平成一八年一月二五日、参議院本会議）　国立国会図書館
(26)『防衛省』　能勢伸之　新潮新書　一一四頁
(27)同右　一一五頁
(28)「国会議事録」（平成一八年一〇月一三日、衆議院本会議）　国立国会図書館
(29)『防衛省』　能勢伸之　新潮新書　一一六頁
(30)「朝日新聞」（平成一六年七月四日付朝刊）
(31)同右

(32)『国防』石破茂　新潮文庫　二一三頁
(33)『日本の防衛（平成一七年版）』防衛庁　二九九―三〇〇頁
(34)『国防』石破茂　新潮文庫　二一三頁、同右
(35)『日本の防衛（平成二〇年版）』防衛省　一九三頁
(36)同右　一九七頁

# 第二章

# 政権交代、東日本大震災

# 第一節　民主党政権の誕生

## 一　政権交代の予兆

平成一八年（二〇〇六年）九月二六日、小泉純一郎首相が辞任した。自民党総裁任期満了による退任であった。同日、小泉内閣で官房長官を務めた安倍晋三が後継首相に指名された。

安倍首相は、「戦後レジームからの脱却」を掲げて改正教育基本法を成立させ、防衛庁から防衛省への移行を果たした。安倍が目指す最大の目標が憲法改正であることは誰の目にも明らかであったが、憲法改正のような大改革は、自民党が恒常的に政権の座にあった一九六〇年代でさえ困難であった事実からすれば、今後、決定的な、あるいは地滑り的な変化が生じ、世論の強力な支持を得るような情勢にならない限り達成はとうてい望み得ない。

「大改革は賛否が分かれるものであり、それでも改革を推進するのであれば、その改革如何を問わず評価される高い支持率が不可欠である。一方、内閣支持率が下がれば、これまで支援を惜しまなかった議員が急に離れていく事態も起こり得る」(1)。このような冷徹な政治力学の下でどのような対応が可能であるかが問われていた。

しかし時間の経過とともに、安倍内閣の支持率は、発足当初（九月末）の六三パーセントから一二月には四七パーセントへと、徐々に低下していった(2)。

支持率低下の第一の要因は、郵政民営化に反対して自民党を去った議員一一名の復党を認めたことであった。有権者の多くは、小泉の掲げた郵政民営化に賛成票を投じたのであり、反対した議員の復党は安倍政権に対する不信感の起爆剤となった。

世論が徐々に自民党から離れる中、平成一九年（二〇〇七年）四月の統一地方選挙では自民党が都道府県議会で多くの議席を失い、逆に民主党が躍進した。さらに、安倍内閣の閣僚の不祥事が続発した。事務所費用問題で松岡農水相が自殺、後任の赤城農水相は政治資金規正法違反・事務所移転費問題で世論の非難を浴びた。さらに七月には久間防衛相が原爆投下に関する談話で失言し、その責任をとって辞任した。

平成一九年七月二九日、参議院議員選挙が行われた。民主党は小沢一郎代表を全面に押し出して選挙戦に臨み年金問題などで安倍政権を激しく追及、六〇議席を獲得した。与党は自民党三七議席・公明党九議席にとどまり、参議院では自公が過半数に届かず、民主党が第一党となった。

内閣支持率の低下はさらに進み、八月末には三三パーセント、不支持五三パーセントとなった。安倍首相は、そうした中で、改正テロ特措法を成立させて九月一二日に辞任した(3)。

九月二五日、福田康夫内閣が成立した。参議院で多数を持たない中で、福田内閣は苦しい政権運営を余儀なくされた。法案については衆議院の三分の二の賛成で再可決・成立を果たしたが、同意人事については過半数を失っていたため如何ともなし得なかった。

平成二〇年（二〇〇八年）九月二二日の自民党総裁選において麻生太郎が総裁に選ばれた。これに伴い九月二四日、福田内閣が総辞職、同日、麻生内閣が発足した。発足当初の麻生内閣の支持率は五〇パーセントと、それまでの内閣に比べて決して高いものではなかった。参議院における過半数割れという現実に変わりはなく、国会運営の苦しさは続いていた。内閣支持率は首相本人の失言も災いして低迷状態が続いた。このため、「支持率を回復して衆議院解散を」という目論見は望むべくもなかった。

平成二一年（二〇〇九年）三月三日、東京地検特捜部が小沢民主党代表の公設第一秘書を政治資金規正法違反容疑で逮捕した。このため、小沢が代表辞任を表明、五月一六日には民主党代表選挙が行われ、鳩山由紀夫が岡田克也を破って代表に選出された。

七月一四日、参議院本会議で麻生首相に対する問責決議案が可決された。これに対して、七月二一日、麻生首相は衆議院の解散を断行した。

八月一四日、民主党、社民党、国民新党の三党は、「衆議院選挙に当たっての共通政策」を発表、選挙後の政権運営を視野に入れて動き出した。(4)

## 二　民主党政権の誕生と普天間飛行場移設問題

平成二一年八月三〇日、第四五回衆議院議員選挙が行われ、民主党が総議員の三分の二に迫る三〇八議席を獲得し圧勝した。三〇八議席は、ひとつの党が獲得した議席としては戦後最多であった。また、比例区の得票数も二九八四万四七九九票に達し、わが国の選挙史上で政党名の得票としては過去最高を記録した。(5)

九月一六日、民主党代表の鳩山由紀夫が国会において首相に指名され、同日、民主党、社民党、国民新党の三党連立の鳩山内閣が発足した。連立を組んだのは、選挙前の「衆議院選挙に当たっての共通政策」協議の際の合意に基づくものであり、民主党の議席が不足していたからではなかった。

このときの政権交代は、国政選挙において野党が圧勝したことによるものであり、日本国憲法施行以来初めての出来事であった。

昭和二二年（一九四七年）の総選挙ではどの政党も単独過半数の議席を獲得することができず、衆議院内で他政党との連立を模索する多数派工作が行われ、その結果成立したのが社会党の片山内閣であった。平成五年八月九日に成立した細川護熙内閣は、自民党が過半数を割りながらも依然として衆議院第一党であったにもかかわらず、野党が衆議院の多数派工作によって非自民の七党を結集して衆議院第五党の党首を首相に指名した結果成立したものであり、ひとつの政党が単独で圧倒的民意を得て政権交代を果たしたものではなかった。総選挙によって野党が政権交代を成し遂げるという形の民主党政権誕生は、まさに画期的な出来事であった。

**注**：昭和二二年四月二五日に行われた第二三回衆議院議員選挙における議席数は、社会党一四三、自由党一三一、民主党一二四、国民共同三一であった。[6] また、平成五年七月一八日に行われた第四〇回衆議院議員選挙における議席獲得数は、自民党二二三、社会党七〇、新生党五五、日本新党三九、新党さきがけ一三、公明党五二、民社党一九であった（第四巻第三章第二節参照）。

多くの国民が民主党に強い期待をかけていたことは間違いなかった。鳩山内閣が発足した当初、内閣支持率は、七〇パーセントを超えていた。[7] しかし、普天間飛行場移設問題に関する鳩山首相の無責任ともいえる発言から政権の迷走が始まり、内閣支持率も急激に低下していった。

**注**：民主党は、総選挙前から普天間基地の「県外移設」を求める発言を繰り返していた。ところが、総選挙が終わると、関係閣僚がそれぞれ自らの意見をマスメディアに開示し、政権内がバラバラという印象を国民に与えてしまった。鳩山内閣発足の翌一九日、岡田外相は普天間問題について早急に見直しに着手するとしながらも、県外移設については「目指す姿勢は変わっていないが、あまりに手足を縛ってしまうと結局身動きがとれないことにもなりかねない。少し懐を深くして交渉したい」と、慎重に対話を重ねる考えを示した。同日、北澤防衛相は「県外あるいは国外（移設）という選択肢はなかなか厳しい。沖縄県民の希望は十分理解できるが、限られた日数で解決することは難しい道のりだ」と極めて慎重に発言した。
そうした中、鳩山首相は、「県外移設」を主張していたが、平成二一年一〇月七日には「日米合意の前提がある。その前提のもとに、沖縄県民の皆さんにも理解し得るような形が作れるかどうかが、一番大きな問題」と、従来の主張（県

外移設）から後退したような発言をした。そして、その直後には「前政権の下での合意したものをそのまま認めるという意味で申し上げたわけではない。辺野古とは一言も申し上げていない」と、先の見解を修正するなど、定見のなさを露呈していた。一一月一三日に来日したオバマ大統領との記者会見において「選挙のときに沖縄県民に県外、国外と申し上げたことも事実。そのことで沖縄県民の期待感は高まっている」と述べた。これを危惧するオバマ大統領に「trust me」と、日米合意を尊重する姿勢を示すなど、アメリカと沖縄県民の両方に「いい顔」をする、悪く言えば「二枚舌」とも取れる発言を繰り返した。

普天間飛行場の移設は、橋本龍太郎が政権の座についた時から地道に交渉を繰り返し、小泉政権の時代に「沖縄県宜野湾市辺野古地区にＶ字型滑走路を建設し、そこに移設する」ことで日米間の合意が成立したのであった。沖縄県は、政府の建設予定地よりさらに沖合における建設を求め政府と対立してはいたが、当時の名護市長も建設自体については容認していた。即ち、この日米合意は、安全保障上の要求と地元の負担軽減を何とか折り合いをつけようとする努力の結晶とも言うべきものであった。

軽易に「国外、最低でも県外」と主張した民主党にこの問題についての果たしてどれほどの見識があったのか、どれほどの真剣さでこの問題に取り組んできたのか、それこそが問われるべきであった。仲井真沖縄県知事が北澤防衛大臣と会談した際、「北澤さん、難しいことは考えなくていい。沖縄の人たちの誇りを傷つけないようにだけしてほしい」(8)と語ったという。自民党時代に何とか妥協点を見出して辺野古移設の合意ができたとはいえ、沖縄県民の不満が払拭されての合意だったわけではなく文字通り苦渋の決断であった。それを反古にして基地の「県外移設」を掲げてもそれを実現できる筈もなく、結局、前言を撤回し自民党時代の原案に近い形に戻すことを表明する結果となった。「沖縄県民の誇りを傷つけないように」という同知事の発言は、地位協定等がもたらしている不合理もさることとながら、民主党政権が、本当に沖縄の実態を理解し取り組んでいるようには見えない、その無責任さに憤りを表したものと考えるほうが当たっているのではないのか。さらに、これと前後して行われた名護市長選挙では民主党が推薦した辺野古移転反対派候補が当選し、その時点で原案に戻すことは事実上不可能となっていた。(9) 基地移転問題における迷走が社民党の連立離脱を招き、結果的には鳩山内閣の死命を制することとなった。

議会制民主主義の制度下において前政権の採った政策、特に防衛・安全保障政策は、少なくとも政権の座にあった当時において国民の支持を得ていたものであることを忘れるべきではない。これを覆すことは、新たに政権についた政党が直ちに行うべきこととは言い難い。新たに政権についた政党の任務は、「まず現状を認め」、批判し、必要なば「断絶的でない方法で」目標の修正を行い、それに到達する道筋を具体的に示すことにある。如何に理想的な政策を掲げても、それが具体的妥当性を欠き実行可能性のないものであれば、それは単なる願望でしかなく、政権政党がとるべき政策とは言えない。政策の実現は、その政策目的の妥当性、実現可能性、受入可能性等を検討し、国民（国会）の同意を得て法制化し、予算を準備し、行政の場で執行してはじめて達成される。それができなければ政権の使命を果たしたことにはならない。かかる意味において、普天間問題に対する鳩山首相の態度は、政治家としての資質を問われても仕方がないものであった。

平成二二年六月二日、鳩山首相が政治資金問題に関連して辞任を表明、六月四日には民主党代表選が行われて菅直人が圧勝した。同日、菅は衆参両院で首相に指名され、六月八日、菅直人内閣が成立した。

**注**：この時の菅代表の任期は、鳩山代表の任期満了までとされていたため同年九月には再度代表戦が行われることとなる。

発足当初の菅内閣の支持率は、六四パーセントと高い水準にあった。鳩山が小沢とともに辞任したことが菅を手助けしたと考えられた。(10) しかしその後、マニフェストで掲げていた「政治主導」の実質的後退、財政規律を重視する政策への転換、マニフェストになかった消費税導入の表明などによって内閣支持率は低下しはじめた。

七月一一日、第二二回参議院議員選挙が行われた。民主党は改選議席の五四議席から四四議席に後退、逆に自民党は改選議席の三八議席から五一議席に伸ばしていた。

参議院選挙で敗北を喫した直後の七月二九日に開催された民主党の両院議員総会では、参院選敗北を理由に菅首相の退陣を求める意見が噴出したが、菅首相はこれに応ずることなく九月の代表選出馬を表明した。これに対して、菅に批判的な議員グループが研究会を立ち上げ、菅に対抗する枠組み作りに奔走しはじめた[11]。

八月二五日、小沢が代表選立候補を表明した。小沢に出馬決意をさせたのは鳩山の支援意向であった。鳩山は「小沢を支援するのが大義である」と、このときの心境を語ったという。

九月一四日、民主党の臨時党大会が開催され、代表選の投票が行われた。結果は菅の圧勝であった。代表選の前から、菅は小沢の路線から距離を置いていたが、再選後の党員人事や内閣改造においてそれを一層鮮明にしていった。

党人事では新進党解党の際に小沢と全面対決した岡田克也を幹事長に充てた。外相からの起用であった。これに伴い、それまで幹事長であった枝野幸男を幹事長代行に任じた。敢えて降格させてまで党役員の座にとどめたのは、枝野が岡田と同様、反小沢路線を表明していたことが好感されてのことであった。

内閣改造では、仙谷由人官房長官と野田佳彦財務大臣を留任させ、原口一博総務相、山田正彦農水相を閣僚から外した。原口、山田はいずれも親小沢と見なされる人物であった。こうした脱小沢を鮮明にした人事が好感され、改造菅内閣の支持率は上昇した。

内閣改造を終わり、支持率も上昇に転じたとはいえ、参議院での与党勢力は民主党一〇六議席と国民新党三議席の計一〇九議席であり、過半数の一二四議席には達していなかった。このため菅首相は、公明党との連携を模索、民主党・公明党の間で個別政策ごとの部分連合成立の可能性がかすかに見えていた。しかし、これが実を結ぶ前に思わぬ事態に遭遇することとなった。

## 三　尖閣諸島周辺海域における中華人民共和国漁船の領海侵犯

平成二二年（二〇一〇年）九月七日午前一〇時一五分頃、尖閣諸島最北端に位置する「久場島」北西約一二キロの海域をパトロール中の第一一管区海上保安本部所属の巡視船「みずき」は、不審な行動をとる中華人民共和国籍のトロール漁船（後に「閩晋漁《びんしんぎょ》５１７９」と判明）を発見、同漁船の行為が日本領海内における違法操業であることを確認し直ちに退去命令を発した。

しかし、同漁船はこれを無視して違法操業を続行し、揚網後に漁船の舳先を巡視船「よなくに」に向け、エンジン出力を上げて同巡視船の左舷後部に接触しそのまま逃走した。

これに対して同海域で「よなくに」と行動を共にしていた巡視船「みずき」が追跡を開始した。「みずき」は並走しながら同漁船に対して停船命令を発したが、同漁船は「みずき」の右舷に船体を接触、なおも逃走を続行した。

九月八日、海上保安庁は、強硬接触した同漁船を拿捕し船長を公務執行妨害で逮捕し石垣島に連行した。また、船長を除く船員を乗船させたまま同漁船を石垣島に回航させた。(12)

九月九日、船長は那覇地方検察庁石垣支部に送検され取り調べが開始された。

**注**：外国船舶がわが国領海内において違法操業または目的不明で徘徊していることが確認され、「外国人漁業の規制に関する法律」、「領海等における外国船舶の航行に関する法律」に違反している疑いがある場合、停船命令を発して立ち入り検査を行い、違反していた場合には罰則が適用される。停船命令に応じず逃走した場合は「漁業法違反（立ち入り検査忌避罪）」によって懲役または罰金に処せられる。(13)しかし、尖閣諸島の領海については、外交上の配慮から、例外として領海外への退去命令にとどめる措置が取られてきた。このときは、当該漁船が二度にわたって衝突を繰り返すなど悪

質性が認められたことから、「公務執行妨害」による逮捕となった。

同日、中華人民共和国外務省の姜瑜・副報道局長は、「釣魚島（尖閣諸島）は中華人民共和国の領土である」として「その海域で操業していた漁船に日本の国内法が適用されるなどばかげており無効だ。無条件で船員と漁船を即時解放し事態のさらなるエスカレートを避けるべきだ」との見解を発表した。(14)

さらに、「関係海域周辺の漁業生産秩序を維持し、漁民の生命・財産を保護する」ことを目的として、「同海域に向けて漁業監視船をすでに派遣した」と発表した。(15)

**注**：この漁業監視船は、農業部漁業局の「漁政２０１」と「漁政２０２」であり、七日に出航して一〇日から一七日までの間、尖閣諸島の接続水域に侵入・徘徊し、海上保安庁の巡視船やヘリコプター、海上自衛隊のＰ—３Ｃ対潜哨戒機から監視・警告を受けた。

中華人民共和国政府は、事件発生当日以降四回にわたって北京駐在の丹羽宇一郎大使を呼び出し、日本側の措置に強硬に抗議、船長・船員の即時釈放を要求してきた。同政府は、呼び出しの回を追うごとに、胡正躍外交部助理（次官補）、宋濤外交部副部長（外務次官）、楊潔篪外交部長（外務大臣）、戴秉国国務委員（副総理級）と、対応者を逐次高位の人物に代えて圧力を強めてきた。この中で、戴秉国国務委員による呼び出しは、一二日未明（午前〇時：日本時間の午前一時）という異例のものであったという。(16)

この段階まで、菅首相をはじめと関係閣僚は「国内法で粛々と判断する」と、逮捕と起訴に積極的な姿勢であったが、中華人民共和国政府の抗議声明発表が公表された後、仙谷官房長官は軸足を釈放に移していった。

この件に関する中華人民共和国政府の対日圧力は、抗議だけにとどまらなかった。まず、東シナ海ガス田開発交渉の延期を通告してきた。また、七日の農業部漁業局の漁業監視船「漁政２０２」の派遣に続いて、国土資源部国家海洋局所管の海監総隊の「海監５１」等二隻を周辺海域に繰り出し、一一日から一三日までの間に海上保安庁の測量船と対峙し同測量船の海洋調査を妨害した。(17)

こうした中、九月一三日、わが国政府は、参考人として事情聴取していた船員一四名を中華人民共和国政府のチャーター機で帰国させ、差し押さえていた漁船も同政府側に返還した。同時に、船長については、拘留期限を一九日まで延期することを決定し、「外国人漁業の規制に関する法律」違反の容疑でもさらに事情聴取を継続し、司法手続きを進める意向を表明した。(18)

九月一九日、検察による船長の二度目の拘留延期が決定された。この段階で那覇地検が、船長を起訴する方針を固めつつあることが明らかになった。

同日、中華人民共和国政府は、「日本との閣僚級の往来を停止」、「航空路線増便の交渉中止」、「石炭関係会議の延期」、および「日本への中国人観光客の規模縮小」という報復措置を決定した。

九月二二日早朝、中華人民共和国首相から、船長の釈放要求があった。同日午前、検察首脳会議を二四日に開催することが決定された。この日、菅首相および前原外相は、第六五回国連総会に出席のためニューヨークに向けて出発した。菅首相は、国連総会において一般演説を行うことが決まっていた（現地時間・二四日に実施）。

九月二三日、外務省職員が、仙谷官房長官の了解のもと、この件で那覇地方検察庁を訪問した。同日、中華人民共和国政府が次のような報復措置を決定していたことが判明した。(19)

＊トヨタの販売促進費用を賄賂と断定し罰金を科すことを決定

＊二一日からの開催が予定されていた「日本人大学生の上海万博招致の延期」を通告

＊南京滞在のフジタの社員四名を「許可なく軍事管理区域を撮影した」として身柄を拘束

＊レアアースの対日輸出を「複数の税関で通関業務を意図的に遅延させる」という手法で事実上停止

九月二四日午前一〇時、検察首脳会議が開催され、船長の釈放が決定された。那覇地方検察庁は、「わが国国民への影響や今後の日中関係を考慮して、船長を処分保留で釈放」する旨発表した[20]。これにより、船長は「不法上陸」扱いとなり、入国管理局による国外退去手続きが進められた。

仙谷官房長官は、「船長の釈放は検察独自の判断で行われた」と述べ、これを容認する姿勢を明らかにした。また、同日昼過ぎに柳田法務大臣と会談したことについて「全く別件だ」と釈放決定への関与を否定、「日中関係は重要な二国間関係だ。戦略的互恵関係の中身を充実させるよう両国とも努力しなければならない」と、関係修復に努める考えを明らかにした。さらに、釈放決定について民主党内からも批判が出ていることについては、「承知していない」と述べた[21]。

国連総会出席のためアメリカ滞在中の菅首相は「検察当局が事件の性質などを総合的に考慮して、国内法に基づき粛々と判断した結果だと認識している[22]」と述べ、「弱腰外交」との批判が出ていることについては「(今回の事件の対応は)歴史に堪え得るものだ」との見解を示した。また、前原外相も「国内法に則って対応した検察の判断に従う」と述べた[23]。

九月二五日未明、中華人民共和国のチャーター機が石垣空港に到着、船長はこのチャーター機で福建省の福州に送還された。

**注**：船長は、帰国した際にVサインで出迎えた人々に挨拶し、現地報道機関に「尖閣諸島は中国領であり、自身の行為は合法である」と語って英雄扱いされた。一〇月二〇日には地元福建省泉州市の道徳模範に選ばれた。しかし、その後は、当局から尖閣諸島周辺への出漁を禁止され、自宅も監視下に置かれたという[24]。

九月二九日、民主党の細野豪志衆議院議員が「個人的な理由」で中華人民共和国を訪問した。細野の訪問に関して菅首相や前原外相は、「政府はかかわっていない」と、尖閣諸島問題との関係を否定していたが、後日、仙谷官房長官が民間人コンサルタントの篠原令に中華人民共和国との橋渡しを依頼して実現した訪問であったことが判明した。この訪問において、細野と篠原らが戴秉国国務委員らと会談し、「衝突事件のビデオを公開しない」、「仲井真沖縄県知事の尖閣諸島視察を中止する」という戴秉国国務委員の要求に同意する密約を結んだ。この件には仙谷官房長官も同意していた(25)。

一一月一日、中華人民共和国の漁船がわが国巡視船に衝突したときの映像が六分五〇秒に短縮・編集され、閲覧者を衆議院予算委員会の一部の議員に限定して開示された。

衝突事件の映像が衆議院予算委員会で限定的に開示されてから三日後の一一月四日、四四分にわたる漁船衝突時の映像が「sengoku38」と名乗る人物によって「YouTube」上に流された。この映像には、漁船が意図的に巡視船に衝突を試みている状況が鮮明に映し出されており、漁船側に非のあることは誰の目にも明らかで、釈放の不当性は覆うべくもなかった。

平成二二年一一月二六日、参議院本会議で仙谷官房長官、馬淵国土交通相の問責決議案が可決された。

**注**：一一月一〇日、四三歳の海上保安官が「sengoku38」を名乗って映像を流出させたことを認めた。一一月一五日、映像の秘密性は低いとして映像流出にかかる逮捕は見送られ書類送検にとどめられた。

**注**：これ以降は、那覇地検が船長に対する公務執行妨害容疑の不起訴を決定したのに対して、これを不服とするジャーナリスト山際澄夫の申し立てがあり、那覇検察審査会が起訴相当を決定、二名の弁護士が検察官役の指定弁護士に指定された。しかし、被疑者である船長の引き渡しが見込めないことから、公判は困難と判断された。平成二四年五月一日、那覇地方検察庁は船長について公訴棄却を決定した。

今回の事件では、政府の方針が果たして国益を考慮して決定されたものといえるのか、外交方針は誰がどのようにして決定しているのかなど多くの疑問を残すこととなった。

政府は船長の釈放について「検察独自の判断」を強調していたが、菅首相も前原外相も釈放決定を事前に承知していたことは疑うべくもなく、仙谷官房長官の意向を菅首相や前原外相が追認したものに違いなかった。

**注**：平成二五（二〇一三年）年九月二四日、仙谷官房長官が「法務当局」に対し、公務執行妨害で逮捕された船長の釈放を水面下で働きかけていたことが明らかにされた。仙谷は「当時の大野恒太郎法務次官に状況を説明し、（船長の取扱いについて）できることがあるのか、ないのか、検討してほしいというニュアンスの話はした」と語った。平成二二年一一月に横浜市でアジア太平洋経済協力会議（ＡＰＥＣ）首脳会議を控え、中国側が欠席することに危機感を抱いた菅首相（当時）から、解決を急ぐよう指示があったという[26]。

検察は、当初から船長の起訴は可能と判断し、拘留期限を延長するなど起訴に向けて準備を進めていた。しかし、二四日午前の閣議の後、仙谷官房長官が柳田法相に船長の釈放を求めたため、大林宏検事総長の指示の下に那覇地検が釈放を発表するに至ったのであった[27]。

法務省幹部は、船長釈放は「末代までの恥」であるとして、釈放理由に「外交関係に配慮して」という趣旨を入れることを強く要求したという。その結果、「法と証拠に基づいて」ではなく「今後の日中関係を考慮して」との文言が挿入されることとなった。こうした決定について、外相を除く外務省の政務三役（副大臣、政務官）は、事前にまったく知らされていなかったという[28]。

## 註

（１）『政権交代』　小林良彰　中公新書　一五頁
（２）同右。「朝日新聞」（平成一八年一二月一二日付）
（３）『政権交代』　小林良彰　中公新書　一八頁
（４）「朝日新聞」（平成二一年八月一五日付朝刊）
（５）「朝日新聞」（平成二一年八月三一日付朝刊）
（６）『近代日本総合年表（第三版）』　岩波書店　三六〇頁
（７）「朝日新聞」（平成二一年九月一八日付）
（８）『日本に自衛隊が必要な理由』　北澤俊美　一九八頁
（９）『政権交代』　小林良彰　中公新書　四六頁
（10）同右　五八頁
（11）同右　六五頁
（12）「朝日新聞」（平成二二年九月九日付）
（13）『海上保安六法（平成二七年版）』　海事法令研究会編著　成山堂書店　一一四頁
（14）「朝日新聞」（平成二二年九月一〇日付）
（15）「朝日新聞」（平成二二年九月一〇日付）
（16）「朝日新聞」（平成二二年九月一三日付・夕刊）
（17）「朝日新聞」（平成二二年九月九日付）
（18）「朝日新聞」（平成二二年九月一四日付）
（19）「朝日新聞」（平成二二年九月二一日、二四日付）
（20）「ＭＳＮ産経ニュース」（平成二二年九月二四日付）
（21）「ウォールストリート・ジャーナル」（平成二二年九月二四日付）ウォールストリート・ジャーナル・ジャパン
（22）「共同通信社四七ＮＥＷＳ」（平成二二年九月二五日付）

（23）同右
（24）「毎日新聞」（平成二三年一〇月二二日付）、「ＭＳＮ産経ニュース」（平成二三年九月七日付）
（25）「毎日新聞」（平成二三年一一月八日付）
（26）「読売新聞」（平成二五年九月二五日付）
（27）「ＭＳＮ産経ニュース」（平成二二年九月二四日付）
（28）同右

## 第二節　「平成二三年度以降に係る防衛計画の大綱」

### 一　「新たな時代の安全保障と防衛力に関する懇談会」の発足

平成二一年（二〇〇九年）、当時まだ政権与党であった自民党は、北朝鮮の核実験や弾道ミサイル発射実験、中華人民共和国の空母建造をはじめとする著しい軍備拡張、ロシアの軍事力の復調傾向等の周辺国の軍事情勢や、国際平和協力業務等の増加といった新たな情勢下にあっては、これまでの防衛体制（態勢）では適正に事態に対応できなくなるとの判断の下に、「平成二二年度以降に係る防衛計画の大綱」について政府に提言した。(1)

**注**：「平成一七年度以降に係る防衛計画の大綱」では、防衛力のあり方は概ね一〇年後までを念頭に置くと明示するとともに、大綱について、策定の五年後または情勢に重要な変化が生じた場合に、検討の上必要な修正を行うこととしていた。

この提言には、防衛費縮減の撤回、陸上総隊の新設、武器輸出三原則の見直し、集団的自衛権にかかる憲法解釈の変更などが盛り込まれていた。

ところが既述のとおり、同年八月の第四五回衆議院議員選挙において自民党が大敗し、民主党政権が誕生したことから、この提言は実を結ぶことなく葬り去られることとなった。(2)

同年九月、鳩山由紀夫内閣が誕生した。鳩山は防衛計画大綱の見直しに積極的な姿勢を示し、年内の見直しを目指す方針を明らかにしたが、そのわずか三週間後の一〇月九日、これを翌年末まで先送りすると発表、同月一六日、先送りを正式に決定した。(3)

平成二二年（二〇一〇年）二月一六日、鳩山首相は、「平成一七年度以降に係る防衛計画の大綱」の見直しについては、国家の安全保障にかかる重要課題であり、政権交代という歴史的転換を経て、新しい政府として十分な検討を行う必要がある。この検討に資するため、内閣総理大臣のもとに「新たな時代の安全保障と防衛力に関する懇談会」を設置し、安全保障と防衛力の在り方に関係する分野の有識者を委員として、また、同分野に関する行政実務上の知識を有する者を専門委員として参集を求める方針を明らかにした(4)。

この懇談会を立ち上げるに当たり、委員は首相から依頼のあった者から任用され、委員の中から首相が座長を依頼する、座長は必要に応じて座長代理を指定する、懇談会には必要に応じて関係者を出席させることができる、などが示された。また、懇談会の庶務事項は、関係省府の協力を得て、内閣官房が処理することとされた。座長には、佐藤茂雄が、座長代理には白石隆が選ばれた。

懇談会のメンバーは次のとおりであった。

［委　員］

＊岩間陽子（政策研究大学院大学教授）
＊佐藤茂雄（京阪電気鉄道株式会社代表取締役ＣＥＯ取締役会議長）
＊白石　隆（独立行政法人日本貿易振興機構アジア経済研究所所長）
＊添谷芳秀（慶応義塾大学法学部教授）
＊中西　寛（京都大学大学院法学研究科教授）
＊広瀬崇子（専修大学法学部教授）
＊松田康博（東京大学東洋文化研究所准教授）
＊山本　正（財団法人日本国際交流センター理事長）

［専門委員］
＊伊藤康成　（三井住友海上火災保険株式会社　顧問、元防衛事務次官）
＊加藤良三　（日本プロフェッショナル野球組織コミッショナー、前駐米大使）
＊斎藤　隆　（株式会社日立製作所特別顧問、前統合幕僚長）

懇談会の第一回会合には、鳩山首相も出席、佐藤座長に対して「企業家精神で日本の安全保障政策に新風を吹き込んでもらいたい」と述べ、各委員に対しては「様々な角度から中長期的な視野で検討願いたい」と、検討の指針となる要望が示された[5]。

一方、北澤防衛大臣はこの懇談会に対して「装備産業の基盤整備をどう図るか議論してもらいたい」と、武器輸出三原則の見直しを要望したことを明らかにした。

懇談会は計九回開催され、政府側からは、外務省の別所浩郎・総合外交局長、梅本和義・北米局長、防衛省の高見澤将林・防衛政策局長、徳地秀士・運用企画局長らが説明員として出席し所掌事項について説明した[6]。第五回の会合では、技術基盤の整備に関する検討が行われた。

平成二二年八月二七日、第九回（最終回）の会合が開催され報告書がまとめられた。報告書の要旨は次のとおりであった[7]。

**新たな時代における日本の安全保障と防衛力の将来構想……「平和創造国家」を目指して**（要旨・抜粋）

本報告書において、「新たな時代における日本の安全保障と防衛力に関する懇談会」は、日本がその平和と安全を守り、繁栄を維持するという基本目標を実現しつつ、地域と世界の平和と安全に貢献する国であることを目指すべきであること、別言すれば、日本が受動的な平和国家から能動的な「平和創造国家」へと成長することを提唱する。

第一章　安全保障戦略

第一節　目標

安全保障上の目標は、日本の安全と繁栄、日本周辺地域と世界の安全と繁栄、自由で開かれた国際システムの維持である。日本の安全と繁栄のためには、日本の経済力の維持・発展、経済活動、移動の自由などの保証が必要となる。

シーレーンの安全維持は、日本および世界共通の利益である。自由で開かれた国際システムの維持について、日本は国際秩序の維持と国際規範の遵守のため世界の主要国と協力を深める必要がある。また、個人の自由と尊厳といった普遍的、基本的価値は守られなければならない。

第二節　日本をとりまく安全保障環境

グローバルな安全保障環境の趨勢としては、①経済的・社会的グローバル化、それに伴う国境を越える安全保障問題、平時と有事の中間のグレーゾーンにおける紛争の増加、②（中国、インド、ロシア等）新興国の台頭、米国の圧倒的優越の相対的後退による世界的なパワーバランスの変化と国際公共財の劣化、③大量破壊兵器とその運搬手段の拡散の危険の増大、④地域紛争、破綻国家、国際テロ、国際犯罪等の問題の継続などである。

第三節　戦略と手段

外交・安全保障の領域において日本が目指すべき国の「かたち」あるいはアイデンティティは「平和創造国家」と言える。

日本がその安全保障目標を実現する戦略と手段としては、日本自身の取り組み、同盟国との協力、そして多層的な安全保障協力がある。

軍事力の役割が多様化する中、防衛力の役割を侵略の拒否に限定してきた「基盤的防衛力」概念は有効性を失った。武器輸出三原則等による事実上の武器禁輸政策ではなく、新たな原則を打ち上げて防衛装備協力、防衛援助を進めるべきである。

第二章　防衛力のあり方

第一節　基本的考え方

（上略）従来の装備や部隊の量・規模に着目した「静的抑止」に対し、平素から警戒監視や領空侵犯対処を含む適時・適切な運用を行い、高い部隊運用能力を明示することによる「動的抑止」の重要性が高まっている。今日では、基盤的防衛力構想から脱却し、多様な事態が同時・複合的に生起する「複合事態」も想定して踏み込んだ防衛体制の改編を実現することが必要な段階に来ている。本格的な武力侵攻対処のための最小限のノウハウ維持を考慮する必要はあるが（中略）重要度・緊急度の低い部隊、装備が温存されることがあってはならない。

第二節　多様な事態への対応

今後自衛隊が直面する多様な事態には、①弾道ミサイル・巡航ミサイル攻撃、②特殊部隊・テロ・サイバー攻撃、③周辺海・空域および離島・島嶼の安全確保、④海外の邦人救出、⑤日本周辺の有事、⑥これらが複合的に起こる事態（複合事態）、⑦大規模災害・パンテミック（感染症）等が含まれる。

第三節　日本周辺地域の安定の確保

防衛省・自衛隊は、日米安保体制下での米軍との緊密な協力という前提の下、日本周辺地域の安定のために、①情報収集・警戒監視・偵察活動（ＩＲＳ）の強化、②韓国、オーストラリア等との防衛協力や多国間協力の促進、中国やロシア等との防衛交流・安保対話の充実、③ＡＲＦ（ＡＳＥＡＮ地域フォーラム）やＡＤＭＭ（ＡＳＥ

ＡＮ国防相会議）プラス等の地域安全保障枠組みへの積極参加、といった取り組みが必要である。

第四節　グローバルな安全保障環境の改善

自衛隊は、グローバルな安全保障環境の改善のため、①破壊国家・脆弱国家の支援、国際平和協力業務への参加の推進、②テロ・海賊等国際犯罪に対する取り組み、③大規模災害に対する取り組み、④ＰＳＩ（拡散に対する安全保障構想）での連携強化を含むＷＭＤ（大量破壊兵器）・弾道ミサイル拡散問題への取り組み、⑤グローバルな防衛協力・交流の促進を進めるべきである。

第五節　防衛力の機能と体制

日本の防衛力整備は具体的に、地域およびグローバルな秩序の安定化、複合事態への米国と共同での実効的対処、平時から緊急事態への進展に合わせたシームレスな対応を目指すべきである。

日米同盟における両国の役割分担の観点からは、自衛隊は米軍との相互補完性の強化をすべきであり、さらにＰＫＯ活動等自衛隊が自らの責任で任務を遂行できる範囲を広げていくことも重要である。

自衛隊は多様で複合的な事態に的確に対応するため、統合の強化と拡大が必要である。また、必要とされる能力を高める一方で、優先度の低い装備や態勢は見直す「選択と集中」が必要である。さらに、長距離輸送能力の強化をはじめとする国際任務に適合的な能力の増強、持続的な活動を可能にする部隊交代・後方支援態勢を確保すべきである。

第三章　防衛力を支える基盤の整備

第一節　人的基盤

防衛省は、少子高齢化時代の自衛隊の人的基盤に関する課題について早期に具体的な制度設計を行い、人的基盤の整備に着手すべきである。

第二節　物的基盤

国内の防衛産業が国際的な技術革新の流れから取り残されないためには、装備品の国際共同開発・共同生産に参加できるようにする必要があり、国際の平和と日本の安全保障環境の改善に資するよう慎重にデザインした上で、武器禁輸政策を見直すことが必要である。

第三節　社会的基盤

自衛隊や日米同盟は、国民一般の支持と、防衛施設所在地域の住民の理解や支援なしには有効に機能しえない。国民の支持拡大のため、政府は国民への正確な情報、適切な説明を提供する責任がある。

沖縄の米軍基地問題については、過剰な負担に配慮しつつ、日米政府間で緊密に連携し、取り組んでいく必要がある。地域住民にとって目に見える負担軽減策として、防衛施設の日米共同使用化に取り組むべきである。

第四章　安全保障戦略を支える基盤の整備

第一節　内閣の安全保障・危機管理体制の基盤整備（略）

第二節　国内外の統合的な協力体制の基盤整備

国内外の課題に取り組むため、政府部内の協力、中央・地方間の協力、官民の協力により、オール・ジャパン体制を構築していく必要がある。

日米安保体制をより一層円滑に機能させていくために改善すべき点は、自衛権行使に関する従来の政府の憲法解釈との関わりがある問題も含まれる。日本として何をなすべきかを考える、そういう政府の政治的意思が重要であり、自衛権に関する解釈の再検討はその上でなされるべきものである。

冷戦終結直後に考え出された日本の国際平和協力の実施体制は時代の流れに適応できない部分がある。ＰＫＯ参加五原則の修正について積極的に検討すべきである。必要であれば従来の憲法解釈を変更する必要がある。国際平和協力活動に関する基本法的な恒久法を持つことが極めて重要である。

第三節 知的基盤の充実・強化

日本は安全保障分野で国際的に活躍し得る新たな人材供給に努めるべきである。

総理大臣は、危機対応時を含め、安全保障に関わる政府の考えや施策をタイムリーにかつ明確に発言しなければならず、対外発信の補佐体制の強化が必要である。日本では民間部門が強い発信力を誇ってきた。今後もこうした知的基盤を維持・強化することが、日本の対外発信能力強化の鍵となる。

懇談会の報告書は、基盤的防衛構想、武器輸出三原則、武力行使に係る憲法解釈の見直しが含まれており、わが国の安全保障上の主要な問題点が概ね盛り込まれたと見てよいものであった。

## 二 「平成二三年度以降に係る防衛計画の大綱」の策定

「新たな時代の安全保障と防衛力に関する懇談会」の最終報告書「新たな時代における日本の安全保障と防衛力の将来構想……『平和創造国家』を目指して」が菅総理大臣に提出されたことにより、政府レベルでの本格的な作業が開始されることとなった。

**注**：防衛省では、鳩山首相が年内に大綱見直しを行う意向を明らかにした時点で、北澤防衛大臣の指示で作業を開始[8]したが、策定が翌年末まで先送りされることとなったため、省内の作業日程もこれに合わせて修正していた。

平成二二年九月一四日、安全保障会議において「防衛計画の大綱見直し等に関する検討の進め方」が決定された。安全保障会議は、これ以降、新たな安全保障環境等、わが国の安全保障の基本方針、防衛力の役割等、防衛生産・技術基盤等について逐次審議を進めていった。

政府レベルの検討における公式の舞台は安全保障会議であったが、同会議の主要メンバーである北澤防衛大臣、前原外務大臣、野田財務大臣、仙谷官房長官の四名は、安全保障会議以外の場でも議論を戦わせていたという。当時防衛大臣であった北澤俊美は「(四名の大臣が) 二〇回近く集まって議論し、大綱の内容を決めていった。それぞれの仕事が終わってから、夜、ホテルに集まって、直接議論をした。安住淳防衛副大臣にも参加してもらったが、ある意味、政治主導で作成したといえる。ただ、政治家だけで決めていった訳ではない。各省の幹部職員も来て、サポートしてくれた。私にも高見澤将林《のぶしげ》・防衛政策局長などが控えてくれていた。作業の段取りとしては、まず議論のたたき台を事務局が作ってくれた。この事務局には、民主党の長嶋昭久・元政務官と吉田州司・衆議院議員、そして学識経験者が参加していた[9]」と述べている。この四名が、自民党における国防部会の役割と同様な働きを果たしていたと見ることもできる。

「大綱」策定に際して特に考慮を払うべき事項が三点あった。その第一は、わが国を取り巻く安全保障環境の実態を広く国民に理解してもらうことであった。念頭には中華人民共和国や北朝鮮の恫喝的ともいえる行動があった。第二は、こうした中で、わが国が独自の防衛態勢を強化し、国土を守る強い意思を同盟国のみならず周辺諸国に伝えることであった。第三は、南西諸島という具体的な戦略正面（地域名）を明示し、自衛隊の防衛力整備・運用方針を明記し、恫喝的行動を止めない周辺諸国に対する抑止力を強化することであった。

こうした観点から焦点となったのが、第一に南西諸島の防衛態勢をどのようにして強化すべきかであった。第二に日米同盟において、わが国が果たす役割を実態に即したものとして明示できるかどうかにあった。

**注**：平成二一年四月、北朝鮮が弾道ミサイルを発射した際、日本海北部で配置についていたアメリカ海軍のイージス艦から自衛隊に対して「ロシアの偵察機を排除してほしい」との要請があった。ミサイル追尾信号やレーダー波、通信など

イージス艦の情報を収集しようと、ロシア軍機が接近していたからであった。しかし、空自の戦闘機が緊急発進できるのは「外国機が日本の領空を侵犯する恐れがある場合」に限られている。イージス艦の情報収集が目的のロシア機が領空侵犯する可能性は低い。防衛省が戦闘機の指向をためらっている間に、しびれを切らしたアメリカ軍は、三沢（青森県）のF―16戦闘機を発進させた。日本有事でなければ、同盟国の要請にさえ応じられない。これがわが国の現実であることを見せつけた場面であった。「尖閣諸島には日米安全保障条約が適用される」というアメリカ側の意思が確認され、アメリカ軍の存在が改めて見直された。台頭する近隣国への対応を巡っては、これまで以上に日米の連携が重要となる。(10)

第三に財政上の問題があった。所要を満たす防衛力を建設しようとすれば、その財源を確保しなければならない。限られた予算の枠内で、所要を満たすために何ができるかが問われていた。焦点となったのが陸上自衛隊の定員削減であった。陸自は当初、南西諸島の防衛態勢強化などを理由に一万名以上の増員を要求していた。その後、増員要求を数千名規模に下げたが、定員を現員の一四万一〇〇〇名に近づけるよう求める財務省と対立していた。(11)これに対して政治レベルでどのような判断を下すのかが焦点であった。南西諸島の陸自を増員しても制海・制空権を確保できなければ抑止力を強化できない、自衛隊全体のバランスを考えれば陸自の定員や戦車・火砲を一層削減すべきである。陸自は他国に比べて幹部や中堅が多く若手が少ないなどの実態が定員削減を求める理由であった。

政府レベルの検討は、懇談会の報告書等を参考に行われたことから、その内容も概ね報告書の路線を踏襲したものとなっていた。しかし、既述のとおり、懇談会の発足から報告書提出までの間に、平成二二年六月二日には普天間基地移設問題等の不手際で鳩山内閣が瓦解し、後継の菅内閣も同年九月七日に起きた尖閣諸島における巡視船と漁船との衝突事件において対応に不手際があり、これが原因で支持率が急落していた。円滑な国会運営のためには社民党との連立維持が欠かせなかったことから、武力行使に係る憲法解釈の見直しはもちろんのこと、武器三原則の見直しも、社民党に配慮して「大綱」に盛り込むことを断念せざるを得なくなり、「基盤的防衛力構想」に代えて「動的防衛力構想」を盛り込むに留めることとなったのであった。「大綱」の概要は次のとおりである。(12)

**平成二三年度以降に係る防衛計画の大綱**

Ⅰ　策定の趣旨（略）

Ⅱ　我が国の安全保障における基本理念

我が国の安全保障の第一の目標は、我が国に直接脅威が及ぶことを防止し、脅威が及んだ場合にはこれを排除するとともに被害を最小化すること。第二の目標は、アジア太平洋地域の安全保障環境の一層の安定化とグローバルな安全保障環境の改善により脅威の発生を予防すること。第三の目標は、世界の平和と安定及び人間の安全保障の確保に貢献することである。

日本国憲法の下、専守防衛に徹し、他国に脅威を与えるような軍事大国とならないとの基本理念に従い、文民統制を確保し、非核三原則を守りつつ、節度ある防衛力を整備するとの基本方針を引き続き堅持する。

核軍縮、不拡散のための取り組みに積極的・能動的な役割を果たしていく。核兵器が存在する間は、核抑止力を中心とする米国の拡大抑止は不可欠であり、その信頼性の維持・強化のために緊密に協力していく。

Ⅲ　我が国を取り巻く安全保障環境

1　民族・宗教対立、領土や主権、経済権益等をめぐり、武力紛争に至らないようなグレーゾーンの紛争は増加する傾向にある。

中国・インド・ロシア等の国力増大ともあいまって、グローバルなパワーバランスに変化が生じているが、米国は引き続き世界の平和と安定に最も大きな役割を果たしている。

２　北朝鮮は、大量破壊兵器や弾道ミサイルの開発、配備、拡散等を継続するとともに、大規模な特殊部隊を保持し、朝鮮半島で軍事的な挑発行動を繰り返している。

中国は国防費を継続的に増加し、核・ミサイル戦力や海・空軍を中心とした軍事力の広範かつ急速な近代化を進め、戦力を遠方に投射する能力の強化に取り組んでいるほか、周辺海域で活動を拡大・活発化させており、軍事や安全保障に関する透明性の不足とあいまって、地域・国際社会の懸念事項となっている。

ロシアは、極東地域の軍事力を冷戦終結以降大幅に縮減したが、軍事活動は引き続き活発化の傾向にある。

３　我が国は、広大な海域を有し、外国からの食糧・資源や海外の市場に多くを依存する貿易立国でり、我が国の繁栄には海洋の安全確保や国際秩序の安定等が不可欠である。

４　大規模着上陸侵攻等の本格的な侵略事態が生起する可能性は低いものの、我が国を取り巻く安全保障課題や不安定要因は、多様で複雑かつ重層的なものとなっている。

Ⅳ　我が国の安全保障の基本方針

１　我が国自身の努力

①　基本的な考え方（略）

②　統合的かつ戦略的な取り組み

情報収集・分析能力の向上に取り組み、サイバー攻撃への対応能力を強化する。安全保障会議を含む内閣の組織・機能・体制等を検証した上で、国家安全保障に関し、閣僚間の政策調整と首相への助言等を行う組織を首相官邸に設置する。国連平和協力活動の実態を踏まえ、ＰＫＯ参加五原則等、参加の在り方を検討する。

③　我が国の防衛力……動的防衛力

防衛力は我が国の安全保障の最終的な担保であり、我が国に直接脅威が及ぶことを未然に防止し、脅威が及んだ場合にはこれを排除するという国家の意思と能力を表すものである。

平素から情報収集・警戒監視・偵察活動などの適時・適切な運用を行い、高い防衛能力を明示しておくことが、抑止力の信頼性を高める重要な要素となってきている。防衛力の存在自体による抑止効果を重視した従来の「基盤的防衛力構想」によることなく、より実効的な抑止と対処を可能とする活動を能動的に行い得る動的なものとしていくことが必要である。即応性、機動性や柔軟性などを備え、軍事技術水準の動向を踏まえた高度な技術力と情報能力に支えられた動的防衛力を構築する。

厳しい財政事情を踏まえ、本格的な侵略事態への備えとして保持してきた装備・要員を始めとして自衛隊全体にわたる装備・人員・編成・配置等の抜本的見直しによる思い切った効率化・合理化を行ったうえで、真に必要な機能に資源を選択的に集中して防衛力の構造的な変革を図り、限られた資源でより多くの成果を達成する。また、人事制度の抜本的な見直しにより、人件費の抑制・効率化とともに若年化による精強性の向上を推進し、人件費の比率が高く、自衛隊の活動経費を圧迫している防衛予算の構造の改善を図る。

## ２　同盟国との協力

我が国の平和と安全を確保するためには、今後とも日米同盟は必要不可欠である。駐留米軍の軍事的プレゼンスは、地域における不測の事態の発生に対する抑止及び対処能力として機能し、アジア太平洋地域の諸国に大きな安心をもたらしている。日米同盟を新たな安全保障環境にふさわしい形で深化・発展させていく。日米間で安全保障環境の評価を行いつつ、共通の戦略目標及び役割・任務・能力に関する検討を引き続き行うなど、戦略的な対話及び具体的な政策調整に継続的に取り組む。地域における不測の事態に対処する米軍の抑止及び対処力の強化を目指し、日米協力の充実を図るための措置を検討する。米軍の抑止力を維持しつつ、沖縄県をはじめとする地元の負担軽減を図るための具体的措置を着実に実施する。

３　国際社会における多層的な安全保障協力

①　アジア太平洋地域における協力

米国の同盟国であり、我が国と基本的な価値及び安全保障上の多くの利益を共有する韓国、オーストラリアとは、二国間及び米国を含めた多国間の協力を強化する。ＡＳＥＡＮ（東南アジア諸国連合）諸国との安全保障協力を維持・強化していく。アフリカ、中東から東アジアに至る海上交通の安全確保等に共通の利害を有するインドを始めとする関係各国との協力を強化する。中国との間では、戦略的互恵関係の構築の一環として、様々な分野で建設的な協力関係を強化することが極めて重要との認識の下、中国が国際社会で責任ある行動をとるよう、同盟国等とも協力して積極的な関与を行う。

②　国際社会の一員としての協力（略）

Ⅴ　防衛力の在り方

１　防衛力の役割

①　実効的な抑止及び対処

平素からわが国及びその周辺において常時継続的な情報収集・警戒監視・偵察活動（常続監視）による情報優越を確保するとともに、各種事態の展開に応じ迅速に対応する。本格的な侵攻事態に備え、不確実な将来情勢の変化への必要最小限の備えを保持する。

島嶼部への攻撃に対しては、機動運用可能な部隊を迅速に展開し、平素から配置している部隊と協力して侵略を阻止・排除する。巡航ミサイル対処を含め、島嶼周辺における防空態勢を確立するとともに、周辺海域における航空優勢及び海上輸送路の安全を確保する。

②　アジア太平洋地域の安全保障環境の改善（略）

③　グローバルな安全保障環境の改善（略）

２　自衛隊の態勢

部隊等の即応性を高め、統合運用を円滑に実施し得るようにする。

３　自衛隊の体制

①　基本的な考え方

冷戦型の装備・編成を縮減し、部隊の地理的配置や各自衛隊の運用を適切に見直すとともに、南西地域も含め、警戒監視、洋上哨戒、防空、弾道ミサイル対処、輸送、指揮通信等の機構を重点的に整備し、防衛態勢の充実を図る。予算配分についても、縦割りを排除し、総合的な見地から思い切った見直しを行う。陸上自衛隊の作戦基本部隊（師団・旅団）及び方面隊の在り方について総合的に検討する。本格的な侵攻事態への備えについては、最小限の専門的知見や技能の維持に必要な範囲に限り保持する。

②　体制整備に当たっての重視事項

自衛隊の配備空白地域になっている島嶼部について、必要最小限の部隊を新たに配備し、部隊が活動を行う際の拠点、機動力、輸送能力及び実効的な対処能力を整備することにより、島嶼部への攻撃に対する対応や周辺海空域の安全確保に関する能力を強化する。

③　各自衛隊の体制

ア　陸上自衛隊　島嶼部の防衛についても重視するとともに、部隊の編成及び人的構成を見直し、効率化・合理化を徹底する。

イ　海上自衛隊　弾道ミサイル攻撃からわが国全体を多層的に防護し得る機能を備えたイージス・システム搭載護衛艦を保持する。周辺海域の哨戒を有効に行い得るよう、増強された潜水艦部隊を保持する。

ウ　航空自衛隊　能力の高い新戦闘機を保有する戦闘機部隊、航空偵察部隊、国際平和協力活動等を効果的に実施し得る航空輸送部隊及び空中給油・輸送部隊を保持する。弾道ミサイル攻撃から我が国全体を多層的に防護し得る機能を備えた地対空誘導弾部隊を保持する。

Ⅵ　防衛力の能力発揮のための基盤

①　人的資源の効果的な活用

自衛隊全体の人員規模及び人員構成を適正に管理し、精強性を確保する。士を増勢し、幹部及び准曹の構成比率を引き下げ、階級及び年齢構成の在り方を見直す。第一線部隊等に若年隊員を優先的に充当するとともに、その他の職務について最適化された給与等の処遇を適用するなど、国家公務員全体の人件費削減の方向性に沿った人事施策の見直しを含む人事制度改革を実施する。

②　装備品等の運用基盤の充実（略）

③　装備品取得の一層の効率化（略）

④　防衛生産・技術基盤の維持・育成

安全保障の重要性の観点から、真に国内に保持すべき重要なものを特定し、その分野の維持・育成に注力して、選択と集中の実現により安定的かつ中長期的な防衛力の維持整備を行うため、防衛生産・技術基盤に関する戦略を策定する。

⑤　防衛装備品をめぐる国際的な環境変化に対する方策の検討

平和への貢献や国際的な協力において、自衛隊が携行する重機等の装備品の活用や被災国等への装備品の供与を通じて、より効果的な協力ができる機会が増加している。国際共同開発・生産に参加することで、装備品の高性能化を実現しつつ、コストの高騰に対応することが先進諸国で主流になっている。このような大きな変化に対応するための方策について検討する。

⑥　調和（略）

Ⅶ　留意事項

１　大綱に定める防衛力の在り方は、おおむね一〇年後までを念頭に置き、情勢に重要な変化が生じた場合には必要な修正を行う。

［別表］（略）

## 三　「二二大綱」の問題点

今回の「大綱」（「二二大綱」）は、政権が自民党から民主党に交代した後に策定されたものであったが、情勢認識、安全保障の基本方針等主要な事項において従来の路線から大きく逸脱する内容は含まれなかったと見ることができる。確かに、「基盤的防衛力」から「動的防衛力」への転換が取り入れられたが、「基盤的防衛力」の見直しは麻生政権当時の「安全保障と防衛力に関する懇談会」でも議論されていたのであり、政権党が民主党であれ自民党であれ、いずれ問題となる事項であったというべきであろう。

しかし「基盤的防衛力構想」からの転換を図ったことは、「新たな問題」を提起しているように思われる。そもそも「五一大綱」で初めて登場した「基盤的防衛力構想」は、財政上の困難性、敗戦に伴う国民感情への配慮といった観点から、「防衛力の不足を敢えて（政治の責任において）看過するための論理」、「ごまかしの論理」といわれても仕方がない一面があった。したがってこれを転換し、新たな構想を取り入れることは健全な歩みであると言うことができるが、その一方で、大規模な直接侵略の可能性が当面遠のいていると認識されたこの時こそ、「軍事力の基盤・核心」、従来と異なる意味の「基盤的防衛力」とは何かをもう一度考えてみる必要があったのではないのかという思いを捨てきれない。

それは対脅威の防衛力整備を目指せ（復帰せよ）という意味ではない。「基盤的防衛力構想」を批判する観点から議論された、当面可能性のある脅威への対処所要を満たすか満たさないか、あるいは超えるか超えないかという視点ではなく、それが防衛力の「コア（核心）」であり、かつ、にわかに造成できない重要な部分であるならば、それを「基盤的防衛力」として維持しなければならないという考え方もあってよいのではないか、ということである。それは場合によっては、当面の脅威への対処能力を超えることもあり得る。敢えて言うならば「〝新〟基盤的防衛力構想」とでもいうべき性格のものである。一九九〇年代初頭、冷戦終結に伴うアメリカ軍の再編に当たって、コーリン・パウエル統合参謀本部議長が提唱した「基盤戦力」[13]がこれに近いかもしれない。

見通しうる将来大規模な侵略事態は考えにくいから防衛力を縮小する、それは一面正しいであろうが、しかし、当面は生起の可能性が低いとしても、遠い将来において可能性を否定できない脅威に対処する準備として、「コア（核心）」となる部分を「戦力として効力を発揮できるレベルで」維持しておくことは決して怠ってはならない重要事項である。国の防衛に「想定外」は絶対に許されないからである。

かかる観点から気になる一つの事例が、陸上自衛隊の部隊改編に加えて人員削減を打ち出した点である。今回の「大綱」では、「陸上自衛隊の作戦基本部隊（師団・旅団）及び方面隊の在り方について総合的に検討する」、「本格的な侵略事態への備えについては、最小限の専門的知見や技能の維持に必要な範囲に限り保持する」としている。これは、懇談会報告書にある「本格的な武力侵攻対処のための最小限のノウハウ維持を考慮する必要はあるが（中略）重要度・緊急度の低い部隊、装備が温存されることがあってはならない」という考え方を取り入れたものであろう。この表現からは、本格的な武力侵攻事態対処については、「ノウハウを維持する程度」、即ち、「サンプルを残す程度」と考えているのではないかという疑念を拭い去ることができない。さらに、今後、事あるごとに限りなく削減されてしまうのではないかという心配も生まれてくる。果たしてそれで良かったのであろうか。「重要度・緊急度の低い部隊・装備」とは何を指しているのか。目先の事象に幻惑されることなく、原点に立ち返って、改めて考えてみる必要があるように思えてならない。

そもそも「五一大綱」における「基盤的防衛力」は、既述のとおり、防衛力の不足を敢えて（政治の責任において）看過するというものであった。「削減するまでもなく不足していた」ことを忘れるべきではあるまい。

「百年兵を養うはこれ一日がためなり」という言い古された言葉は、現代国際社会の実情を見るとそのまま適用できるとはいい難いが、それでも「根源的に重要なものは何か」を問うているように思われてならない。

自衛隊にとって「本業」は「戦闘」である。ＰＫＯや災害派遣は、誤解を恐れずに敢えて言えば「副業」でしかない。しかも本業の能力が低下すれば副業の遂行もおぼつかない。逆に、副業の能力をもって本業を遂行できるという保証はどこにもない。「防衛計画の大綱」を策定するに当たっては、このことを決して忘れてはならないと思うのである。

**注**：香川県に「有心酒造」という会社がある。社名から判るとおり、もともと酒造りから出発した会社（安政元年創業）であるが、最近の売り上げは化粧品や医薬部外品等が主であり、酒造は全社売り上げの一〇パーセント程度に過ぎない。あるテレビ番組で、若い女子アナウンサーから「なぜお酒の製造を止めないのですか」ときかれたとき、徳山孝社長は即座に「本業だからです」と答えていたのが印象的であった。酒造り以外の製品はすべて醸造発酵技術を基にしたものであり、「そのノウハウの根源は酒造にある」という社長の揺るがぬ信念が伝わってきたからである。

**注**：忘れられない一文がある。平成一三年秋頃、読売新聞の秋岡信彦・論説委員が書いた「懐かしきわが駆け出し時代の教訓」という次のようなエッセイである。(14)

全国各地の支局に、今春入社の新人記者たちが赴任して、半年余が過ぎた。四〇年ほど前、新潟支局でのわが駆け出し時代を思い出す。赴任した一九六二年（昭和三七年）の大晦日。当夜の支局の、寂しい宿直は当然ながら新人にお鉢が回ってきた。酒の酔いに任せてせんべい布団にくるまった。しんしんと冷え込んで、ふと目が覚めた元日未明、外は一面の銀世界だった。これが「三八・一豪雪」の予兆だった。何日も降り積もった雪で、しだいに被害が拡大した。線路や幹線道路の除雪、生活物資の輸送など、自衛隊の大掛かりな救援活動が始まった。今なら当たり前だが、「六〇安保」を経たばかりで、当時の世間の目は自衛隊に厳しかった。

頼もしい活躍ぶりを記事にしつつ、まだ学生気分の抜けない身としては、一言理屈をこねたくなった。雪が降り続く夜、長岡市内の自衛隊露営地で、たき火を囲んで休息中に、

「銃を捨てて、国土建設隊にでも衣替えしては」と、旧軍出身のある師団幹部に議論を挑んでみた。

彼の答えが忘れられない。

「今、手にしているのは確かにシャベルとモッコだ。しかし、自衛の目的も武器もない集団がこれほどの規律をもって働くと思うかね」

青臭い新米記者には、もはや返す言葉はなかった。昨今、ＰＫＯ論議が紛糾するたびに、あの夜の露営地での情景を思い出す。

**註**

（１）「ＭＳＮ産経ニュース」（平成二二年六月二日付）
（２）同右
（３）「読売新聞」（平成二二年一〇月一〇日付）、同（平成二二年一〇月一六日付）
（４）「新たな時代の安全保障と防衛力に関する懇談会の開催について」　内閣総理大臣決裁　平成二二年二月一六日
（５）「懇談会議事要旨（第一回）」
（６）「懇談会議事要旨（第二回―第八回）」

（7）「懇談会議事要旨（第九回）」
（8）「読売新聞」（平成二一年九月二三日付）
（9）『日本に自衛隊が必要な理由』　北澤俊美　角川ｏｎｅテーマ21
（10）「読売新聞」（平成二二年一一月二五日付）（筆者が一部修文）
（11）「読売新聞」（平成二三年一一月二一日付）（社説）
（12）『日本の防衛（平成二三年版）』　防衛省　四四六―四五一頁
（13）『冷戦後の米軍事戦略』　マイケル・クレア著・南雲和夫・中村雄二訳　かや書房　四六頁
（14）「読売家庭版・コミー」（二〇〇一年一一月号）　二八頁

# 第三節　東日本大震災

## 一　東日本大震災発生

◇三月一一日　一四時四六分

平成二三年（二〇一一年）三月一一日一四時四六分頃、三陸沖を震源とするマグニチュード（Ｍ）９・０の大地震が発生、宮城県下では震度７を観測するなど、強い揺れは北海道から東北、関東、中部地方にまで及び、国内外の観測史上最大級の地震となった。[1]

**注**：震源地は、北緯三八度〇一分、東経一四二度〇九分の海底、深度二四キロメートル（暫定値）、最大震度七（宮城県北部）、深度六強（宮城県南部・中部、福島県中通・浜通り、茨城県北部・南部、栃木県北部・南部）、震度六弱（岩手県沿岸南部・内陸北部・内陸南部、福島県会津、群馬県南部、埼玉県南部、千葉県北西部）

同日一四時四九分、気象庁は津波警報（大津波）を発表した。警報の範囲は、岩手県、宮城県、福島県、青森県太平洋沿岸、茨城県、千葉県など東日本全域から西日本の太平洋沿岸部に及んだ。

**注**：最初に発表された津波警報における予測は次のとおりであった。[2]
- 津波警報（大津波）　岩手県、宮城県、福島県……高いところで三メートル以上の津波が予想される。
- 津波警報　北海道太平洋沿岸中部、青森県太平洋沿岸、茨城県、千葉県、九十九里・外房、伊豆諸島
- 津波注意報　北海道太平洋沿岸東部・西部、青森県日本海沿岸、千葉県内房、小笠原諸島、相模湾・三浦

半島、静岡県、愛知県外海、三重県南部、和歌山県、徳島県、高知県、宮崎県、種子島・屋久島地方、奄美諸島、トカラ列島

・津波到達予想時刻・予想される津波の高さ

岩手県　すでに到達と推測　三メートル
宮城県　一五時〇〇分　六メートル
福島県　一五時一〇分　三メートル

一五時三〇分、津波警報が更新（到達時刻、波の高さの更新）された。巨大津波は日本列島太平洋側の沿岸全域に及び、最大一〇メートルに及ぶと予測された。津波警報は、このあと数度にわたって更新され、そのつど予測規模が増大していった。

**注**：津波が最初に到達したのは、釜石沖であった。以下、各地の状況は次のとおりであった。

・一五時一二分、釜石沖…六・八メートル（ＧＰＳ観測値）
・一五時一三分、宮古沖…六・三メートル（ＧＰＳ観測値）
・一五時一五分、気仙沼広田湾沖…六・〇メートル（ＧＰＳ観測値）
　福島小名浜沖…一・八〇メートル
・一五時一八分、大船渡…八・〇〇メートル
・一五時四四分、えりも町鹿野…三・五メートル
・一五時五一分、相馬…九・三メートル
・一五時五五分、仙台新湊…最大一〇メートル

## 二　首相官邸・防衛省、関係機関等の初動

◇首相官邸・危機管理センター……三月一一日、発災直後

首相官邸地下の危機管理センターでは、発災直後から伊藤哲朗内閣危機管理監（元警視総監）を中心に内閣安全保障・危機管理室（通称「安危室」）の要員が情報収集を開始した。関係省庁からは緊急参集チームの要員が次々と参集しはじめた。同日一四時五〇分、官邸対策室が設置された。

**注**：危機管理センターは、政府の危機管理活動の中枢となる施設で、各省庁の縦割り行政が対応の障害になったという阪神淡路大震災の教訓をもとに設置が決まった。首相官邸の地下一階にあり、平時から二四時間体制で情報収集に当たっている。緊急時には、同センターの幹部会議室に、内閣危機管理監、内閣官房副長官（安全保障・危機管理担当）を中心に、官邸連絡室、官邸対策室が設置される。災害が極めて大きい場合、内閣総理大臣の判断で災害対策本部が設置され、各省庁の局長級からなる「緊急参集チーム」が構成され、ここで必要な措置が決定され実行に移されることとなっている。

**注**：緊急参集チームは、事態別に参集範囲が決められている。内閣府政策総括官（防災担当）、警察庁警備局長、消防庁次長、防衛省運用企画局長など関係省庁の局長級が充てられる。

発災当時、参議院決算委員会に出席していた菅首相は、一四時五五分、一旦官邸の執務室に戻り、その後地下一階の危機管理センターに姿を見せた。菅首相は同センター幹部会議室の首相席についたが、着席後まもなく幹部会議室の奥にある「総理専用室」へ移動した。「総理専用室」では、東京電力、保安院、原子力安全委員会の最高幹部等からの報告が頻繁に行われることとなった。福島第一原発が緊急事態に陥る可能性があったからであった。(3)

菅首相の関心が原子力災害に集中したことから、危機管理センターの全般統制を実質的に担うこととなったのは枝

野幸男官房長官であった。枝野の指揮の下で帰宅難民受け入れのための公共機関の施設や学校の解放等の措置が直ちに開始されることとなった。この段階では、地震または津波による被災者の救助や震災全体の災害対策について、官邸から自衛隊に対する指示は極めて少なかったという[4]。

一五時〇〇分、緊急参集チームの第一回目の協議が行われ、同時一八分には次のとおり協議確認事項が発表された[5]。

１　被害情報の収集に万全を期すとともに人命救助を第一義として住民の避難、被災者の救援救助活動に全力を期す。

２　被害状況に応じ、緊急消防援助隊、警察広域緊急援助隊、自衛隊の災害派遣部隊、海上保安庁の救援救助部隊、災害派遣医療チーム（ＤＭＡＴ）等による被災地への広域応援を行い、被災者の救援・救助をはじめとする災害応急対策に万全を期す。

３　災害応急対策の実施に当たっては、地方自治体と緊密な連携を図る。

４　被災地の住民をはじめ、国民や地方自治体、関係機関が適切に判断し行動できるよう、的確に情報を提供する。

５　災害応急対策を政府一体となって推進するための緊急災害対策本部の設置に向けて準備を進める。

一五時一四分、緊急災害対策本部の設置が決定された。その直後の一五時二七分、菅首相から北澤防衛大臣に対して「自衛隊は最大限の活動をすること」との指示が発せられた。

一五時三七分、第一回緊急災害対策本部の会議が開催された。会議では、まず本部長の菅首相の発言、各省庁からの報告に続いて、内閣危機管理監から提示された「災害応急対策に関する基本方針」が了承された。基本方針は次のとおりであった[6]。

災害応急対策に関する基本方針

一　災害応急活動を円滑に行えるよう、関係省庁は情報の収集を迅速に行い、被害状況の把握に全力を尽くす。
二　人命救助を第一に、以下の措置により被災者の救援・救助活動、消火活動等の災害応急活動に全力を尽くす。
（一）全国から被災地に、自衛隊の災害派遣部隊、警察広域緊急援助隊、緊急消防援助隊、海上保安庁の部隊および災害派遣医療チーム（ＤＭＡＴ）を最大限派遣する。
（二）応急対策に必要な人員、物資等の緊急輸送路を確保するため、高速道路や幹線道路等の通行路の確保に全力を挙げる。
（三）救援・救助活動等の応急対策を適切に進めるため、必要に応じて航空情報（ノータム）の発出等により、関係機関、関係団体の協力の下、被災地上空およびその周辺空域における航空安全の確保を図る。
三　被災地住民の生活の復旧等のため、電気、ガス、水道、通信等のライフラインや鉄道等の交通機関の復旧に全力を挙げる。
四　応急対応に必要な医療物資、食糧、飲料水および生活必需品、並びに緊急輸送路・ライフライン等の復旧のための人員、物資を確保するため、全国からの官民一体となった広域応援体制を確保する。
五　被災地住民をはじめ、国民や地方自治体、関係機関が適切に判断し行動できるよう、的確に情報を提供する。

◇防衛省（防衛大臣、統合幕僚監部、陸・海・空各幕僚監部）……三月一一日、発災直後
発災当時、参議院決算委員会に出席していた北澤防衛大臣は院内の政府控室に入り、一四時五〇分、電話で防衛省災害対策本部の開設を指示した。同時に、被災地の状況を可能な限り正確に把握すること、被災した岩手、宮城、福島の各県と密接に連携をとり迅速に対応することを指示した。これに対して折木良一統合幕僚長からは、これら各県

庁に所定の部隊からすでに連絡員が派遣されていることが報告された[7]。

**注**：平成二〇年六月一四日、宮城県内陸地震があり、同日から八月二日まで自衛隊の災害派遣が実施された。この時の教訓を生かすため、同年秋、陸上自衛隊東北方面総監部の主催により「大規模災害対処訓練」（宮城県沖を震源とするマグニチュード八の地震を想定）が実施されていた。この訓練には、警察、消防、各自治体、医療機関、ＮＴＴ、学校なども参加していた[8]。このため、自衛隊と各県防災担当部署との連携が円滑にできる体制が整えられていた。

防衛省では発災当時、Ａ棟一一階の事務次官室で情報委員会が行われていた。出席者は、中江公人次官、折木良一統合幕僚長、火箱芳文陸上幕僚長、杉本正彦海上幕僚長、岩崎茂航空幕僚長や情報本部長、内局から防衛政策局長らであった[9]。

発災に伴い会議は中断、折木統幕長らは一斉にそれぞれの執務室（折木は地下の指揮所）に向かった。すでにエレベーターは停止していたため階段を降りることとなった。階段を降りながら火箱陸幕長は折木統幕長に「陸上自衛隊の部隊を集めますから」と、統幕の命令がなくとも陸幕独自の判断で動き出す旨を口頭で伝えた[10]。

統合幕僚監部が創設されて、行動時の自衛隊の運用は統合幕僚監部（＝フォース・ユーザー）の所掌となり、各幕僚監部は「フォース・プロバイダー」即ち、部隊の錬度維持向上、行動に必要な部隊を準備し提供する等の立場に変わっていた。従って、厳密に言えば、陸幕長が行動時に部隊を独自に動かすことはあり得ない筈であった。

火箱は、陸上自衛隊の運用権限は統合幕僚監部にある。陸幕長は、部隊を統幕長に差し出すのみなのだ。陸幕長は、総指揮官ではない。しかし、このような「国家の危機的事態」の際は、方面規模ではなく全国規模で作戦を立て行動しなければならない。侵略やテロに対する防衛上の隙間を空けずに、最大規模の災害派遣を実行する作戦を立て、全国の部隊が緊急に出動できる態勢を作らねばならない。自分がその役割を担うしかない。たとえそれが「越権行為」、「超法規的行為」と誹られ、処分されても「やるしかない」と判断した。この時火箱は、栗栖弘臣第一二代陸幕長の記者会見での発言を思い起こしながら、自らの「辞任の弁」を考えていたという。[11]

陸上自衛隊の部隊を動かすには相当の時間がかかる。しかも、統幕が幕僚監部として発足してから未だ日が浅く、幕僚の数を見ても態勢を十分に整えているとはいい得ずその能力に限界がある。こうした実情と現実に起きている非常事態を考えれば、陸幕独自で初動対処を進めることはやむを得ないことと火箱は考えたのであった。

**注**：この時の火箱陸幕長の心境と判断を麻生幾は、著書『前へ』の中で次のように描写している。

「陸上自衛隊は、遠方で演習中の部隊も多く、集めて部隊編成を完結するだけでも大変である。しかもあと数時間すれば日没となる。早く、活動の明示を各部隊にしなければならないのだ。今、自分が決断しないと、全国から支援部隊を集めなければ、この大震災では、人命救助で致命的な遅れとなる。初動の一時間の遅れが、一日〜二日の遅れとなるのだ。日本の運用態勢は、一両の車両を動かすにも大臣命令が必要。そういうことはもちろん頭に重々刻み込まれている。それでも、今、自分がメジャーコマンダーにならなければならない。統合幕僚監部で陸海空を一括運用することが二〇〇六年に決まったが、まだその機能は十分ではない。幕僚の数も少なすぎる。おそらく、巨大なオペレーションとなるこの作戦には耐えられない筈だ。自分の行動が批判の真っ直中に放り込まれることを覚悟した。クビかもしれないとも思った。辞任会見のセリフさえ脳裏をよぎった」[12]

火箱は、まず君塚東北方面総監に電話し「東北方面隊に全員非常呼集をかけること、県知事の要請がなくてもすぐに行動を起こすこと、隊員を現地に集中させることを指示した。同時に、東北に全国の部隊を集める。東北方面総監はそれを指揮せよ」と告げ電話を切った。

続いて各方面総監に直接電話し、直ちに派遣すべき部隊、当面現地にとどめるべき部隊を指定した。西部方面総監には第四師団（福岡）、第五施設団（福岡）を出すこと、第八師団（熊本）、第一五旅団（沖縄）は南西防衛の備えとして動かさないことを、中部方面総部幕僚長（方面総監はヘリで視察中）には第三師団（伊丹）を残し、第一〇師団（名古屋）、第四施設団（宇治）を出すこと、第一三旅団（広島）、第一四旅団（善通寺）を集結させておくことなどを、東部方面総監には第一師団（練馬）を残しておくこと、第一二旅団（群馬）を最優先で被災地に投入すべきこと、残留部隊は全力で兵站支援を行うことを、北部方面総監には第二師団（千歳）を直ちに出すこと、岩手に大規模兵站基地を設置し支援することなどをそれぞれ直接命じた[13]。

海幕長の杉本正彦海将も部隊に対して「全艦出航命令」を発していた。定期検査中の艦艇を除きすべての艦艇に就航を命ずる措置であった。

海幕長に対して陸幕長から、護衛艦「ひゅうが」で北海道の第二師団を秋田まで輸送できないかとの要請があったが、「ひゅうが」は定期検査のため横浜造船所に回航されており、直ちに復旧するとしても出航までに二日かかる見込みのため要請に応えることができなかった[14]。

空幕の対応も早かった。即時に対応できる航空支援集団隷下の輸送機部隊（各輸送航空隊）や救難部隊（航空救難団隷下の各救難隊・ヘリ空輸隊）は直ちに被災者救出に向けて発進していた。

一方、このような非常時、特に気がかりなのが「空の防衛」であった。航空自衛隊は、空からの脅威に即時に対応すべく常時警戒態勢を維持している。それは、今、大震災に見舞われるという非常時であってもおろそかにすることはできない、警戒監視機能を組織として能動的に維持しておく必要があった。そうした中で、次の課題は、本格的な部隊の投入をどのように進めるかであった。

**注**：空幕の気がかりを証明するかのように、発災から六日後の三月一七日、ロシア軍のＩＬ―20電子偵察機やSu―27戦闘機がわが国領空に急接近した。さらに、二七日にも、震災対応一〇万名体制の下での「余力」を瀬踏みするかのように同

様の偵察行動を繰り返した。わが方は小松基地等から要撃機を緊急発進させて通常通り対処した。ロシア側がわが国の航空警戒態勢、その「余力」をチェックしていることは明らかであった。

こうした行為は南西海域でも発生した。三月二六日、東シナ海の日中中間線付近で、中華人民共和国の国家海洋局所属の海洋調査船搭載のヘリ「Ｚ９」が、警戒監視中の海上自衛隊の護衛艦「いそゆき」に急接近し、「いそゆき」を牽制するかのように上空を旋回したあと飛び去ったという。

◇陸上自衛隊東北方面総監部（仙台）……三月一一日、発災直後

総監室で幕僚から業務報告を受けていた東北方面総監・君塚栄治陸将は、直ちに隷下全部隊に「非常呼集」を命じ態勢強化を図った。指揮所に入った君塚は、緊急発進した「映像伝達装置搭載ヘリ」から送られてきた津波の凄まじい映像に事態の重大さを直感した。君塚は、「普通の波じゃない。我々が長年恐れていた大津波がついに来たと思った」と後日のインタビューで語っている。[15]

火箱陸幕長からは「全国から部隊を集めて援助する。東北方面総監はそれを指揮して事に当たれ」との口頭指示を受けていた。

君塚は「東北方面隊は全員、非常呼集、海岸へ向かって走れ」と命じた。具体的に任務を付与するまでもなく、当面の任務、東北方面隊の現時点の使命は「人命救助に尽きる」と判断していた。

東北方面隊では、以前から災害対処演習（「みちのくアラート」と呼称）を実施していた。[16]こうした積み重ねによって、隷下各部隊は何を準備し、どのように対応すべきかを迅速に判断することができた。総監から「ＧＯ」の号令がかかっただけで、迅速に、無駄なく動き出すことができた所以はここにあった。

◇陸上自衛隊中央即応集団（Central Readiness Force）司令部（朝霞）……三月一一日、発災直後

陸上自衛隊中央即応集団（ＣＲＦ）司令官の宮島俊信陸将は、指揮所に入ってくる情報を見て、災害の規模が未曾有のものとなると直感した。「これに対処するためには、もはやマニュアルは通じないだろう。自衛隊はかつてない規模で対応しなければならない」というのが宮島の判断であった。

発災直後の一五時一〇分、東電福島第一、第二原発の原子炉が自動停止した。一五時四二分、原子力安全・保安院は、政府に対してこの件を報告した。いわゆる「一〇条通報」（原子炉の自動停止）であった。

**注**：原子炉が緊急停止した場合、政府に通報すべきことが「原子力災害対策特別措置法」第一〇条で義務付けられている。

こうした中、ＣＲＦ隷下の各部隊は、司令官宮島陸将からの口頭での「行原命」に基づき、時を移さず非常勤務態勢に移行していった。この日は、他の部隊と同様にＣＲＦの隷下部隊でも多くの隊員が休暇をとっていた。三月という時期は、毎年、一年間の休日出勤の代休を消化する年度末であった。たとえば「三月一一日一六時現在、大宮に所在する中央特殊武器防護隊（以下「中特防」と略称）で出動可能な人員は、全隊員二〇九名のうち約半数の九二名、そのうち五二名とは連絡がつかなかった。東日本全域で携帯電話の通信がパンクしていたからであった[17]」。このため、まず所要の要員を速やかに呼集・確保することが第一の課題となっていた。年度末のこの時期、休暇者が多いのは中特防に限ったことではなかったが、少人数の部隊で、しかも特殊技能保持者が多い部隊では、一人の欠落が組織の機能に大きな影響を及ぼすという難しさがあった。

◇海上自衛隊横須賀地方総監部、自衛艦隊司令部（横須賀）……三月一一日、発災直後

発災直後の一四時五一分、横須賀地方総監高嶋博視海将は、「第一配備（総員在隊）」を発して事後の事態に備える

措置をとるよう命ずるとともに、掃海艇「のとじま」と特務艇「はしだて」には口頭で緊急出航を命じていた。

一方、自衛艦隊司令官倉本憲一海将は、一四時五五分、在空のＰ－３Ｃを三陸沖に指向、一四時五七分には大湊航空基地のＵＨ－60Ｊを状況偵察のため緊急発進させた。また、一四時五八分、護衛艦隊司令官松下泰士海将が、横須賀・大湊に在泊中の可動艦艇に緊急出航を命じていた。

この時点で、高嶋横須賀地方総監は、総監部を一時的に船越の自衛艦隊司令部に移すことを考えていた。高嶋が横須賀地方総監に任ぜられる前の職が統合幕僚副長であった。その在任中に行われた統幕主催の防災演習を通じて「横須賀地方総監部で海上自衛隊の全部隊を指揮することは困難」と判断していた。

高嶋が船越の倉本自衛艦隊司令官に電話を入れ総監部の状況を伝えると、倉本は高嶋が言い出す前に「こちらに来るか？」と返してきたという。船越移動の件は、杉本海幕長、折木統幕長の了承を得るところとなった[18]。

一六時一四分、高嶋横須賀地方総監は、「大規模災害派遣計画（ＲＹ計画）」を正式に発動した。一方、倉本自衛艦隊司令官は、一六時五二分、「全可動艦艇は三陸沖に向かえ」との命令を発した[19]。

◇航空自衛隊航空支援集団司令部（府中）、各輸送航空隊、航空救難団……三月一一日、発災直後司令部地下の作戦室で運用第一課長から業務報告を受けていた森下一・航空支援集団司令官は、発災後直ちに作戦指揮所の開設を命じた。これに伴い指揮所では、救難系、輸送系の通信網の構築・確認が直ちに行われた。一方、隷下各部隊は、偵察、輸送、捜索救難にかかる行動をそれぞれ独自に開始した[20]。

航空支援集団は、航空輸送、航空救難、航空保安管制、航空気象、飛行点検の五機能からなる部隊であり、地震等の大災害に際しては最高度の態勢に移行して災害救助に当たることがあらかじめ計画されていた。このため、発災直後から、輸送機部隊が、美保、小牧、入間の各基地において緊急輸送態勢を強化、航空救難団隷下の各救難隊・ヘリ空輸隊も自動的に捜索・偵察活動等を開始していた。全国の救難捜索機、救難ヘリおよび輸送ヘリが入間、百里、三沢、秋田など被災地近傍の各基地に増強され、逐次本格的な捜索救助活動に移行していった。

**注**：平成二五年三月二六日の政令改正により、航空救難団は航空支援集団から離れて航空総隊の直轄部隊となった。

◇航空自衛隊松島基地（松島）……三月一一日、発災直後

震災当日の昼過ぎから、航空自衛隊松島基地では天候が悪化しつつあったため一四時三〇分頃に飛行訓練の中止を決定した。すでに滑走路端で離陸待ちしていた航空機も離陸を中止して引き返し、点検の終わった機体から逐次格納を開始していた。地震が発生したのはまさに格納が開始された直後のことであった。

これまでにも松島基地では、三陸沖で地震が発生した場合、最短二〇分程度で津波が到達するとの想定に基づき、災害対処訓練を行ってきた。そうした訓練を通じて、地震発生から約一〇〇〇名の隊員全員が建物に避難するには二〇分程度の時間がかかることがわかっていた。[21]

一方、発災直後に発表された大津波警報では、宮城県沿岸への津波到達時刻を一五時〇〇分頃と予測していた。余裕時間はほとんどないと判断された。

松島基地司令兼第四航空団司令の杉山政樹空将補は、「隊員が退避する前にできることはワンアクション程度しかない。各自が自分の命を守りつつ自分が大切だと考えることを一つしてから大きな建物に退避する」ことを全隊員に指示した。

一五時五三分、建物の二階部分にまで達する津波が到達、Ｆ―２Ｂ戦闘機、Ｔ―４練習機、Ｕ―１２５Ａ救難捜索機、ＵＨ―60Ｊ救難ヘリの計二八機が冠水した。ブルーインパルスのＴ―４練習機六機は不在のため難をのがれた。[22]

**注**：一五時五五分、仙台新港に高さ一〇メートルの津波が襲った。この津波で陸上自衛隊多賀城駐屯地でも全車両が冠水した。

◇地方自治体

岩手県から茨城県に至る太平洋沿岸の各市町村の被害は甚大であった。特に大津波の被害は尋常ではなかった。町村役場の機能が完全に喪失したところもあった。

こうした状況を踏まえて、東北・関東の各県知事からは、自衛隊に対して相次いで災害派遣の要請があった。阪神淡路大震災の際、兵庫県知事の対応に躊躇が見られたのに比べればその差は歴然としていた。阪神淡路大震災を教訓として、災害対処に関する検討・準備が進められてきた結果であることは勿論であるが、その背後に、自衛隊に関わらないことがあたかも平和を指向する証のように考える観念的平和論の退潮や自衛隊アレルギーの和らぎがあったことも見過ごしてはならない。最も早かったのが岩手県であった。各県の要請状況は次のとおりであった。

・岩手県知事…三月一一日一四時五二分
・宮城県知事…三月一一日一五時〇二分
・茨城県知事…三月一一日一六時二〇分
・福島県知事…三月一一日一六時四七分
・青森県知事…三月一一日一六時五四分
・北海道知事…三月一一日一八時五〇分
・千葉県知事…三月一二日〇一時〇〇分

## 三　自衛隊一〇万人動員・統合任務部隊の編成

### （一）統合任務部隊の編成

災害救助のために自衛隊の投入が必要なことは発災直後から誰もが認めるところであった。このため、陸上自衛隊東北方面総監・君塚陸将をはじめ各級指揮官は、発災直後から独自の判断で災害派遣を開始していた。いずれの部隊においても、当初の命令は部下指揮官に出動の根拠を明示するにとどめる簡単なものであった。現地の状況把握から始めなければならない非常時に即応するための措置であった。たとえば、君塚東北方面総監の立ち上がりの命令は、「東北方面隊は海岸へ向かって走れ」という極めて簡明な命令であった（既述）。

一一日一四時五〇分に設置された防衛省災害対策本部では、北澤防衛大臣の到着を待って一五時三〇分から会議が開かれた。第一に決定すべき事項は派遣規模、即ち、直ちに派遣し得る人員を確認することであった。統幕長をはじめ各幕僚長の見解を総合し、人員を二万名とした。この件は、北澤防衛大臣が官邸に赴き、第二回政府対策会議（一一日一六時過ぎから開催）において「防衛省の対応、出動可能人員」として報告された[23]。

この段階で最も重視すべきは人命救助であった。災害の場合、初動の七二時間が人命救助を行う上で非常に重要な時間となる。人が飲まず食わずの状態で、たとえ動かなくても、一日一・五から二・〇リットルの水分を消費する。その状態が七二時間、つまり三日間続くと、人間は脱水状態を起こしたり、心臓機能の低下をきたしたりして生命の危機に直面することとなるからであった[24]。

会議の後、菅首相は北澤防衛大臣に対して「もっと出せませんかね」と耳打ちした。これに対して北澤は「二万名というのは今すぐ出せる人数であるというだけで、今後の状況を見て可能な限り対応します」と回答した[25]。

**注**：三月一一日二三時三〇分からの北澤防衛大臣臨時記者会見において、次のように発表している。

現在、自衛隊から人員合計約八〇〇〇名、航空機約三〇〇機、艦艇約四〇隻が派遣若しくは派遣の準備にあたっております。すでに各地で陸、海、空それぞれの部隊が救助等の活動を行っております。

一八時〇〇分、北澤防衛大臣は、「大規模震災災害派遣命令」を下達した。これにより全国の部隊から被災地に向けて、人員、装備、物資の大移動が本格的に開始されることとなった。

**注**：「自衛隊の災害派遣に関する訓令」（昭和五五年防衛庁訓令第二八号）において、大規模震災災害が発生した場合、大規模震災災害派遣実施部隊の長（方面総監、自衛艦隊司令官、地方総監または航空総隊司令官）は、防衛大臣の命令（「大規模震災災害派遣命令」）により、部隊等を派遣することができる、と定められている。この規定により、陸上自衛隊中央即応集団隷下の中央特殊武器防護隊（「中特防」）から東北に派遣される部隊も、災害派遣の実施に関して東北方面総監の指揮を受けることとなった。

三月一二日、北澤は折木統幕長に派遣人員の増強について検討を指示した。折木の回答は五万名までは可能というものであった[26]。

この日、北澤は菅首相の被災地視察に同行して東北に向かった。緊要の時期に首相が官邸を離れることについては多くの批判の声が上がった。

**注**：菅首相が、この時期、首相官邸を離れて現地視察に向かったことに多くの批判の声が上がった。当時、防衛大臣であった北澤俊美は、①被災状況を自分の目で見て、五万名では足りないことがわかった、②福島第一原発の吉田昌郎という信頼できる人物に会えたこと、の二点から、首相の現地視察は有意義であったとし、「必ずや後世の人たちは総理の行動を評価する時が来る」と弁護している。しかし、緊急事態の、しかも、その初動において、指揮官が定位置を離れることはやはり適切とは言えない。初動の変転する状況下において、迅速に決心し進むべき方向を示すことが指揮官として最も重要なことである。そのためには指揮の中断を避けることが不可欠である。菅首相が、現地に飛んで、結局、何を得たのか。現地に混乱を招き、中央での決心に支障をきたしたのみであったのではないのか。

そもそも、このとき官首相が現地に出向いた理由は、「東電側が一二日午前三時には、ベントを実施するといいながら、いつまでも動かなかったことに苛立って、自ら現場に行くと言い出した」のであって、大局的見地からの判断とは言えないものであった。

菅首相は、視察を終えた後、北澤防衛相に対して「未曾有の災害なので、思い切った規模の隊員を被災地に派遣できないか」と打診した。北澤は「最大限努力する」と回答した。

三月一三日〇八時四六分頃、北澤は「通常の監視活動に齟齬をきたさないことを十分に考慮した上での一〇万名体制は可能」という折木統幕長の回答を得て一〇万名規模の派遣を決断、その旨を菅首相に報告した。

派遣規模の決定に併せて、陸・海・空を合わせた統合部隊を編成する、その指揮官に東北方面総監を充てる、という方針も定められた。

折木統幕長が、一〇万名規模の派遣が可能と判断したのは、それまでに、「首都直下型地震対処計画」や「南海地震対処計画（案）」等において「統合任務部隊（ＪＴＦ）を編成することなどの検討がすでに行われていたからであった。直下型地震の場合は、東部方面総監の指揮下で統合部隊を編成する計画であったが、事前の検討で、これを始動させるには数日かかることが判明していた。[27]今回、災統合任務部隊の編成を一四日としたのは、そうした検討結果を踏まえたものであった。

三月一四日、「大規模震災災害派遣の実施に関する行動命令」が次のとおり発出された。[28]

**自行災命第六号　二三、三、一四　一一〇〇**

**平成二三年（二〇一一年）三月一一日東北地方太平洋沖地震に対する**

**大規模震災災害派遣の実施に関する自衛隊行動命令**

一　平成二三年三月一一日東北地方太平洋沖を震源とする大規模な地震（平成二三年〈二〇一一年〉東北地方太平洋

沖地震を言う）が発生し、東北地域に大規模な被害が発生しており、政府は同日一五一四、緊急災害対策本部を設置した。

同日一五三〇、これを自衛隊の災害派遣に関する訓令（昭和五五年防衛庁訓令第二八号）第二条第五号に規定する大規模震災に指定した。

二　自衛隊は、自衛隊の災害派遣に関する訓令第一四条に規定する大規模震災災害派遣を実施する。

三　東北方面総監は、横須賀地方総監及び航空総隊司令官を指揮するとともに、次項の部隊等を指揮し、所要の救援（以下「救援活動」という）を実施せよ。この場合において、東北方面総監が指揮する全ての部隊等を「災統合任務部隊」と、陸上自衛隊の部隊等を「陸災部隊」とそれぞれ呼称し、災統合任務部隊を指揮する東北方面総監を「災統合任務部隊指揮官」と、陸災部隊を指揮する東北方面総監を「陸災部隊指揮官」とそれぞれ呼称する。

四　北部方面総監、東部方面総監、中部方面総監、西部方面総監、通信団長、警務隊長、陸上自衛隊通信学校長、陸上自衛隊需品学校長、および陸上自衛隊輸送学校長は、所要の部隊を東北方面総監に差し出すとともに、救援活動を支援せよ。

五　中央即応集団司令官、中央情報隊長、中央輸送業務隊長、中央管制気象隊長、陸上自衛隊航空学校長、陸上自衛隊補給統制本部長及び自衛隊中央病院長は、救援活動を支援せよ。

六　横須賀地方総監は、東北方面総監の指揮を受けるとともに、次項の部隊等を指揮し、救援活動を実施せよ。この場合において、横須賀地方総監が指揮する海上自衛隊の部隊等を「海災部隊」と、横須賀地方総監を「海災部隊指揮官」とそれぞれ呼称する。

七　自衛艦隊司令官、呉地方総監、佐世保地方総監、舞鶴地方総監、大湊地方総監、教育航空集団司令官、練習艦

隊司令官、システム通信隊群司令、海上自衛隊警務隊司令、海上自衛隊潜水医学実験隊司令、海上自衛隊幹部学校長、海上自衛隊第二術科学校長、海上自衛隊第三術科学校長、海上自衛隊補給本部長及び自衛隊横須賀地方病院長は、所要の部隊等を横須賀地方総監に差し出すとともに、救援活動を支援せよ。

八　航空総隊司令官は、東北方面総監の指揮を受けるとともに、次項の部隊等を指揮し、救援活動を実施せよ。この場合において、航空総隊司令官が指揮する航空自衛隊の部隊等を「空災部隊」と、航空総隊司令官を「空災部隊指揮官」とそれぞれ呼称する。

九　航空支援集団司令官、航空教育集団司令官、航空開発実験集団司令官、航空システム通信隊司令、航空安全管理隊司令、航空警務隊司令、航空中央業務隊司令、航空機動衛生隊長、航空自衛隊幹部学校長、航空自衛隊補給本部長及び自衛隊岐阜病院長は、所要の部隊等を航空総隊司令官に差し出すとともに、救援活動を支援せよ。

一〇　自衛隊情報保全隊司令は、救援活動を支援せよ。

一一　この命令実施に関し必要な細部の事項は、統合幕僚長に指令させる。

一二　なお、自行災命第三号（二三、三、一一）は、廃止する。

防衛大臣　北澤　俊美

**注**：この命令は、今回の大震災における災害派遣の「戦闘序列（Order of Battle）」を明示したものとみることができる。防衛出動等の場合、ここで「行動基準（Rules of Engagement）」が示され、それによって部隊の作戦行動が律せられる筈である。災害派遣の命令といえども、「行動命令」にはそうした意義が内包されていることを確認しておくことが必要である。

この命令に基づき、陸災東北部隊（陸自東北方面隊の対処部隊、各方面隊の一部、中央即応集団の一部、通信団・警務隊・学校・病院の一部をもって編成）、海災東北部隊（横須賀地方隊の対処部隊、自衛艦隊の一部、横須賀地方隊以外の各地方隊の一部、教育航空集団・練習艦隊・学校・病院の一部をもって編成）、空災東北部隊（航空総隊の対処部隊、航空支援集団の一部、航空教育集団・航空開発実験集団・航空システム通信隊・航空安全管理隊・航空警務隊・航空中央業務隊・病院の一部をもって編成）を編合した災統合任務部隊が編成され、指揮官には東北方面総監の君塚栄治陸将が任ぜられた。

統合任務部隊を編成し、その指揮官に東北方面総監を充てることとしたのは、①今回の災害では活動する部隊が陸海空と大規模になること、②情報を一元化し、状況のわかっている現場の部隊に任せなければならないこと、③平時から行政面でも地元の地方自治体と密接に連携していること、などを考慮した結果であった。(29)

自衛隊が統合部隊を編成し実任務を遂行するのはこれが初めてであった。

**注**：この命令によって、中央即応集団の「中特防」は、災害派遣の実施に関して東北方面総監の指揮下から中央即応集団司令官の指揮下に復帰することとなった。この段階では、福島第一、第二原子力発電所の原子力災害にかかる支援を、「行原命第五号」に基づき、各方面総監、自衛艦隊司令官、航空総隊司令官等が、それぞれ別個に実施することとされていた。災統合任務部隊とは別個に「原子力災害派遣部隊」が編成されるのは三月一九日になってからである。

三月一六日、北澤防衛大臣は、予備自衛官・即応予備自衛官の災害招集命令を発した。予備自衛官等の招集は、自衛隊として初めてのことであった。

三月二三日、救援に駆けつけたアメリカ軍が統合部隊（ＪＳＦ）を編成したことに対応して、日米調整所を設置することとなった（日米調整所については後述）。

日米調整所の設置に関連して、首相官邸にも連絡官を出すこととなり、統合幕僚監部の尾上定正空将補が派遣された。首相官邸への自衛官の派遣はこれが初めてであった。

### （二）世界各国軍の来援

発災直後から世界各国軍も迅速に救援部隊を派遣してきた。三月一三日の段階で、アメリカ、イギリス、韓国、中華人民共和国から医療や捜索に当たるレスキュー・チームが福島や仙台など、甚大な被害を受けた被災地に入って活動を開始していた。さらに、オーストラリアも七〇名以上で構成する救援チームと捜索犬の派遣を決定した。

外務省には、七〇カ国以上から救援隊や救助犬、緊急援助物資などの支援の申し込みが相次ぎ、国際社会からの支援が本格化してきた。(30)

## 四　福島第一・第二原発事故への対応

◇三月一一日……発災当日

三月一一日一六時三六分、原子力安全・保安院から政府に対して、一号機、二号機に「一五条事象発生」（非常用炉心冷却装置注水不能）との通報があった。この段階で、冷却用のタンクが流されてしまったことも判明した。さらに、非常用ディーゼル発動機が津波被害によって使用不能に陥っていることも判明した。メルトダウンの可能性が現実味を帯びつつあった。(31)

**注**：「原子力災害対策特別措置法」第一五条の規定に基づき、政令で原子力緊急事態の発生を示す事象として規定された事象が生じた場合、内閣総理大臣に通報しなければならない。

一九時〇三分、政府は「原子力緊急事態」を宣言した。この前後から自衛隊に対する協力要請が政府や東電本社の中で話題になりはじめていた[32]。

一九時三〇分、北澤防衛大臣は、福島第一、第二原発の炉心冷却機能喪失に対応して、その復旧作業を支援せよという内容の「原子力災害派遣命令」（「行原命」）を発した。自衛隊が実施すべき任務には、近傍住民の避難支援、給水支援、物資輸送、除染等が予測されたが、除染の任務に直ちに対応できる部隊はＣＲＦや各師団隷下の化学防護隊など少数の部隊に限られていた。こうした実情を念頭において宮島ＣＲＦ司令官は、隷下の中央特殊武器防護隊（「中特防」）に出動準備を命じた。

二〇時四五分、原子炉の水位が低下、状況は一層緊迫化しつつあった。

二一時〇〇分、中特防の副隊長以下二名からなる先遣偵察隊（小型パジェロ・一両）がオフサイトセンター（福島第一原発の西五キロに位置する「原子力安全・保安院」の現地指揮所）に向けて出発した。「行原命」が発出されたことに対応して現地調整等に当たらせるための措置であった。隊長の岩熊真司一等陸佐は大宮の隊本部にとどまった。流動的な状況下での指揮の中断を防ぐためであった。

二一時二〇分、中特防の化学防護車四両を含む車両七両が大宮の駐屯地を出発、福島に向かった。さらに、二一時四〇分にも、化学防護車、大型トラック、小型トラックが大宮から福島に向かって出発した[33]。

二一時五一分、福島第一原発から半径三キロメートル以内の住民に対して避難指示が出た。夜間の避難指示が事の重大性を如実に物語っていた。

この頃から、内閣危機管理センターや東京電力の対策本部においても、福島第一原発に自衛隊の派遣要請を真剣に考える者が増えはじめた[34]。

◇三月一二日
三月一二日〇三時三五分、中特防の副隊長以下の派遣部隊が福島第一原発の近くにあるオフサイトセンターに到着した。この頃すでに福島第一原発一号機の原子炉が異常な状態に陥りつつあった。東京電力本店の対策本部から菅首相に対して、原子炉の圧力が、設計基準の値を遥かに超え、核燃料棒が溶けはじめている可能性が否定できない旨報告されていた[35]。

中特防の部隊（副隊長以下の派遣部隊）がオフサイトセンターに到着したことにより、原子力災害に対応する自衛隊としての当面の準備がひとまず整ったと見ることができた。

〇九時二〇分、北澤防衛大臣は、次のとおり「行原命（第五号）」を発した[36]。

**自行原命第五号　二三、三、一二　〇九二〇**
**東京電力株式会社第一原子力発電所及び福島第二原子力発電所における原子力緊急事態に対する原子力災害派遣の実施に関する自衛隊行動命令**

一　平成二三年三月一一日一九二〇に東京電力株式会社福島第一原子力発電所に関し、原子力災害対策特別措置法（平成一一年法律第一五六号）第一五条第二項の規定により内閣総理大臣が原子力緊急事態宣言（同項に規定する原子力緊急事態宣言を言う。以下同じ）を発出した。
内閣総理府大臣は、内閣総理大臣官邸に同法第一六条第一項に規定する原子力災害対策本部を設置し、同法第二〇条第四項の規定により、原子力対策本部長から防衛大臣に対し、自衛隊の部隊等の派遣の要請がなされた。

また、同月一二日〇九一五に同社福島第二原子力発電所に関し、同法第一五条第二項の規定により内閣総理大臣が原子力緊急事態宣言を発出し、同法第二〇条第四項の規定により、原子力対策本部長から防衛大臣に対し、自衛隊の部隊等の派遣の要請がなされた。

二　自衛隊は、自衛隊の原子力災害派遣に関する訓令（平成一二年防衛庁訓令第七五号）第二条第四号に規定する原子力災害派遣を実施する。

三　各方面総監、中央即応集団司令官、通信団長、警務隊長、陸上自衛隊中央輸送業務隊長、化学学校長、関東補給処長、自衛艦隊司令官、各地方総監及び自衛隊情報保全隊司令は、所要の支援を実施せよ。

四　航空支援集団司令官は、原子力災害派遣の実施に関し、航空総隊司令官の指揮を受けよ。

五　航空総隊司令官は、航空支援集団司令官を指揮するとともに、所要の支援を実施せよ。

六　この命令の実施に関し必要な細部の事項は、統合幕僚長に指令させる。

七　なお、自行原命第四号（二三、三、一一）は、廃止する。

防衛大臣　北澤　俊美

一五時三六分、福島第一原発一号機の建屋で爆発が起きた。外壁ともども建屋の上半分がそっくり吹き飛んだ。また、周辺にいた四名が負傷、九〇名に被曝の可能性があると発表された。数時間後、これが水素爆発であることが判明した。

水素爆発によって第一原発周辺住民の避難が必要となった。このためＣＲＦ隷下の第一ヘリコプター団のヘリ六機をもって避難のための輸送が実施された。輸送が終了したのは二〇時三四分であった。

◇三月一三日

一〇時四〇分、多くの装備品と部下を送りだしていた中特防隊長の岩熊真司一等陸佐は、大宮の駐屯地を発進、福島に向かった。悪路を駆けての強行軍であった[37]。

一三時三七分、中央即応集団（ＣＲＦ・第一ヘリ団）のヘリが木更津飛行場を発進、福島に向かった。原発の空中モニタリングを実施するためであった。

一五時四二分、枝野官房長官が「福島第一原発三号機でも水素が建屋に漏れ出し、爆発の危険性がある」と発表した。これに伴い、ＣＲＦは、一五時五五分、ヘリによる原発の空中モニタリングを一時中止した。

この日、福島第二原発において自衛隊の給水作業が開始された。

**注**：この日の福島第二原発における自衛隊の給水作業は次のとおりであった。

＊〇八時〇五分、原発の冷却作業支援のため、航空自衛隊の北部航空方面隊、中部航空方面隊、航空総隊直轄部隊の水タンク車九両がいわき市四倉町に到着した。

＊一四時〇〇分、第一二化学防護小隊（相馬原）が、二本松市で五〇名の除染を完了した。

＊一七時五七分、空自の給水車一〇両が第二原発に到着、給水作業を開始し、二〇時二八分に完了した。

＊二〇時二八分、空自による第二原発での給水作業が終了した。

深夜、福島のオフサイトセンターに到着した岩熊一佐は、「東電」、「保安院」の連絡担当者、「消防庁」の官僚らの参集による協議に参加した。

福島第一原発では、電源が遮断された二号機、三号機、四号機の原子炉でメルトダウンが起きている危険性が指摘されていた。だが、それを確かめる術がなかった。それぞれの原子炉建屋では放射線量が余りにも高濃度となり、四基の原子炉で一体何が起きていかなる事態になっているのかわからない、という最悪の事態に直面していた。全電源を失って、原子炉を冷却するポンプが動かなくなった第一原発の中で、三号機の原子炉の状態が最も危険とされた。一刻も早く、原子炉を直接冷やすための給水ポンプへの給水を再開しなくてはならない。しかし、ダムから水を運ぶ通常のポンプは電気がないので稼働できなかった。[38]

◇三月一四日

この段階で、中特防に付与される可能性のある任務が二つに絞られていた。第一の任務は、第二原発周辺で除染所を開設しこの地域の被曝者の除染を実施するというものであった。この任務は、当初から予測されていたものであった。一方、第二の任務、第一原発三号機の給水ポンプへの給水という任務は、未経験のものであった。

**注**：このとき東京電力社員が岩熊に説明した概況は次のようなものであった。

水素爆発を起こした一号機の南側に位置する三号機の原子炉建屋も、震災直後の大津波によって、非常時に原子炉を冷却する筈の装置がダウンしてしまった。万が一のために用意されていた第一原発の南西約九キロにある坂下ダムから引いている二系統の消火系給水ラインからも給水ができなくなっている。このため、原子炉を冷却できない状態が続いている。[39]

○七時五五分、東京電力は菅首相に対して、福島第一原発の三号機も「原子力緊急事態」にある旨報告した。このとき東電は、原子炉を守る格納容器内の圧力が、設計上の最高使用圧力を超え、さらに上昇していることを把握していた。その重大な意味を菅首相も政府首脳も理解していた。「最悪の場合、三号機の原子炉内部の圧力がピークに達して爆発し、さらに原子炉を覆う容器までもが破壊される事態が起きるかもしれない。それはすなわち、チェルノブイリ原発のように、天文学的な量の放射性物質が広範囲に大気中へ拡散する[40]」という事態が現実味を帯びてきたということに他ならなかった。

しかし、この重要な情報は、オフサイトセンター敷地内駐車場のジープを前進拠点としていた岩熊には伝わっていなかった。

このとき、岩熊のもとには「三号機への給水をお願いするかもしれない」という東電の連絡員からの予告メッセージと、「ＣＲＦが防衛大臣直轄の原発対処専門の部隊となる、これに伴い、中特防はＪＴＦを離れてＣＲＦの指揮下に復帰する、指揮転移の日時は、三月一四日一一時〇〇分と予定されている」という、災害派遣部隊の編成替えに関する情報のみであった。

○八時一五分、今浦ＣＲＦ副司令官以下幕僚たちがＣＨ―47ヘリで朝霞を発進、福島に向かった。ＣＲＦの宮島司令官は、ＣＲＦが防衛大臣直轄の原発対処専門部隊に指定されると予期して前方指揮所を設置することを決定、副司令官以下を福島に前進させることとしたのであった。

○九時〇〇分、中特防による三号機への給水実施が決まった。中特防隊長の岩熊一佐以下の隊員はジープ一両と水タンク車二両でオフサイトセンターを発進、一〇時過ぎには福島第一原発の正門に到達した。

正門からは、東電の案内人の誘導で三号機に向かったが、東電の案内人の車両は岩熊らが二号機と三号機の間の道を進みタービン建屋の先で右折したのを確認すると急いで引き揚げてしまった。岩熊らは目的の場所に到達後直ちに作業に取り掛かった。

一一時〇一分、三号機の建屋が突然爆発し吹っ飛んだ。岩熊ら「中特防」の四名を含む計一四名が重軽傷を負った。車外に出て作業を開始したばかりであった。

**注**：既述のとおり、この日の一一時〇〇分、新たに「行災命（第六号）」が発せられた。この事故は、指揮転移が行われた一分後に起きたものであった。当時、北澤防衛大臣と折木統幕長は、君塚東北方面総監を指揮官とする「統合任務部隊」の編成完結式に出席のため仙台を訪問中であった。

**注**：中特防が福島で三号機への給水活動のため敷地内に入り、作業を開始したことは陸幕に届いていなかった。そもそもこ

の命令は、誰が出したのか判然としないところがあった。後日、現地にいた池田元久・産業経済副大臣が東電の要請を受けてＪＴＦ連絡官に伝え、その内容が岩熊のもとにそのまま伝えられたことが判明した。結果的には、岩熊に丸投げということになる。(41)

注：前述のとおり、この日一一時〇〇分、「行災命（第六号）」が発せられた。これに伴い、全国の師団に属する化学防護隊が中特防に配属された。人員は三〇〇名を越えた。これ以降、中特防は「増強・中特防」と呼称されることとなった。(42)

一三時二五分、第一原発の二号機の冷却機能が喪失した。このままの状態が続けば原子炉内の燃料棒が露出することが見込まれる。当然、水素爆発の可能性も出てきた。さらに、メルトダウンの可能性も否定できなくなっていた。二〇時五六分、二号機が危険な状態となった。このため中特防は連絡員一四名を残して、オフサイトセンターから郡山駐屯地へ移動した。

中特防のオフサイトセンターからの撤収は、当初、全員が対象となるはずであったが、途中から、全員ではなく連絡員一四名を残してという条件付きとなった。これは政府対策本部にいた海江田経済産業相の強い意向によるものであったという。オフサイトセンターでは、東電と関連会社スタッフも同じく「撤収不可」という命令を受けていた。「第一原発に対処する部隊、関係者がいなくなることは、日本政府が福島第一原発への対処を放棄することを意味することになる」という政治的理由で海江田大臣が強硬に拒否したためであった。(43)

しかし、これはおかしなことであった。経済産業大臣がその立場上、要員を現地に残すべきと考え主張すること自体は当然許されるであろう。しかし、それが対策本部長の判断を経ることなく、経済産業大臣から「命令」として、特に、自衛隊の作戦部隊にそのまま下達されることが許されるとは考えることはできない。

◇三月一五日

福島第一原発では、この日未明に四号機が水素爆発、二号機も〇六時一四分に爆発音を発し、内部冷却装置の破裂により異様な煙を上げていた。三号機でも不気味に白煙を上げはじめた。一号機では原子炉内の圧力が上がりはじめた。福島原発は、暴走しはじめていた。

この日朝から、防衛大臣室では首脳会議が行われていた。出席者は北澤防衛大臣、折木統幕長、火箱陸幕長、杉本海幕長、岩崎空幕長、それに内局の防衛政策局長等であった。

官邸から「福島第一原発へ、水を撒いてくれ」との話が来た、と北澤が口火を切った。「話」は、「できるか？」ではなく、「やれ」という政治的に決定された「命令」であった。ただ、どこへ、いつ、どのような方法で、水を撒くのか、という話はなかった。とにかく水を撒いてくれ、とだけ北澤は繰り返したという(44)。

要望は来ていたが、福島第一原発が、いま、どうなっているのか、情報は全く伝わっていなかった。手元にあった唯一の資料は、空自の偵察航空隊が撮った空中写真のみであった。

誰も声を発する者がない中、火箱陸幕長は、この任務は陸自が受け持つしかないと覚悟した。最終的に命令は統幕から発せられるにしても、幕僚組織の規模・能力等の現状から、陸幕で細部を詰めるしかないと考えられた。会議の後、火箱は幕僚に具体的な方法等の検討を命じた。実施部隊が第一ヘリ団になることは確実であった。

**注**：この時期、陸自には東京大学原子力工学科出身の将官が三名いたが、そのうちの二名が陸幕にいた。陸幕副長の渡邊悦和陸将と人事部長の松村五郎陸将補であった。もう一人は第一師団長の中川義章陸将であった。震災当時、中川は陸自研究本部長への転出が決まっていた。

一〇時過ぎ、陸幕指揮所に「官邸が四号機の燃料プールへの、自衛隊ヘリコプターによる放水の検討を開始した」

旨の情報が入った。この情報は、ＣＲＦ司令部にも伝えられ、直ちに具体的な検討が進められた(45)。

**注**：原子炉の冷却については、一三日夜の段階で陸自の第一ヘリコプター団・災害派遣部隊前進指揮所においてすでに検討が開始されていた。このとき海水放水による冷却とチェルノブイリ事故を参考にしたホウ酸投下による冷却が検討対象となっていた。ホウ酸の投下は効果も期待できるが危険が伴う。逆に、ホウ酸投下の技術があれば海水放水による冷却に対応できる、と判断された。このため、「ホウ酸投下の作戦を行うことを前提とし、余裕があれば海水の放水の準備も行う」ことを基本方針として、細部の検討を行っていた(46)。

第一ヘリコプター団における検討とは別個に、一五日、経済産業省の幹部から火箱陸幕長に、「三号機にホウ酸を撒く件」について打診があった。陸幕での検討でもその困難さは明白であった。火箱は、実施の場合には自らヘリコプターに搭乗して現場に向かう覚悟でいたという。結局、ホウ酸投下は実施することなく終わった。

◇三月一六日……

三月一六日の朝、菅首相の指示に基づき、北澤防衛大臣からＣＨ―47ヘリ・二機による空中からの放水冷却を行う命令が発せられた。実施部隊は、第一ヘリコプター団の第一〇四飛行隊と第一〇五飛行隊と決まった。

一六時〇〇分、第一回目の放水実施に向けて、第一〇五飛行隊のＣＨ―47ヘリ・二機が霞目飛行場を離陸した。離陸後、王城寺原演習場で予行訓練を実施後一路福島第一原発へ向かった。しかし、ＣＨ―47の進入に先がけて第一原発の上空で放射線量をモニタリングしていたＵＨ―60Ｊヘリの線量測定結果は、撤収の基準を遥かに超えるものであった。このため、この日の放水は実施されることなく終わった。しかし、この日の飛行によって、四号機の燃料プール上部の目視偵察に成功し、そこに水が入っていることも確認することができた。

この日、放水が実施されなかったことに関して、菅首相が折木統幕長に対して、「明日中に、絶対に空中放水冷却作戦を実施してください」と、語気強く述べたという。折木は毅然としてその声を聞いたが、それを部隊に伝えることはしなかった。部隊指揮官に全幅の信頼を寄せていたからであった[47]。

◇三月一七日

東日本全般の災害救助活動と福島第一、第二原発にかかる支援活動は、同時並行的に推進されてきたが、両者の状況の推移にかんがみ、防衛大臣は、東日本全般にわたる地震・津波による災害救助と、原発災害の支援を明確に区分して対応すべきと判断、災統合任務部隊を原発災害対処から外すなど命令の一部変更を行うこととした。

三月一七日〇三時〇〇分、次のとおり変更命令が発せられた[48]。

**自行原命第一〇号　二三、三、一七　〇三〇〇**

**東京電力株式会社福島第一原子力発電所及び福島第二原子力発電所における原子力緊急事態に対する原子力災害派遣の実施に関する自衛隊行動命令の一部を変更する自衛隊行動命令**

一　自行命第五号（二三、三、一二）の一部を次のとおり変更する。

第三項を次のように改める。

三　中央即応集団司令官、自衛艦隊司令官、各地方総監及び自衛隊情報保全隊司令は、所要の支援を実施せよ。

第七項を第八項とし、第四項から第六項までを一項ずつ繰り下げ、第三項の次に次の一項を加える。

四　各方面総監、通信団長、警務隊長、陸上自衛隊中央輸送業務隊長、陸上自衛隊航空学校長、陸上自衛隊化学学校長、自衛隊中央病院長、教育航空集団司令官、海上自衛隊第三術科学校長、航空教育集団司令官、航空開発実験集団司令官及び航空自衛多補給本部長は、所要の支援を実施するとともに、所要の部隊等を中央即応集団司令官に差し出せ。

二　この命令の実施に関し必要な細部の事項は、統合幕僚長に指令させる。

防衛大臣　北澤　俊美

○八時五八分、第一〇四飛行隊長以下二機のＣＨ―47Ｊが霞目飛行場を離陸した。海上において海水くみ上げを行った後、福島第一原発上空に到達した。この日も、放射線量は前日同様に基準値を遥かに超える高い数値を示していた。しかし、飛行隊長加藤憲司二等陸佐は決行に踏み切った。

○九時四八分、一番機が放水を敢行、巨大なシャワーが三号機に注がれた。成功であった。続いて〇九時五三分、二番機も続いた。両機は、再度海水をくみ上げ、一〇時〇〇分までに計四回の放水を敢行した。両機は高い放射線レベルのなか、命がけで三〇トンの海水を三号機の燃料プールに向けて見事に命中させたのであった。[49] この光景は、テレビを通じて全国に伝えられた。

**注**：防衛省首脳は、自衛隊ヘリによる空中放水冷却水作戦が、政府にとっての「象徴的な意味」「シンボル的作戦」であることを承知していた。前日からパニック的な海外市場での円急騰と株安を受け、東京証券取引所で日経平均が、一時は八千三百円を割ることとなった。海外のマスコミは、二度の爆発をセンセーショナルに扱い、地獄の蓋が開いたかのごとく過激な報道を繰り返していた。アメリカはあらゆるチャンネルを通じて「自衛隊を使うべきだ」「英雄的な犠牲が必要だ」と繰り返し伝えてきていた。「原発事故対処は、自衛隊を中心にすべき」という意見は、アメリカの個々の政治家・行政官・軍人の意見ではなく、政府総体の統一された意見であった。[50] そうした中、オバマ・アメリカ大統領との電話会談が間近に迫っていた。その前に何らかのアクションをしたい――官邸がそこにこだわっているとの情報も入っていた。日本が原発事故の終息へアクションを起こした、その光景を内外に見せつけることを官邸は求めていた。

このあと冷却作戦は、地上からの放水作戦に移行することとなった。放水能力があるのは、消防、警察、自衛隊、そして東電などの一部民間企業であった。内閣危機管理監の伊藤哲朗は、放水を効果的に実施するには、これらの能力を統一的に運用する必要がある、そのために自衛隊に警察・消防、東電を指揮させるのが実態に即していると考え、その意向を北澤防衛大臣に伝えていた。

北澤は、この件を火箱陸幕長に打診した。これに対して火箱陸幕長は「指揮は（筆者注：現行の法制上）できません。指揮系統が全く違うからです。しかし、協力はできます。放射線を測り、線量が高ければ、下がれと指示する、その協力ならできます」と答えたという。(51)

「自衛隊による統制」のもとに放水作戦を実施することが、法制上の問題を解決しないまま、既定方針となりつつあった。達成すべき目標は「燃料プール満水」であった。

先鋒を担ったのは警視庁機動隊の高圧放水車であった。作戦開始に先立ち、機動隊員たちは、第二原発で、中特防隊員から放射線防護について指導を受けた。機動隊の高圧放水車が第一原発に進入するに先立ち、中特防の化学防護車が放射線量の測定、危険エリアの把握、近接ルートの確認、放水位置の設定等所要の支援を実施した。中特防の支援を得て、警視庁機動隊は、第一原発三号機の燃料プールに向けて海水約四トンを放水したのであった。

**注**：既述のとおり、この頃の「中特防」は、各師団の化学防護隊等からの増援を受け、人員約三〇〇名からなる「増強・中特防」となっていた。隊長の岩熊一佐は、これを「放水冷却作戦部隊」と「除染作戦部隊」の二つに分けて多忙な任務に当たっていた。

一四時二四分からは、海自下総航空基地の消防車・給水車から空自消防車への給水が行われた。文字通りの統合運用が行われていた。その後、一九時三五分から二〇時〇七分にかけて、第一原発三号機に向けて、自衛隊消防車（化学消防車と航空基地消防隊の消防車）による放水が計五回実施された[52]。

放水から数時間後、第一原発の放射線量が確実に下がりはじめた。政府は「燃料プールに水が入った証拠である」と発表した[53]。自衛隊、警察の決死の努力が無駄でなかったことが明らかになった。

しかし、燃料プールの核燃料棒が常に崩壊熱を発していることから、冷却水が減少すれば核燃料棒が剥き出しになり、メルトダウンの危険性があることに変わりはなかった。放水を続けなければならない。そのためには、自衛隊、警察に加えて、消防の持っている能力を取り入れ、国内消防力の総力を結集する必要があった。

このためこの日の夜、内閣危機管理センターでは、燃料プールの冷却のために、自衛隊、警察のほか全国都道府県自治体の消防隊も加えてローテーションを組むための調整が行われていた。

これまで、自衛隊と警察が別々の指揮系統で動いてきた。そこに消防も加われば、混乱は必至である。この点をいち早く危惧したのがＣＲＦ司令官の宮島陸将であった。

宮島は、海外担当のＣＲＦ副司令官・田浦正人陸将補に調整を命じた。このとき田浦は、政府と自衛隊の現地での調整に当たるため、福島市に設置されていた「政府現地対策本部」にいた。田浦は、政府現地対策本部長の松下忠洋経済産業副大臣に省庁間協力の体制を構築しなければならないと力説した[54]。

**注**：当時、海外担当のＣＲＦ副司令官であった田浦陸将補は、東日本大震災の発災当時、ハイチ大震災にかかる復興活動支援部隊の指揮官であった。東日本大震災の発災に伴い緊急帰国を命ぜられ一四日に成田空港に降り立ったばかりであった。宮島ＣＲＦ司令官は、その対外調整力に強い信頼と期待を寄せていた。

◇三月一八日

○七時二五分、東京消防庁のハイパーレスキュー隊の屈折放水車、スーパーポンパーと呼ばれる遠距離大量送水装置等がＪヴィレッジに集結、地方自治体の消防力投入が目前に迫っていた。

一四時〇〇分から一四時三八分までの間に、自衛隊消防車による三号機への放水が行われた。自衛隊消防車による放水の次に予定されていたのが東京消防庁のハイパーレスキュー隊であった。

一七時〇〇分、ハイパーレスキュー隊の消防車群（屈折放水塔車、スーパーポンバー等）がＪヴィレッジを出発、福島第一原発に向かった。正門から施設内を先導したのは中特防の化学防護車であった。ハイパーレスキュー隊が持っている装備は、高層ビル火災を想定しており、福島第一原発でもその性能に大きな期待がかかっていた。しかし、その装備は原子力事故を想定したものではなく、自衛隊消防車が車内操作で放水できるのに対して、ハイパーレスキュー隊は放水準備のための車外作業が必要であった。

三号機の周辺は、どこをとっても放射線濃度が数百ミリシーベルトという高い値を示していた。このため、ハイパーレスキュー隊長は、やむなくこの日の放水を断念、一九時〇〇分、第一原発正門へと撤退した。[55]

**注**：これに対して、政府対策本部にいた海江田経済産業大臣が「そんな臆病な指揮官は代えろ！」、「ハイパー隊は下がれ！自衛隊と代われ！　自衛隊をもう一度入れろ！」と、常軌を逸した発言をしたという。

海江田大臣の言葉は現地にもそのまま伝えられた。これに対して現地調整に当たっていた田浦陸将補は、海江田の意向を伝達してきた後輩の連絡官に「大臣にはこう伝えろ。現地の指揮官は、私です。その私が判断するに、自衛隊を投入しようとしても、準備に時間がかかるほか、消防の車両が道をふさいでいて、交替には時間がかかります。しかも何より、このまま消防が実施することによって、多量の放水ができる。より効果的です。ハイパーレスキュー隊に行かせます。そう言うんだ！」と語気を強めたという。

そもそも対策本部は、調整の場であり、決定事項を命令として発するには一定の手続きが必要なはずであった。少なくとも産業経済大臣が直接命令を出すこと自体おかしなことであった。「しかし、対策本部が立ち上がって以来、海江田大臣が、権限外の省庁に指示を出す、という流れは、気付いた時には、何となく続いていた」[56]。政府対策本部における、指揮系統が曖昧になっていたと見るべきであろう。政府としての権限を行使する際の「責任と権限」といった基本的事項について、しっかりと理解している政治家が当時の政権内に少なかったと言わざるを得ない。

一九時三五分、夜間放水を円滑にするため、福島第一原発で使用する投光器二五台がＪヴィレッジに輸送された。二〇時二〇分に千歳の第七化学防護隊（東千歳）が、二一時一〇分には第五化学防護隊（帯広）が、それぞれ郡山駐屯地に到着した。

◇三月一九日

福島第一原発における冷却水の放水には、自衛隊、警察のみならず、全国都道府県の地方自治体消防も加わることが確実となってきた。これらに対応する上からも、福島第一原発に係る災害派遣を、東北全般の災害派遣と切り離して、一元的に行うことが必要との判断が防衛省内で定まり、次のとおり「行原命」の一部変更が行われた[57]。

**自行原命第一〇号　二三、三、一九　〇一〇〇**

**東京電力株式会社福島第一原子力発電所及び福島第二原子力発電所における原子力緊急事態に対する原子力災害派遣の実施に関する自衛隊行動命令の一部を変更する自衛隊行動命令**

一　自行命第五号（二三、三、一二）の一部を次のとおり変更する。

第三項から第五項までを次のように改める。

三　中央即応集団司令官は、所要の支援を実施せよ。

四　各方面総監、通信団長、警務隊長、中央情報隊長、陸上自衛隊中央会計隊長、陸上自衛隊会計監査隊長、陸上自衛隊中央輸送業務隊長、中央音楽隊長、中央管制気象隊長、自衛隊体育学校長、陸上自衛隊幹部学校長、陸上自衛隊幹部候補生学校長、陸上自衛隊富士学校長、陸上自衛隊高射学校長、陸上自衛隊航空学校長、陸上自衛隊施設学校長、陸上自衛隊通信学校長、陸上自衛隊武器学校長、陸上自衛隊需品学校長、陸上自衛隊輸送学校長、陸上自衛隊小平学校長、陸上自衛隊衛生学校長、陸上自衛隊化学学校長、陸上自衛隊高等工科学校長、陸上自衛隊研究本部長、陸上自衛隊補給統制本部長、自衛隊中央病院長は、必要に応じ、所要の支援を実施するとともに、所要の部隊等を中央即応集団司令官に差し出せ。

五　自衛艦隊司令官、各地方総監、教育航空集団司令官、練習艦隊司令官、システム通信群司令、海上自衛隊業務隊司令、海上自衛隊潜水医学実験隊司令、印刷補給隊司令、東京音楽隊長、海上自衛隊東京業務隊司令、海上自衛隊幹部学校長、海上自衛隊幹部候補生学校長、海上自衛隊第一術科学校長、海上自衛隊第二術科学校長、海上自衛隊第三術科学校長、海上自衛隊第四術科学校長、海上自衛隊補給本部長、自衛隊大湊病院長、自衛隊横須賀病院長、自衛隊舞鶴病院長、自衛隊呉病院長、自衛隊佐世保病院長は必要に応じ、所要の支援を実施するとともに、所要の部隊等を中央即応集団司令官に差し出せ。

六　航空支援集団司令官、航空教育集団司令官、航空開発実験集団司令官、航空システム通信隊司令、航空安全管理隊司令、航空警務隊司令、航空機動衛生隊長、航空中央音楽隊長、航空中央業務隊司令、航空自衛隊幹部学校長、航空自衛隊補給本部長、自衛地三沢病院長、自衛隊岐阜病院長、自衛隊那覇病院長は、原子力災害派遣の実施に関し、航空総隊司令官の指揮を受けよ。

第八項を第一〇項とし、第七項を第九項とし、第六項の次に次の二項を加える。

七　航空総隊司令官は、航空支援集団司令官、航空教育集団司令官、航空開発実験集団司令官、航空システム通信隊司令、航空安全管理隊司令、航空警務隊司令、航空機動衛生隊長、航空中央音楽隊長、航空中央業務隊司令、航空自衛隊幹部学校長、航空自衛隊補給本部長、自衛隊三沢病院長、自衛隊岐阜病院長、自衛隊那覇病院長を指揮し、必要に応じ、所要の支援を実施するとともに、所要の部隊等を中央即応集団司令官に差し出せ。

八　自衛隊情報保全隊司令及び自衛隊指揮通信システム隊司令は、必要に応じ、所要の支援を実施するとともに、所要の部隊を中央即応集団司令官に差し出せ。

二　この命令の実施に関し必要な事項は、統合幕僚長に指令させる。

防衛大臣　北澤　俊美

この命令により、福島における自衛隊の原発への対応が中央即応集団司令官に一元化されることとなった。これは、併せて、警察、消防の冷却水放水の作戦統制を予期したものとも見ることができる。

一二時〇〇分、放水活動に関する政府の方針が、海江田万里経済産業大臣、細野豪志総理補佐官（原子力担当）から、警察庁長官、消防庁長官、防衛大臣、福島県知事、東京電力社長に宛てた指示という形式で発せられた。細野からの文書は次のとおりであった。

◇本日、および、今後の放水活動の基本方針は、以下のとおりとする。

一　本日、一四〇〇頃から、一五〇〇頃を目途に、自衛隊、消防部隊が、三号機に向けて放水し、これに続いて、米軍の高圧放水車が放水する。

二　上記の放水活動の撤収後（一五三〇頃）、東京消防庁救助機動隊（ハイパーレスキュー隊）が三号機に向けて放水する。

三　以上、一および二の活動を含め、今後の放水除染等の活動については自衛隊が全体の指揮をとる。

これは現地に集合した警察、消防、自衛隊の各放水冷却部隊の意思疎通に混乱が生じ、現地から切実な要望が出されていたことに応えようとしたものに違いなかったが、次のような疑問があることは否定できない。

＊自衛隊が全体の指揮をとるとあるが、その真意は何か。「災害対策基本法」等の制定過程で熾烈な縄張り争いがあったことから推定すれば、各省庁が容易に自衛隊に権限を認めることは考えにくい。当然、権限の奪い合いが予測される場面である。消防・警察のホンネはどこにあるのか、政府のホンネは何か。自衛隊に、あるいは現場の部隊に厄介な責任を押し付けるだけのことなのではないのか。

＊そもそも自衛隊に対する命令（実質的に「行動命令」）が、総理補佐官から発出されることがあり得るのか。これは「自衛隊法」に定める「最高指揮権」を侵犯する行為と考えるべきであり、同法に違反ではないのか。

＊政府災害対策本部の各閣僚は、軍事に対する基本的な見識に欠けているのではないのか。自衛隊法に定める「最高指揮権」とは、いわゆる「統帥権」に他ならない。旧軍の統帥権が問題になったことはよく知られているが、アメリカ軍においても「国家最高指揮権（National Command Authority: NCA）は、大統領・国防長官にあることを明確にしており、その取扱いは極めて厳格である。当時の災害対策本部の閣僚等は、こうした基本的事項さえ十分に理解していなかったのではないのか。

結局、この文書は、政権与党の民主党内からも「菅首相からの命令がないとできない」との見解（長嶋昭久議員）が示され、撤回されて、菅首相から改めて指示が出されることで決着した。

◇三月二〇日

この日、警察、消防と東電を統制する「現地調整所」が設置されることとなり、Ｊヴィレッジ・一階奥にあるレストラン「アルパインローズ」が当てられた。調整所にはＣＲＦ司令部から約二〇名の幕僚が送りこまれ、トップには田浦陸将補が就任した(58)。

〇八時二〇分から〇九時二九分までの間に、自衛隊消防車が福島第一原発四号機に放水した。また、〇八時五九分から〇九時三三分までと、〇九時〇九分から〇九時四二分までの二回、航空自衛隊偵察航空隊のＲＦ－４Ｅによる福島第一原発の航空偵察が行われた。

政府からは、自衛隊が全般統制に当たることを指示する菅首相からの文書（次頁別紙）が発せられた(59)。

一八時二〇分、原発の瓦礫除去のために、第一戦車大隊の七四式戦車二両と七八式戦車回収車一両が大型セミトレーラーに搭載され静岡県駒門駐屯地から朝霞駐屯地を経由して福島に向かった。この戦車等は翌二一日〇六時一〇分、Ｊヴィレッジに到着した(60)。

一八時二〇分から一九時四三分まで、自衛隊消防車が福島第一原発四号機に放水した。

**注**：戦車は、原子炉施設内での瓦礫撤去等のために投入することが想定されていたが、ケーブルや地下構造物を破壊する可能性があったため結局、投入されることはなかった。

◇三月二一日～六月三〇日

三月二一日、〇六時三七分から〇八時三〇分までの間に、福島第一原発四号機に対して、自衛隊消防車による放水が行われた。自衛隊による放水はこれが最後となった。この後には、民間会社からコンクリートポンプ車が到着、よりピンポイントで燃料プールに放水することができるようになったからであった。

別紙

**指　　示**

平成23年３月20日

警察庁長官　殿
消防庁長官　殿
防衛大臣　殿
福島県知事　殿
東京電力株式会社取締役社長　殿

原子力災害対策本部長
（内閣総理大臣）

東京電力福島第一原子力発電所で発生した事故に関し、原子力災害特別措置法第20条第３項の規定に基づき下記のとおり指示する。

記

1　福島第一原子力発電所施設に対する放水、観測、及びそれらの作業に必要な業務に関する現場における具体的な実施要領については、現地調整所において、自衛隊が中心となり、関係行政機関及び東京電力株式会社の間で調整の上、決定すること。

2　当該要領に従った作業の実施については、現地に派遣されている自衛隊の現地調整所において一元的に管理すること。

さらに、第一原発の外部電源の復旧工事が進んだことがあった。一号機から四号機までの原子炉建屋に外部電源から電力が供給され、それぞれの中央制御室に照明が戻った。

三月二四日、政府の原子力災害対策本部において、海上から冷却水を搬入することが決まった、これを担当する海災部隊の任務は、アメリカ海軍が提供するバージ二隻（一三〇〇トン、一五〇〇トン）に真水を満載して、福島第一原発の岸壁（物置場）に回航するというものであった。(61) この真水給水作戦は、「オペレーション・アクア」と名づけられ翌二五日から開始された。

三月二五日一一時五一分、海自の「ひうち」が一番バージ（一三〇〇トン）を曳航して浦賀水道を南下、小名浜を経由して福島第一原発に向かった。(62)

四月一二日、福島原発対策統合本部から防衛省に対して「東京電力で実施の見込みが立ったので、待機の解除を」と通知してきた。これに対して防衛省内では、「まだ余震が続いており、危険は去っていない」として待機の継続を決定した。(63)

福島第一原発の災害対処に当たったＣＲＦ司令部の幕僚達の多くが東京電力の危機対処能力に大きな疑問を抱いていた。冷却水の放水のためには、第一原発施設がどのような配置になっているのかといった基礎データが当然必要であり、現地では繰り返しその提供を東電側に求めたが、満足な反応は最後までなかった。東電は、危機対処能力を欠いている、と判断せざるを得ない状態であった。

**注**：東電社員が、事態の深刻さを理解していなかったと思われる典型的な場面が、冷却水の放水を実施する段階で見られた。麻生幾は次のように描写している。(64)

中特防幹部が、「放射線量の高い三号機での放水は、決死隊そのものです。よって、燃料プールの正確な位置が知りたい」と詰め寄ると、軽く言ってのけた。「なら、代わりに、××工業に、放水、やらせますかぁ」

中特防のある幹部は、今でもこう語る。その時の言葉、一生、忘れない。

この段階で、基地消防隊はそれぞれの基地に帰還し、現地調整所も規模を縮小することとなったが、中特防はそのまま現地に残ることとなった。統幕・陸幕等は、最悪事態、即ち、いずれかの原子炉が爆発した場合への対処を念頭においていた。その場合、「大量の被曝者が発生し、緊急輸送と除染が必要となる、それにはＣＲＦが対処するしかない」との強い思いがあった。

六月一五日、海災部隊による真水作戦（オペレーション・アクア）が終結となった。この段階では、すでに実際に給水は実施しておらず、実態は艦隊の待機態勢を解くだけとなっていた。(65)

◇七月一日〜一二月一九日

発災から三カ月を経て、政府・地方自治体等による被災者生活支援態勢が整いつつあったことから、七月一日、北澤防衛大臣は、災統合任務部隊の編成を解除、陸災・海災・空災部隊が、協同して活動する体制に移行することとした。

これらに関連して、原子力災害対処に関しても、七月一九日、中央即応集団司令官から陸災部隊指揮官（東北方面総監）に任務を引き継ぐこととなった。

一二月六日、除染および特定廃棄物処理に関する関係閣僚会同が開催され、福島第一原発事故で放出された放射性物質により汚染された地域を一日も早く復興させるために除染を速やかに行うことが、政府挙げての喫緊の課題であるとの認識のもと、環境省などの協力を得て、陸上自衛隊が除染活動を行うこととなった。この除染活動は、一二月七日から一九日までの間、福島県楢葉町、富岡町、浪江町および飯館村の役場において実施された。実施部隊は、陸自第四四普通科連隊および第六特科連隊が主力（人員約六〇〇〇名）であった。実施事項は、側溝の汚泥の除去や落ち葉の回収、駐車場のアスファルトなどの表面の高圧洗浄機による除染などであった、これは、翌平成二四年一月から環境省の直轄事業として開始予定の本格的な除染活動の拠点を確保するためであった。(66)

◇一二月二六日

この日、北澤防衛大臣は、原子力災害派遣の終結を決定、次のとおり終結命令を発した。

**自行原命第一〇号　二三、三、一九　〇一〇〇**

**東京電力株式会社福島第一原子力発電所及び福島第二原子力発電所における原子力緊急事態に対する原子力災害派遣の終結に関する自衛隊行動命令**

一　自衛隊は、自行原命第五号（二三、三、一二）による原子力災害派遣を終結する。

二　原子力災害派遣の終結に関し必要な細部の事項は、統合幕僚長に指令させる。

防衛大臣　北澤　俊美

三月一一日から一二月二六日までの間、原子力災害対処に当たった日数は二九一日に及んだ。この間、福島第一原発への空中からの放水：四ソーテイ、約三〇トン、地上からの放水：合計約三四〇トンに達した。また、原発から三〇キロメートル圏内おける遺体収容：六二体となった。派遣人員は延べ約八万名に達した。(67)

## 五　岩手、宮城、福島における災害救助活動等

◇第一段階（発災直後）……各部隊の初動対処

既述のとおり、この地震災害における自衛隊の初動は極めて迅速であった。阪神淡路大震災の際に出動が遅かったとの批判があったことから自衛隊法が改正され、一定の要件を満たす場合自衛隊独自の判断で災害派遣の実施が可能となっていた結果であった。

自衛隊法の改正を受け、陸自では警備担当区域で震度五以上の地震が発生した場合、自動的に非常呼集が行われることとなった。特に今回の場合、勤務時間中であったこと、平素から地震対処訓練を行っていて各自がどのように行動すべきかが徹底していたことなどにより、初動対処は極めて迅速かつ円滑に進められた。

一四時五七分、第七三航空隊大湊分遣隊のＵＨ―60Ｊヘリが海自大湊基地を発進、青森県の太平洋沿岸の偵察行動を開始した。また、一五時〇一分には陸自霞目駐屯地から東北方面航空隊のＵＨ―1Ｊが発進し、動画中継装置を駆使して津波の生々しい映像を地上局（東北方面総監部）に送画した。(68)

地上部隊も、直ちに出動した。既述のとおり東北方面総監麾下部隊は、いっせいに太平洋沿岸の被災地に向かい、

人命救助を開始した。

一八時一〇分、即ち、北澤防衛大臣から「大規模災害派遣命令」が発出された一〇分後には、空自三沢ヘリ空輸隊のＣＨ—47が陸前高田の被災者一一名を救助した[69]。

一九時〇〇分には、東北方面航空隊（霞目）のＵＨ—１ヘリ四機が、仙台・中野小学校で被災者を救助した。一九時一〇分には、第六特科連隊（郡山）が白河市で被災者八名を救助した[70]。

**注**：自衛隊創設から冷戦時代を通じて、政府、国会、学界、マスコミ等を問わず、自衛隊に関する議論は、如何にして動けないようにするかに終始し、適切に行動できるようにするには如何にすべきかは、話題にならなかった。動けないようにすることが「シビリアン・コントロール」だと信じていたといってもあながち間違いとは言えない状況であった。災害派遣についても、都道府県知事や海上保安庁からの要請がなければ出動できない規定であった。阪神淡路大震災の際、直ちに出動の準備を行い兵庫県知事からの要請を「今か今かと」待っていた陸自中部方面総監は、自衛隊法の規定に従い、独自の判断で部隊を投入することはしなかった。それが結果的に批判を浴びることとなった。要請を待たずに出動すれば自衛隊は法律を無視したとしてその「独断専行」を非難するであろうし、出動しなければ「遅い」と非難する、とにかく軍とか自衛隊が「悪い」といっておけばその場が収まるというのが戦後日本の風潮であった。

◇第二段階……災害救助活動と災害派遣部隊編成・被災地進出の同時遂行

東日本大震災は、これまでに経験した地震の規模を遥かに超えるものであった。被災地は岩手北端から千葉県北端に至る太平洋側の長い海岸線一帯に及んでいた。このため、災害救助に万全を期すためにはこの地域の部隊のみでは不十分であり、全国からの増員が必要と当初から判断されていた。

部隊の増援は、直ちに実施すべき人命救助などの緊急事項と同時並行的に進められていった。

●陸上自衛隊

既述のとおり、発災直後に火箱陸幕長から各方面総監に対して、東北方面隊を増強する基本構想がすでに伝えられていたことから、各方面隊の動きは迅速であった。まず、東北方面隊隷下の第六、第九の両師団が被災地に駆けつけ、続いて隣接する北部方面隊と東部方面隊から東北方面隊への増強が開始された。さらにその後、中部、西部方面隊からも増強が続いた。

第二師団（旭川）を基幹とする部隊は岩手駐屯地に前線司令部を置き、青森県全域と岩手県北端沿岸部の洋野町から宮古市に至るやや広い範囲で救援活動に当たることとなった。

第九師団（青森）は、岩手県の内陸部と第二師団の担当正面より南側の山田町、釜石市から陸前高田市に至る沿岸部を担当することとなった。この辺りは、岩手県でも特に津波被害が甚大な地域であった。

宮城、山形、福島を防衛警備区域とする第六師団（福島）は、発災直後から宮城県中央の沿岸部被災地に急派された。そこに待ち受けていたのは未曾有の惨状であった。沿岸部の多くの港町が大津波に襲われ壊滅状態となっていた。津波が引いた後の町は見渡す限りガレキの山であった。このため第六師団は、宮城県の石巻湾、松島湾から名取川に至る沿岸地部に区域を絞って救援活動に当たることとなり、師団の本拠地である福島は他の部隊に譲ることとなった。

宮城県南部には愛知県守山市に司令部を置く第一〇師団（名古屋）が投入された。

第四師団（福岡）は気仙沼湾から志津川湾に至る沿岸部と陸地側は伊豆沼周辺までが担当正面となった。さらに、第一四旅団（善通寺）が宮城県の追波湾から白銀崎周辺までの地域に、第五旅団（帯広）が牡鹿半島一帯（女川町）に投入された。

第一三旅団（広島）は、茨城・千葉両県の担当となったが、一部は第一〇師団の担当区域の南端に投入された。第一二旅団（群馬）は、福島県を担当正面とすることとなった。

これらに続いて、第七師団、第一一旅団、第八師団、第一五旅団が、先に派遣されている各師団・旅団の活動をバックアップする形で支援活動を実施することとなった。第一一旅団からは第二師団に、第七師団からは第九師団に、それぞれ災害派遣部隊が配属され、一体となって行動した。

また、九州にとどまっている第八師団と第一五旅団の要員をもって西部方面生活支援隊が編組され、第四師団に配属となった。

こうした隣接または遠方から増援されることとなった部隊の態勢を整えるための拠点となったのが、岩手山演習場（岩手）、大和駐屯地（宮城）、郡山駐屯地（福島）であった。これらの演習場・駐屯地は、増援部隊の拠点となっただけでなく、関東補給処や東北補給処といった後方（兵站）拠点から輸送されてくる支援物資の中継基地としての役割を担うこととともなった。さらに、船岡駐屯地（宮城）、白河布引演習場（福島）、王城寺演習場（宮城）などが同様に前進・中継拠点としての役割を果たすこととなった。[71]

最も大規模な兵站作戦を実施したのが関東補給処であった。関東補給処が前進指揮所を設置してＪＴＦを支援することとなったのは、東部方面総監・関口泰一陸将の命によるものであった。

発災直後の火箱陸幕長の指示により、師団または旅団単位で部隊を投入したことが全体の運用を極めて円滑にしたことは間違いなかった。

●海上自衛隊

三月一二日〇〇時、海災東北部隊指揮官（横須賀地方総監）高嶋海将は、自衛艦隊等からの増援の規模が明らかになったことを踏まえて「ＲＹ計画」の修正を行い、部隊運用の基本的な構想を次のとおりとした。

＊陸岸（海岸）沿いに掃海艇等小回りの利く小艦艇を配置する。その外側（沖合）に中型艦艇を、さらにその外側に大型艦を配置する。輸送艦、補給艦による補給は、デリバリー方式とする。

＊航空機の運用は、航空集団司令官所定とする。

注：デリバリー方式とは、所要の物資を横須賀〜現場海域間でピストン輸送し、必要な部隊に必要のつど、必要な物資を届ける、という補給方式をいう。

捜索救助活動を実施するにあたり、岩手北端の沿岸から銚子までの長い区域を三分割し、三名の護衛隊群司令に割り当てられた。このほか、掃海隊群司令には、この全域海岸付近における捜索救助が命ぜられた(72)。

修理中の艦艇については、一二隻について短縮または修理切り上げの措置が取られることとなった。また、修理を目前に控えていた一一隻については修理延期とすることが決まった。

既述のとおり、「ひゅうが」は定期修理のため横浜に回航されていたが、急遽諸物品を再搭載し、すでに陸揚げされていた錨を復旧して横須賀に回航させる措置が取られた。

輸送艦「おおすみ」は、ＡＲＦ（ＡＳＥＡＮ地域フォーラム）の枠組みの下で行われるＨＡ・ＤＲ―ＥＸ（人道支援・災害救助訓練）に参加するため、シンガポールに入港直前であったが、急遽参加を取りやめ帰国の途に就いた。

掃海母艦「ぶんご」は、掃海艇二隻とともに西太平洋掃海訓練に参加するため沖縄まで進出していたが、これも急遽反転して東北に指向されることとなった(73)。

航空機についても、被災地に近い航空基地（厚木、下総、舘山、大湊）への展開・集結が開始された。

●航空自衛隊

航空自衛隊が立ち上がりから実施したのは、航空支援集団の輸送機部隊、救難部隊の保有機による活動であった。真っ先に開始されたのが航空救難団の捜索・救助機による捜索救助であった。同時に、輸送航空隊の保有する大型輸送機による幹線空輸の準備が開始された。発災翌日（三月一二日）〇八時四一分、第一輸送航空隊（小牧）のＣ―

１３０輸送機が名古屋から花巻へＤＭＡＴ（災害派遣医療チーム）約六五名を、〇八時五一分には第三輸送航空隊のＣ１がＤＭＡＴ約四〇名を福岡から百里へそれぞれ空輸した。地上部隊については、給水、給食等を行う部隊の編組、所要の準備が開始された。

松島基地は、津波に襲われ、基地機能が壊滅状態にあった。このため、近傍の被災者の救助に当たる傍ら、基地機能の回復に努める必要があった。

松島基地では、発災直後、第四航空団の通信隊が電話交換台の一部を庁舎一階から四階に移設して外部からの電話交換を続ける措置をとっていた。一部の移設後に一階に残された交換機は、部屋が密閉されていたことから水の流入がわずかとなり交換機能が維持されていた。これが後に基地機能の回復に大きな効果をもたらすこととなった。

**注**：チリ地震の際にも津波警報が発令された。その時、一階に設置されていた交換台についていた若い隊員（空士長）が、避難命令が出た後もその場を離れず、命を懸けて交換台機能を守ろうとした。これを見た定年直前の准尉が「俺が代わるから、そこをどけ」と言って無理やり交代させるという一幕があった。これを教訓として、津波警報発令の際は、交換台の一部を高階に移設することが松島基地の「震災対処計画」に盛り込まれていた。(74)

輸送機による物資の空輸、救難ヘリ等による人命救助、松島基地の基地機能回復作業と並行して、空自としての地上部隊の派遣が進められた。

空からの脅威に対して、常時警戒態勢をとっている航空自衛隊は、ある特定の部隊を建制を崩すことなく派遣することができないという問題があった。このため、被災地またはその近傍にある航空基地に各隊から派遣される要員を集め、そこで臨時の派遣部隊を編成することとなった。

松島基地に災害復旧支援隊が編成され、指揮官には第四航空団基地業務群司令の時藤和夫一等空佐が任ぜられた。

災害復旧支援隊は、全国の各基地から派遣された人員で構成される、いわば「寄せ集めの部隊」であったが、派遣されてきた隊員たちは献身的に与えられた任務に邁進した。復旧支援隊の任務は、①滑走路の維持、②基地外における民生支援、③基地内の復旧、の三点とされたが、多くの隊員は、この②の任務、即ち、直接被災者の支援に当たることを強く望んだという。(75)彼らには、それぞれの部隊を代表して被災者の救援に駆けつけたとの思いがあった。基地内にあって災害救助等の活動基盤を維持することの重要性は理解していたが、それでも、直接救助の手を差し伸べたいとの思いを消すことができなかったのであった。

◇第三段階……東北地地方太平洋沿岸部全域のライフライン壊滅への対応

発災初期における人命救助が進み、人々が避難所に集まりはじめると新たな問題が明確になってきた。この大震災は、これまでの震災とは全く異なる様相を呈していたからであった。たとえば、阪神淡路大震災の場合、確かに被災地は甚大な被害を蒙っていたが、そこからさほど遠くない大阪はほとんど無傷であった。したがって、救援の手を差し伸べることは比較的容易であった。避難してきた人たちが必要とする水、食料、衣類等は、近傍の市や町から調達することが可能であった。電話等の通信手段の復旧も、近傍から駆けつけて直ちに対応することができた。

ところが、今回はそれらを近傍から求めることが極めて難しくなっていた。各地で無事避難した人たちも孤立状態となっていた。

津波によって、多くの地域でライフラインが壊滅していた。それは岩手県から千葉県に至る太平洋沿岸の長大な範囲に及んでいた。住居はもちろん、衣類がない、飲料水がない、食料がない、赤ちゃんのミルクがない、医薬品がない、暖房用の灯油がない、という状況をどのようにして乗り切るのか。被害のない地域から輸送するしかなかったが、道路が寸断されていた。迂回しながら進むにもガソリンスタンドも壊滅しており、燃料補給ができなかった。

最も問題であったのは、救出のため被災地に向かった災害派遣部隊の燃料が枯渇の心配が出てきたことであった。被災地である陸自の霞目飛行場（仙台）、空自の松島基地（東松島市）の燃料タンクが使用不能となっていた。このため、被災地での燃料補給は基本的に不可能であった。陸海空各幕の担当部署ではすでに一二日の段階で、「軽油」と「航空燃料」の備蓄が「危機的状況にある」ことを把握していた。「軽油」は人命救助や支援物資輸送を担当する陸上部隊の車両には欠かせない燃料であった。「航空燃料」は、航空自衛隊が特に深刻であった。燃料タンクのある基地の燃料を入れるドラム缶と燃料を運ぶタンクローリーが悲劇的に不足していることであった。

さらに問題となったのが、「官邸の意向で、燃料元売り企業が供給を止めている」という問題であった。官邸は、東北の燃料が不足する事態を予測して、燃料元売り企業に事実上の統制をかけていた。それは東北の被災者のことを最優先に考えた結果であるに違いなかったが、その時、緊急事態に即応すべき自衛隊の災害派遣部隊のことを全く考慮に入れていなたかった結果であった（この件は、北澤防衛大臣が三月一五日の政府災害対策本部第一〇回会議で経済産業大臣に要望し事なきを得た）。

いずれにしても、喫緊の課題は、省庁の垣根を取り去った緊急輸送体系を確立することであった。主要な道路の啓開・復旧による陸上輸送路の確保、海上輸送体系の確立、航空輸送体系の確立、そして、これらを統合した「緊急物流体系（調達・集積、輸送・補給・配分体系）」の確立が求められた。

●陸上輸送路の確保……主要道路の啓開・陸上輸送態勢の確立

幹線道路を確保して、陸上輸送路を応急復旧するため迅速に立ち上がったのが国土交通省東北地方整備局であった。局長の徳山日出夫（平成二七年八月から国土交通次官）は、今回の地震は多くの家屋が押しつぶされるという阪神淡路大震災や新潟中越地震のような「従来型」の震災とは様相が違うと直感した。

真っ先にすべきことは、津波に襲われた住民を救助するための救援チームが現場に到達できる道路を確保すること、それに尽きるというのが徳山の判断であった。三陸海岸では壊滅的な被害を受け、市役所や役場そのものが喪失したところもあることが判明していた。

徳山は、電話で行われた大畠章宏国土交通大臣との会議で「阪神淡路大震災とは違います。津波型大災害を想定すべきです」と訴えた。これに対して大畠大臣は「すべて任す、国の代表と思ってあらゆることをやってくれ」と応じたという。(76)

徳山は、「無駄な動きは致命傷となる、内陸部の被害にいちいち対応すべきではない、目標は太平洋沿岸部の都市だ」と、局内の職員に対処方針を明示した。

海岸付近を通る国道四五号線は発災直後から麻痺状態、東北縦貫道路も点検のため全面通行止めとなっていた。幸いにも国道四号線は通行可能であった。東京から埼玉を縦貫して栃木、福島、宮城、岩手の内陸部を経て青森に至る国道四号線は、東の太平洋沿岸部へと伸びる何本かの国道と交差していた。この国道四号線を軸として、櫛の歯状に、太平洋沿岸部の重要な市町村と結ばれている。幸いにもその国道四号線は通行可能である、したがって、国道四号線から東に伸びて太平洋沿岸部の市町村に至る路線を確保すればよい。かくして「櫛の歯作戦」が開始されることとなった。国道四号線から太平洋沿岸部に伸びる国道は一六本あった。徳山は、これをすべて「啓開」する、それも数日内に完了することを目指せと指示した。

「道路啓開」は、連絡がつくすべての国道事務所、近隣の土木建設業者の力を結集して開始された。膨大な量の瓦礫との闘いとなった。しかし、全面的にバックホー（パワーショベル）を投入して進むわけにはいかなかった。「ガレキの中には……人がたくさん……」かくして、自衛隊の部隊が派遣され、手作業での「人命救助」と「道路啓開」を同時に進めることとなった。

瓦礫の山と対峙した派遣部隊に立ちはだかったもう一つの障害が「法律」であった。現行の法制では、たとえ危険な状態にある家屋等でも、部隊指揮官の判断でこれに独断で手を加えることはできないこととなっていた。このため、瓦礫除去作業が進まないという事態を招いていた。この件は、ＪＴＦ指揮官、防衛大臣を通じて政府災害対策本部に報告され、「東北地方太平洋沖地震における損壊家屋等の撤収等に関する指針」が特例として制定され、所有者の承諾を得ないで撤去することができるようになった。これによって、ようやく道路啓開が進展することとなった。

**注**：北澤防衛大臣はその著書で次のように述べている[77]。

たとえば、個人の家が崩れかけている場合、強い余震が起きたり、強い風など、ちょっとした衝撃で崩れ落ちることが想定されるときは、やはりこれも復旧作業の危険要因になる。しかし自衛隊の独断では、柱を少しでも移動したり、取り除いたりすることは法制上できないのだ。君塚指揮官からもこうした報告があったので、私は官邸の対策会議で「法整備を早急にやってほしい」と問題提起した。そこでできたのが「東北地方太平洋沖地震における損壊家屋等の撤収等に関する指針」という特例で、所有者の承諾を得ないで撤去することができるというものだ。これによって道路啓開は飛躍的にやりやすくなった。

三月一五日、国道四号線から東側の太平洋沿岸部の都市に伸びる一六本の国道の啓開が完了し、緊急輸送に堪える道路の「櫛の歯」が出来上がった。これにより東京方面から釜石、陸前高田等へのアクセスが可能となった。

●海上輸送態勢

発災直後の津波等の難をのがれた被災者たちにまず必要となったのは食糧、飲料水、暖房（ストーブ、灯油、毛布等）であった。すべてが津波によって失われていたからであった。

海災部隊は、こうした要望に応えることができる艦艇、ヘリコプターを保有していた。「ひゅうが」をはじめとする護衛艦、「おおすみ」、「くにさき」などの輸送艦、ＬＣＡＣ（エアクッション型揚陸艇、いわゆるホバークラフト）などであった。

震災で港湾設備が破壊され、一般の船舶による物資の輸送が困難な中で、これら海災部隊の能力は、海上からの物資輸送に大きな力となるものであった。

三月一五日に開催された第一〇回政府災害対策本部会議で、国土交通大臣から、「釜石港、宮古港は開港済み。仙台塩釜港は明日中を目指している。燃料支援の申し出に対しては、経産省で対応をよろしくお願いしたい[78]」との報告・要望があり、これ以降、民間の船舶も含めた海上輸送能力の運用がある程度期待できることとなった。釜石港、宮古港の二港が開港済みといっても、海中の状況は依然として厳しいものがあり、船舶の運航に大きな制約があることに変わりはなかった。

**注**：港湾における瓦礫除去には、アメリカ軍も「トモダチ作戦」の一環として大きく貢献した（後述）。

●航空輸送態勢

陸自の霞目飛行場、空自の松島基地は、東北地方における災害に際して航空機運用の拠点となるべき地理的位置にあったが、いずれも津波の被害を受けて運用不能となっていた。このため立ち上がりの段階では、周辺の秋田、八戸、三沢、百里、入間、新潟等の各飛行場からの発進・帰投で対応することとなった。

しかし長期間の運用のためには、霞目飛行場、空自の松島基地の復旧が不可欠と判断され応急復旧作業が行われた。かくして三月一六日には、松島飛行場の滑走路が運用可能となり、第一輸送航空隊（小牧）のＣ―１３０輸送機が松島に救援物資を空輸した[79]。

空輸拠点としては、八戸、青森、花巻、福島、山形など民間空港も活用されることとなった[80]。これに伴い全国の主要な基地からの物資を松島等の各飛行場に空輸し、そこからは車両等で被災地に送る輸送体系が出来上がっていった。

**注**：仙台空港の復旧にはアメリカ空軍、海兵隊が「トモダチ作戦」の一環として加わり、大きく貢献した（後述）。

●統合輸送体系を根底とした「緊急物流体系（調達・集積・輸送・補給〈配分〉体系）」の確立

三月一五日に開催された前述の第一〇回政府災害対策本部会議で、菅首相から次のとおり指示があった。

「これからも救出・救済活動を続けていくが、一方では避難所等におられる多くの方々の手当に段々と比重を移していかなければならない。たいへん大きな地震であるために、色々な物資等を捌く体制を、防災担当大臣の下で進めていただいているが、さらに強力に推し進めなければならない。組織力、情報、移動手段を持っている自衛隊が中心となって、担っていただくことがもっとも有効ではないか。指揮する防衛大臣に対して、防災担当大臣から自衛隊としてやってほしいと伝えるのか、やり方は両大臣にお任せする。多くの方が寒いなかで、食べ物・水・毛布・そして燃料を待っている。そうした皆さんに対する手当に全力を挙げていただきたい(81)」

この会議において北澤防衛大臣からは「明日（一六日）から、地方公共団体及び民間からの救援物資の自衛隊による輸送を開始する。食料の所在リスト、担当者リストをいただきたい。各県に一カ所ずつ駐屯地を指定するので、支援物資をそこに集めてほしい。燃料の調達制限から自衛隊を外してもらいたい」との発言があった。

一元的な緊急物流体系を確立し、陸海空の持てる能力を統合して民生支援を行うべきとする考え方は、一四日にはすでに陸幕内で装備部長から提案され、火箱陸幕長もこの案を高く評価していた(82)。

この時の構想は次のようなものであった。

＊各県が備蓄している飲食物を近傍の陸自の駐屯地に運ぶ。輸送は、民間の輸送力による。

＊それらを陸海空自衛隊で被災地近傍の集積拠点まで輸送する。集積拠点は、花巻とする。
＊花巻から各被災者のもとへ陸自が「宅配便」のように配布する。
＊被災地の各地方自治体へは、連絡担当官を送り、需給統制のための要望を確認する。
＊各駐屯地から集積拠点への空輸は、空自の輸送機をあてる。
＊民間の輸送力を活用するに際しては、帰りの燃料を自衛隊の備蓄分から供給する。
＊需給統制のノウハウ等について、民間企業（日通）の協力を得る。
＊無駄な物品の配布を回避するため、被災者の声を聴く要員（「耳部隊」）を随時・随所に派遣する。

かくして、これまでに存在しなかった大規模な物流の、民間の能力も併せて使った「特別な物流ルート」、「緊急物流体系（調達・集積・輸送・補給〈配分〉体系）」を新設しての生活支援作戦が、全国でダイナミックに開始されたのであった。

◇第四段階……想定外の任務（行政事務の支援等）への対応

過酷な条件下で、災害派遣部隊は献身的な働きをした。これに対して、被災地のどこでも称賛の声が挙がっていた。マスメディアも、過酷な活動を何度も取り上げ、国民の理解も高まった。しかし、地震発生から一カ月近くになって気が付いてみれば、それまでには想像さえしたことのない事態が起きていた。

地方自治体の自衛隊に対する依存度が、各地で高まっていたのであった。それは庁舎にダメージを受けていたからだけではなかった。

自衛隊という軍事組織の活動は、大災害のような非常事態においては極めて合理的であり、素早く、機能的であった。無理難題のすべてを解決してくれる組織、それが自衛隊であった。地方自治体が困っていると、連隊長や中隊長が、こうしましょう、と提案するなどして行政の分野にも立ち入って解決してくれた。依存度が高まるのも自然の流れであった[83]。

それは地方自治体だけに限ったことでもなかった。当時、政権の座にあった民主党内で「いっそのこと、壊滅した地方自治体だけでなく、東北地方全体の行政も、自衛隊にやってもらってはどうだろう[84]」という、本気かどうかは別として、そんな声さえあったという。この話は軽い冗談であったと信じたいが、あながち冗談であったとは言い切れない面もあった。北澤防衛大臣が、自衛隊の災害派遣部隊を「一〇万名出します」と菅首相に報告したとき、菅首相は珍しく笑顔を浮かべて「いやあ、ありがたいですね。自衛隊はほんとうにありがたい。まったく自衛隊はドラえもんのポケットみたいですね[85]」と語ったという。

自衛隊の派遣には、①緊急性、②非代替性、③公共性、の三つの要件を満たすことが必要であるとされてきた。軽易に軍事力を使ってはならないという考え方に基づくものであった。災害派遣に、県知事等の「要請」がなければ派遣できないとしてきたのも、軍事力を政争の道具としたり、政権奪取（クーデター）の手段としないための「歯止め」が必要であるとの考えに基づいていた。戦後、軍と名がつくものはすべて「悪」というおかしな風潮のなかで創設された自衛隊の「行動」に対しては、この考え方を前面に打ち出して、異常なまでの制約を課していた。それが異常であったことが明確になったのが阪神淡路大震災であったが、今回は逆に、異常ともいえる逆現象、度を越した依存状態をもひき起こしていた。

◇第五段階……派遣規模の縮小、撤収準備から撤収へ

人命救助、復興のための基礎作り、という段階を終えて自衛隊としての任務が一段落したとき、次の課題は撤収時

期であった。大災害という国民の危機に際して、自衛隊が高い信頼を得たことは、逆にその撤収を難しいものにしていた。「おそらく被災者の立場からすれば、帰らずに長くそこにいて欲しかったと思う。しかし、国防という本来任務があるので、いつかは撤収を図らなければならない。ただ、そのタイミングと方法を間違えると、評価は全く違うものになってしまう。現地の声をしっかりと聞きながら撤収しないと、勝手に帰ったなどと言われかねない」[86]というのが、北澤防衛大臣の判断であった。北澤は、君塚ＪＴＦ司令官に対して「住民の皆さんが安心感を抱いたまま、静かに去るようにしてほしい」[87]と、自らの気持ちを述べたという。災害派遣にはもう一つ別の難しい側面があった。被災者・国民から感謝もされるが、やればいいというものでもなく、必要なことはやらなければならないが、「民業圧迫」ということにも留意する必要があった[88]。

北澤が考えた最終ゴールは、撤収の是非を決める県知事など自治体の撤収要請者が「もう大丈夫です。あとは私たち地元の者がやります」と言ってくれる状況を作り出すことであった。それは、発災以来自衛隊が実施してきた救援活動の一つ一つを、地元に移譲し、それが正常に機能しているかを確認することでもあった。

北澤の指示の下、こうした確認がＪＴＦによって行われ、統幕長を通じて逐次防衛大臣に報告された。岩手県から宮城県、福島県まで、二〇から三〇カ所を約二カ月かけて点検したという[89]。

**注**：海上自衛隊は、四月二〇日前後から派遣規模の縮小に取り掛かっていた。リリースする順序は、まず自衛艦隊、次に他地方隊、最後に横須賀地方隊とする。とりわけ警戒監視の実任務を行っている自衛艦隊については早急に返す必要がある[90]。というのいが海災部隊指揮官高嶋海将の判断であった。

平成二三年八月三一日、北澤防衛大臣は、次のとおり災害派遣の終結を命じた[91]。ここに約半年に及んだ大規模な災害派遣は終結となった。ただし、原子力災害については、継続となっていた。

**自行災命第一八号　二三、八、三一　〇九〇〇**

**平成二三年（二〇一一年）東北地方太平洋沖地震に対する大規模震災災害派遣の終結に関する自衛隊行動命令**

一　自衛隊は、自行災命第六号（二三、三、一四）による大規模震災災害派遣を、本命令の発出をもって終結する。なお、東北方面総監は、引き続き、自衛隊の災害派遣について（二二県安第三三一一号。平成二三年三月一一日）による福島県知事からの要請に基づき、自衛隊法（昭和二九年法律第一六五号）第八三条第二項の規定による救援を実施せよ。

二　この命令の実施に関し必要な事項は、統合幕僚長に指令させる。

防衛大臣　北澤　俊美

東日本大震災における活動実績は次のとおりとなった。(92)

一　救助など
＊人命救助　一万九二六六名
＊遺体収容　九五〇五体
＊遺体搬送　一〇〇四体

二　輸　送
＊物資輸送　一万三九〇六トン
＊医療チームなど輸送　二万二四〇名
＊患者輸送　一七五名

三　生活支援

＊給水支援　　三万二九八五トン（最大約二〇〇カ所）

＊給食支援　五〇〇万五四八四食（最大約一〇〇カ所）

＊燃料支援　　一六〇六キロリットル

＊入浴支援　一〇九万二五八五名（最大三五カ所）

＊衛生支援　　二万二六五三名

## 六　被災現場における隊員たちの活躍と苦悩……隊員たちの涙ぐましい心遣い

### (一) 隊員のなかにも被災者

今回の大震災において、真っ先に災害現場に駆けつけたのは、東北各地に所在・駐屯している東北方面隊隷下の部隊であったことは勿論であるが、それ故に、派遣された隊員たちも被災者であった。災害派遣部隊の隊員の多くは地元出身者であったことから、家族が被災した隊員は約五〇〇〇名にものぼり、そのなかでも、両親や妻子といった二等親の家族を亡くした隊員が二〇〇名を超えていた(93)。

彼らは行方のわからない両親や妻子を探しに行きたい気持ちを抑えて、私心を捨てて、それぞれの任地で懸命に行方不明者の捜索やがれきの撤去等の任務に当たったのであった。

### (二) 派遣中の食事

＊ビタミン不足

この災害派遣においても、派遣された部隊の食事は、当初、缶詰であった。補給態勢がある程度整ってからは、北から派遣された部隊は岩手で、南から派遣された部隊は郡山で、それぞれ補給拠点を設置して糧食の調達も可能となったが、被災地の中央部に当たる仙台を拠点とする部隊（第六師団等）は、糧食の調達がままならず、二カ月近くレトルト食品ばかりの日が続いた。このためほとんどの隊員がビタミン不足による口内炎に苦しめられていた[94]。それでも隊員たちは、ご飯（おにぎり）・汁物等の温食を被災者に提供しながら、自分たちは冷たい食事（缶詰飯等）を、陰で立ち食いして済ませていた。

＊赤飯の缶詰

派遣部隊用に支給していた赤飯の缶詰が大量に戻されるという珍しいことが起きていた。赤飯の缶詰は、非常食としては評判も良く、野外演習等でもよく食されていた。それが大量に戻されてきた。大震災現場の真ん中で、行方不明者が数多くいる、瓦礫の下に遺体が残されたままになっている、そういう状況下で、たとえ缶詰でも、祝い事を連想する赤飯を食べる気にはとてもなれないというのがその理由であった[95]。

### （三）遺体収容

災害に際して自衛隊が派遣される所以は、一人でも多くの生存者を救出することであるが、それも叶わず残念ながら遺体を収容することとなったケースが少なくなかった。遺体を所定の場所に運んだあとの搬送や埋葬は、本来、自治体の仕事である。自衛隊は法的にもできないこととなっている。このため、当初は地元の葬祭業者に行わせようとしたが、その業者自体も被災していたこと、遺体の数が尋常でなかったことなどがあり全く機能していなかった。

こうした状況に「墓地埋葬法」を所管する厚生労働省が動き、結局、自治体の役場が行うこととなったが、直ちに荼毘にふすことができず一時的に仮埋葬し、その後、掘り出すという手順がとられたという。現地の災害派遣部隊は、肉体的にも精神的にも極めて過酷な状況下で任務を遂行したのであった。

隊員たちは、津波によって打ち上げられたヘドロの異臭が漂う瓦礫を掻き分けつつ、一縷の望みを捨てずに行方不明者の捜索を行っていた。変わり果てた遺体を発見すると、自分の家族のように丁寧に搬送した。小さな子どもの遺体が発見されたときは、隊員たちは涙を流しながらその遺体を抱きかかえたという。たとえ何カ月もたって発見された場合でも、亡骸を家族のもとに届けるまでは、「行方不明者」として、昨日今日亡くなった人と同じように遇した。腐敗が進み、損傷に激しい遺体であっても、彼らはその遺体を数名で抱きかかえて搬送したのであった。(96)

## 七　東日本大震災から浮かび上がった諸問題

### (一) 政治家の自衛隊最高指揮権に関する認識の低さ

既述のとおり、福島第一原発において、自衛隊、警察、消防の三者がローテーションを組んで放水を実施することとなった際に、政府災害対策本部内で、これを自衛隊に一元的に指揮させるという案が浮上した。

これを実行に移すに際して、海江田経済産業大臣の意向を受けた原子力災害担当の細野豪志首相補佐官から、警察庁長官、消防庁長官、防衛大臣、福島県知事、東京電力社長に対する指示が文書で発せられるという場面があった。結局、菅首相から改めて文書で指示が発せられたが、この一件から透けて見えるのは、当時の民主党政権の中に、自衛隊の最高指揮権について、全く無頓着な人たちが圧倒的に多かったということである。

日頃、防衛問題が浮上するたびに、シビリアン・コントロールを口にし、かつての統帥権を問題にしながら、いざ、それが最も重要な場面になると、自らそれに反する行為を平然とやってのける。これはシビリアン・コントロールの本旨を全く理解していない、「無知」から出た行為であったとしか考えられない。

最高指揮権あるいは統帥権は、軍事力を直接行使する権限であり、それ自体強力な力である。それ故に、これをむやみに行使しないための「歯止め」が不可欠であり、現在の自衛隊法における最高指揮権は、国民から選ばれた「シビリアン（内閣総理大臣）」のみに与えられており、自衛隊の持つ武力が、最高指揮官以外の者によって悪用されることを防止する仕組みとなっている。

確かに、この時の海江田や細野に悪意はなかったことは間違いないであろうが、今回のケースは、最高指揮権について関係者の誰もがきちんと理解していなければ「悪用」が可能であることを示唆しているというべきものであった。見方によっては、この時の海江田、細野のとった行為は、満州事変における板垣、石原らの行為よりはるかに悪質であると断じてもあながち的外れとも言えない。何故なら、少なくとも板垣、石原らは、統帥権を尊重する姿勢は維持していた。これに対して海江田、細野の行為は、それが意図的でないことは明らかであるが、総理大臣にしか与えられていない最高指揮権を「極めて粗末に扱う、あるいは犯す」ものであった。これは政治家の見識の低さに由来するものであり、これが戦後七〇年のわが国政治家の実像であることを国民はなんと考えるべきであろうか。

## （二）自衛隊に課すべき任務の範囲

今回の災害派遣は、未曾有の大震災であったこと、自衛隊に対する信頼度が格段に向上したことなどが相まって、自衛隊に対する要請に多様化の傾向が強まったということができる。今回の災害派遣において自衛隊が実施した事項は、人命救助、物資輸送、人員輸送、避難生活支援（炊飯、入浴支援等）といった従来の災害派遣における実施事項の他、遺体搬送、行政支援などがあった。さらに、原子力災害に対して、原子炉への給水、除染も実施された。

一国の軍隊（自衛隊）が、国民から強い信頼を寄せられることは、社会の安定性を裏付けるものでもあり望ましいことであろうが、今回の災害派遣における要請事項の中には、疑問を呈したいものも含まれていることに留意する必要がある。

今回の災害派遣において、一部で実施された行政支援は、一時的にはやむを得ない状況にあったことは間違いなく、現場レベルでこれを断ることはできなかったと考えられる。しかし、一般行政を軍事組織が行うことは、旧憲法でも、「戒厳令」が発せられて初めて可能であった筈であり、自衛隊がそれを行うについては、法的な裏付け等について考えておく必要があるいではないか。

同様の問題が、「緊急物流体系」の実質的統制を自衛隊が担当したことにも存在する。これは、「自衛隊の行うべき任務の範囲」という視点と、同時に、「自衛隊指揮官が自衛隊以外の組織を指揮すること」というもう一つの視点からの検討が必要であろう。

### (三) 自衛隊指揮官が自衛隊以外の組織を指揮することの是非と問題点

この件も、今回の災害派遣ではじめて行われたケースである。こうしたことは、今後も大規模な災害の場合当然起こり得るであろうが、現行法制上問題が多い。法制上の問題等を今のうちに検討しておくべきであろう。

今回の場合、原子炉に給水を行うに際して、自衛隊、警察、消防が入ることとなり、これをローテーションしながら実施できるよう自衛隊が全般の指揮をとることとされた。その際これが首相から文書による指示という形で示された。果たしてそれでよかったのか疑問なしとしない。

首相からの文書ではあったが、災害対策本部で起案したため、発出者は「災害対策本部長（内閣総理大臣）」となっていた。自衛隊が原子力災害派遣行動の一環として対応していることを考えれば、これは自衛隊法に抵触しているのではないのか。百歩譲っても「内閣総理大臣（災害対策本部長）」とするくらいの配慮が必要であったと思われる。

また、この文書を災害対策本部における「意思決定」と受け止めるなら、これとは別に、自衛隊に対する「命令」ないし「指示」を最高指揮官としての立場から発するというケースも考えられる。

こうした考え方に対しては「それは所詮形式の問題ではないか、細かいことを言うな」という批判が出るかもしれないが、決して形式の問題ではない。軍事力という「力」を国家としてどのように取り扱うのかという問題であるとの認識が必要であろう。自衛隊を「暴力装置」と決めつけて危険視する官房長官がいる政権で、指揮命令を軽視する、些事と考えるのはあまりにも支離滅裂ではないのか。

「緊急物流体系」の実質的統制を自衛隊が担当したことにも同様の問題があることは、前項で指摘したとおりである。要するに、災害派遣と雖も、自衛隊が「行動命令」で動いているということと、一般行政命令で動いている他省庁、地方自治体、民間企業等との間の「責任と権限」をどのようにすべきなのかが不明確であるということである。

## （四）自衛隊の大規模派遣（一〇万名規模）が国土防衛態勢にもたらす影響

今回の大災害では、自衛隊の派遣規模が一〇万名を超えた。約二四万名の自衛隊にとってもこれは極めて厳しいものであった。

すでに指摘したように、今回の災害派遣中もロシア、中華人民共和国の艦艇や航空機がわが国周辺に出現し、わが国の警戒監視能力を確認（「瀬踏み」）するケースが何度となくあった。

国際軍事情勢の現実を考えれば、台湾海峡や朝鮮半島で起こり得る事態への備えが当然必要であり、かかる意味で極めて危険な状態であったと言わざるを得ない。

折木統幕長が北澤防衛大臣に対して、一〇万名までは派遣可能と答えたのは、それまでに実施してきた「東京直下型地震」を想定した震災対処の検討等から判断したものであり、軍事専門家としての根拠に基づいているが、それでも薄氷を踏む思いであったと推察される。

また、既述のとおり、火箱陸幕長が各方面総監に派遣すべき部隊を電話で指示した際、南西方面の防衛態勢に必要な部隊や首都防衛に当たる第一師団等は動かすなと指示している。

海上自衛隊は、災害派遣の実施を横須賀地方総監の一元指揮とし、自衛艦隊司令官は艦艇差し出しのほかは専らわが国周辺海域の警戒監視に従事できる態勢を維持していた。

航空自衛隊も、常時警戒監視が可能なように各航空団、警戒管制団等の機能を維持すべく各部隊から差し出される人員をもって、松島基地等被災地あるいはその近傍の基地で、臨時の災害派遣部隊を編組して対応していた。

政府が、あるいは首相官邸が、同じように心を砕いていたであろうか。北澤防衛大臣が自衛隊の派遣部隊を一〇万名とすると菅首相に報告したとき「自衛隊はドラえもんのポケットみたい」と述べたというが、この時菅首相の頭に台湾海峡や朝鮮半島有事は全く念頭になかったように思われてならない。

これまでも防衛力整備において、脅威と経費が対峙する場面では、人員削減と海空重視がセットで主張されてきた。しかし、いざという場合に最終的に頼りになるのは人員・規模である。果たして現在の人員規模でよいのか、改めて考えるべきであろう。特に、陸上自衛隊の人員削減には強い危惧の念を抱かざるを得ない。

## (五) 大災害・国土防衛等に関する知識・情報の教育・普及の重要性

改めて言うまでもなく、正しい判断・処置には、正しい情報・知識が必要である。ところが、これまでのわが国の教育では、安全保障に関する真っ当な教育を行っているところが極度に少ない。そのため、軍事に関する基礎知識さえ殆どない人が増加している。

軍事に関する知識を広めるだけで、軍国主義の復活と騒ぐ人が依然としてなくなっていない。学校教育では「平和の尊さ」を教えるというが、平和をどのようにして維持するのかは教えていない。即ち、わが国の平和教育は「タナボタ待ち」の平和主義でしかない。

そうした基礎知識さえ欠く人が国家の中枢にもいるという現実が、今回白日のもとに晒されたのであった。一〇万名派遣と合わせて深刻に考えるべきであろう。

災害に関する教育・普及はかなり進んでいるように見受けられるが、安全保障に関しては全く不十分であり、今後の大きな課題であると思われる。

## 八　天皇陛下のお言葉

三月一六日、天皇陛下から、被災者、自衛隊・警察・消防、救援に駆けつけてくれた諸外国の人々、さらに全国民に向けた「おことば」がテレビを通じて放映された。

特筆すべきは、この「おことば」の中で、陛下が真っ先に「自衛隊」に呼びかけ、優渥《ゆうあく》なる御嘉賞の言葉をかけてくださったことであった。陛下の口から自衛隊という言葉が出たのは、これが初めてのことであった。政権のかなめである筈の官房長官から、こともあろうに「暴力装置」などと罵言を浴びせられていた自衛隊に、三・一一を機会に自ら発言し、その功労をねぎらわれたのであった[97]。

テレビや新聞など、マスコミ各社やＮＨＫが、救援活動の報道に際して、それまでの「警察、消防、海上保安庁、自衛隊」という順序から、「自衛隊、警察、消防、海上保安庁」という順序に変更したのは、この「おことば」によるところが大であった。

**東北地方太平洋沖地震に関する天皇陛下のおことば**（平成二三年三月一六日[98]）

この度の東北地方太平洋沖地震は、マグニチュード９・０という例を見ない規模の巨大地震であり、被災地の悲惨な状況に深く心を痛めています。地震や津波による死者の数は日を追って増加し、犠牲者が何人になるのかも分かりません。一人でも多くの人の無事が確認されることを願っています。また、現在、原子力発電所の状況が予断を許さぬものであることを深く案じ、関係者の尽力により事態の更なる悪化が回避されることを切に願っています。

現在、国を挙げての救援活動が進められていますが、厳しい寒さのなかで、多くの人々が、食糧、飲料水、燃料などの不足により、極めて苦しい避難生活を余儀なくされています。その速やかな救済のために全力を挙げることにより、被災者の状況が少しでも好転し、人々の復興への希望につながっていくことを心から願わずにはいられません。そして、何にも増して、この大災害を生き抜き、被災者としての自らを励ましつつ、これからの日々を生きようとしている人々の雄々しさに深く胸を打たれています。

自衛隊、警察、消防、海上保安庁を始めとする国や地方自治体の人々、諸外国から救援のために来日した人々、国内の様々な救援組織に属する人々が、余震の続く危険な状況のなかで、日夜救援活動を進めている努力に感謝し、その労を深くねぎらいたく思います。

今回、世界各国の元首から相次いでお見舞いの電報が届き、その多くに各国国民の気持ちが被災者と共にあるとの言葉が添えられていました。これを被災地の人々にお伝えします。

海外においては、この深い悲しみのなかで、日本人が、取り乱すことなく助け合い、秩序ある対応を示していることに触れた論調も多いと聞いています。これからも皆が相携え、いたわり合って、この不幸な時期を乗り越えることを衷心より願っています。

被災者のこれからの苦難の日々を、私たち皆が、様々な形で少しでも多く分かち合っていくことが大切であろうと思います。被災した人々が決して希望を捨てることなく、身体を大切に明日からの日々を生き抜いてくれるよう、また、国民一人びとりが、被災した各地域の上にこれからも長く心を寄せ、被災者と共にそれぞれの地域の復興の道のりを見守り続けていくことを心より願っています。

## 註

(1)「朝雲新聞」(平成二三年三月一七日付)
(2)「宮城県沖を震源とする地震について」　官邸対策室(平成二三年三月一一日一五時五〇分現在)
(3)『前へ!』　麻生幾　新潮文庫　三三七頁
(4)『即動必遂』　火箱芳文　マネジメント社　四八頁
(5)「宮城県沖を震源とする地震について」官邸対策室(平成二三年三月一一日一五時五〇分現在)
(6)「平成二三年(二〇一一年)東北地方太平洋沖地震緊急対策本部会議議事録(三月一一日)配布資料」
(7)『日本に自衛隊が必要な理由』　北澤俊美　角川ｏｎｅテーマ21　二二頁
(8)同右　二三頁
(9)『即動必遂』　火箱芳文　マネジメント社　二六頁
(10)『証言・自衛隊員たちの東日本大震災』　大場一石編　並木書房　三一八頁
(11)『即動必遂』　火箱芳文　マネジメント社　二九、四一頁
(12)『前へ!』　麻生幾　新潮文庫　三四八頁
(13)『即動必遂』　火箱芳文　マネジメント社　三〇、三四頁
(14)『前へ!』　麻生幾　新潮文庫　三五二頁
(15)『3・11東日本大震災ドキュメント　自衛隊もう一つの最前線』　毎日新聞社　毎日ムック　四八頁
(16)『証言　自衛隊員たちの東日本大震災』　大場一石　並木書房　三四九頁
(17)『前へ!』　麻生幾　新潮文庫　四五頁
(18)「武人の本懐(1)」・『水交(平成二四年五・六月合併号)』　公益財団法人・水交会　三二頁
(19)同右　三三頁
(20)『証言　自衛隊員たちの東日本大震災』　大場一石　並木書房　一五六頁
(21)『東日本大震災　自衛隊・アメリカ軍全記録』　ホビージャパンＭＯＯＫ４０６　八八頁
(22)同右　八九頁

(23)『日本に自衛隊が必要な理由』　北澤俊美　角川ｏｎｅテーマ21　二五頁
(24)同右
(25)同右　二六頁
(26)同右　二七頁
(27)『証言　自衛隊員たちの東日本大震災』　大場一石　並木書房　三五〇頁
(28)http://www.mod.go.jp/j/approach/defense/saigai/tohokuoki/
(29)『証言　自衛隊員たちの東日本大震災』　大場一石　並木書房　三五〇頁
(30)「朝雲新聞」(平成二三年三月一七日付)
(31)『前へ！』　麻生幾　新潮文庫　三六六―三六八頁
(32)『日本に自衛隊が必要な理由』　北澤俊美　角川ｏｎｅテーマ21　七一頁
(33)『前へ！』　麻生幾　新潮文庫　四五頁
(34)同右　四九頁
(35)同右　四七頁
(36)http://www.mod.go.jp/j/approach/defense/saigai/tohokuoki/
(37)『前へ！』　麻生幾　新潮文庫　四九頁
(38)同右　一四―一五頁
(39)同右　五〇頁
(40)同右　五二頁
(41)同右　五四―五五頁
(42)同右　一二一頁
(43)同右　六三―六四頁
(44)同右　六八頁
(45)同右　七二―七三頁

(46)同右　八七―九一頁
(47)同右　一〇二頁
(48)http://www.mod.go.jp/j/approach/defense/saigai/tohokuoki/
(49)『前へ！』麻生幾　新潮文庫　一〇七―一一五頁
(50)『即動必遂』火箱芳文　マネジメント社　二〇五―二〇六頁
(51)『前へ！』麻生幾　新潮文庫　一一七―一一八頁
(52)『３・11東日本大震災ドキュメント　自衛隊もう一つの最前線』毎日新聞社　毎日ムック　二一一頁
(53)『前へ！』麻生幾　新潮文庫　一五三頁
(54)同右　一五四頁
(55)同右　一六二―一六四頁
(56)同右　一六五―一七一頁
(57)http://www.mod.go.jp/j/approach/defense/saigai/tohokuoki/
(58)『前へ！』麻生幾　新潮文庫　一五八頁
(59)『即動必遂』火箱芳文　マネジメント社　一一五頁
(60)『３・11東日本大震災ドキュメント　自衛隊もう一つの最前線』毎日新聞社　毎日ムック　二一六頁
(61)「武人の本懐（３）」高嶋博視・『水交（平成二四年清秋号）』公益財団法人・水交会　三八頁
(62)同右　四〇頁
(63)「朝日新聞」（平成二五年四月二一日付）
(64)『前へ！』麻生幾　新潮文庫　一三五頁
(65)「武人の本懐（最終回）」高嶋博視・『水交（平成二五年陽春号）』公益財団法人・水交会　五三頁
(66)『日本の防衛（平成二四年版）』防衛省　二〇六―二〇七頁
(67)http://www.mod.go.jp/j/approach/defense/saigai/tohokuoki/
(68)『軍事研究（平成二三年五月号）』ジャパン・ミリタリー・レビュー　二九頁

(69)『3・11東日本大震災ドキュメント　自衛隊もう一つの最前線』　毎日新聞社　毎日ムック　一〇頁
(70)同右
(71)『軍事研究（平成二三年五月号）』　ジャパン・ミリタリー・レビュー　三四頁
(72)「武人の本懐（1）」　高嶋博視・『水交（平成二四年五・六月合併号）』　公益財団法人・水交会　三六―三七頁
(73)同右　三七頁
(74)『証言　自衛隊員たちの東日本大震災』　大場一石　並木書房　六七頁
(75)同右　六五頁
(76)『前へ！』　麻生幾　新潮文庫　二四七頁
(77)『日本に自衛隊が必要な理由』　北澤俊美　角川oneテーマ21　五六―五七頁
(78)「平成二三年（二〇一一年）東北地方太平洋沖地震緊急対策本部会議議事録（三月一五日）会議概要」
(79)『3・11東日本大震災ドキュメント　自衛隊もう一つの最前線』　毎日新聞社　毎日ムック　一一〇頁
(80)『軍事研究（平成二三年五月号）』　ジャパン・ミリタリー・レビュー　三五頁
(81)「平成二三年（二〇一一年）東北地方太平洋沖地震緊急対策本部会議議事録（三月一五日）会議概要」
(82)『前へ！』　麻生幾　新潮文庫　三五七―三六〇頁
(83)同右　四二九―四三〇頁
(84)同右
(85)『日本に自衛隊が必要な理由』　北澤俊美　角川oneテーマ21　三〇頁
(86)同右　六四―六五頁
(87)同右　六五頁
(88)「武人の本懐（最終回）」　高嶋博視・『水交（平成二五年陽春号）』　公益財団法人・水交会　四五頁
(89)『日本に自衛隊が必要な理由』　北澤俊美　角川oneテーマ21　六六頁
(90)「武人の本懐（最終回）」　高嶋博視・『水交（平成二五年陽春号）』　公益財団法人・水交会　四五頁
(91)http://www.mod.go.jp/j/approach/defense/saigai/tohokuoki/

（92）『防衛白書（平成二四年版）』　防衛省　二〇七頁
（93）『東日本大震災秘録・自衛隊かく戦えり』　井上和彦　双葉社　二六頁
（94）『３・11東日本大震災ドキュメント　自衛隊もう一つの最前線』　毎日新聞社　毎日ムック　四九頁
（95）同右
（96）『東日本大震災秘録・自衛隊かく戦えり』　井上和彦　双葉社　二七―二八頁
（97）「自衛隊は嫡子となった」佐々淳行・『３・11東日本大震災ドキュメント　自衛隊もう一つの最前線』毎日新聞社　毎日ムック　四四―四五頁
（98）http://www.kunaicho.go.jp/

# 第四節　日米共同作戦体制（その九）……「トモダチ作戦」の発動

## 一　アメリカ軍の来援

◇在日アメリカ大使館（東京赤坂）・在日アメリカ軍司令部（横田）

三月一一日の地震発生当時、アメリカ合衆国大統領バラク・オバマの盟友でもあるジョン・ルース駐日アメリカ大使は、東京・赤坂のアメリカ大使館内の駐車場にいた。カリフォルニア州出身のルースにとって、地震はそれほど珍しいものではなかったが、この時の揺れにただならぬものを感じたという。

最初の地震から一五分後、大使は在日アメリカ軍司令官バートン・フィールド空軍中将と携帯電話で会談した。駐日アメリカ大使と在日アメリカ軍司令官が密接に連携をとる体制は、この両者の前任者、即ち、トーマス・シーファー前大使、ブルース・ライト前在日アメリカ軍司令官の時代に確立された。

シーファーが最も腐心したのが「日米同盟の機関化」であった。アメリカ中央政界に強力なコネもなく、日米同盟に関する知識も乏しいシーファーは、その「弱点」を逆手にとって、「日米同盟は今後、誰が大使であっても盤石の体制を維持できるようにしなければならない」と考えていた。シーファーの考えは、在日アメリカ軍司令部を日米同盟という名の扇の「かなめ」に位置付けていたブルース・ライト在日アメリカ軍司令官の思惑とも一致して両者が共鳴するようになり緊密に連携する関係が出来上がっていった。やがてホワイトハウスの主がブッシュからオバマに代わり、シーファーの後を継いだルースにもこの体制は引き継がれた。(1)ルースとフィールドが震災直後の早い段階から緊密に連携して行動を開始したのは、こうした経緯に由来するものであった。

一二日にはアメリカ大使館内で刻一刻と変わる東北一帯の被災地や、東北電力福島第一原子力発電所に関する情勢分析と対応策が協議され、在日アメリカ人の緊急避難や日本への支援体制整備に向けた入念な作業を続けていた。

被災地救援活動に「トモダチ作戦」と命名して日米友好を前面に押し出す構想は、こうした動きのなかで醸成されていった。ルースとフィールドが達成すべき第一の目標は、在日アメリカ人の安全確保（退避等）であり、第二に原発事故の被害を最小限にとどめること、そして第三に被災地の救援であった。第一、第二の目標を円滑に達成するためには、第三の目標を前面に打ち出すことが重要と考えたに違いない。それが「トモダチ作戦」という名称を生み出したと考えるのが自然であろう。

◇アメリカ海軍（第七艦隊）

三月一一日の地震発生直後、アメリカ第七艦隊司令官ヴァンバスカーク中将は、極東に展開中の指揮下艦艇に対して緊急出航を命じた。これに伴い、横須賀の第一五駆逐隊のミサイル駆逐艦五隻が横須賀を出航、東北沖に向かった。[2]

さらに西太平洋上を航行中であった「ジョージ・ワシントン」グループのミサイル巡洋艦二隻を東北沖へ急行させた。このミサイル巡洋艦は、空母「ロナルド・レーガン」と合流して、米韓合同演習に参加する予定であった。横須賀を母港とする空母「ジョージ・ワシントン」が修理・整備中のため、カリフォルニア州の港を母港とする「ロナルド・レーガン」が演習に参加することとなっていたからであった。

アメリカ海軍は、米韓合同演習の中止を決定するとともに、当時、同演習参加のため西太平洋を西航中であった空母「ロナルド・レーガン」に空母打撃群（ＲＲＮＧＳ）（空母一隻、ミサイル巡洋艦三隻、ミサイル駆逐艦六隻）の編成で東北沖への急行を命じた。[3]

さらにアメリカ海軍は、当時、マレーシアにいた第七六任務部隊のＥＳＸＡＲＧ（エセックス揚陸即応群）の強襲揚陸艦（ＬＨＤ）「エセックス」や第七艦隊旗艦「ブルーリッジ」を緊急出航させるとともに、米韓合同演習参加のため韓国に寄港中の同部隊ドッグ型揚陸艦（ＬＳＤ）「トートゥガ」にも東北沖に向かうよう命じた。

三月一六日、第七六任務部隊（揚陸即応群）のドッグ型揚陸艦「トートゥガ」が苫小牧から大湊に陸自（北部方面隊）隊員約三〇〇名と車両一〇〇両の輸送支援を実施した。(4)

一方、ＥＳＸＡＲＧ（エセックス揚陸即応群）の強襲揚陸艦（ＬＨＤ）「エセックス」は、海兵隊と共同で四月三日早朝、気仙沼大島に上陸し孤立状態の被災者を救援するとともに、港湾等の瓦礫の撤去を実施した（海兵隊の活動については後述）。

ＲＲＮＧＳのうち、第一五駆逐隊のミサイル駆逐艦五隻は、一三日には宮城県沖に到達し、捜索・救難活動を開始した。また、「ロナルド・レーガン」とその随伴艦（ミサイル巡洋艦一隻、ミサイル駆逐艦一隻）、西太平洋上を航行中であったミサイル巡洋艦二隻も一四日には宮城県沖に到達し行動を開始した。(5)

三月一八日以降、第七艦隊は、これらの艦艇の活動を支援するため、佐世保から補給艦を出航させ、燃料および物資の補給を開始した。

自衛隊による被災地支援体制が確立すると、アメリカ海軍の活動の場は縮小し、第一五駆逐隊は三月末に順次帰港し、「ロナルド・レーガン」も四月四日に東北沖を離れた。四月六日、「エセックス」による気仙沼大島救援作戦が終了となった。(6)

◇アメリカ第三一海兵遠征部隊（海兵隊）

三月一一日の発災当時、第三海兵遠征軍指揮下の海兵隊の部隊はマレーシアにいたが、第七六任務部隊の強襲揚陸艦「エセックス」に乗艦して東北に急行、四月三日早朝から気仙沼大島に上陸し救援活動を開始した（前述）。

気仙沼一帯は、津波による被害が甚大で、港が大きく損傷、さらに津波の引き潮で瓦礫が海に流出したため、海底が瓦礫で埋まり一般の船舶の航行が不可能となっていた。陸路も閉ざされた気仙沼一帯は孤立状態となっていた。気仙沼大島に海兵隊が投入されることとなったのは、こうした悪条件の中でも行動できる「エセックス」を保有していたからであった。「エセックス」には、二隻の上陸艇（ＬＣＵ）が搭載されており、水深の浅い沿岸での航行が可能であった。また、人員のほかブルドーザーなどの大型重機の輸送能力も保有していた。(7)

四月三日〇五時四〇分、二隻の上陸艇は相次いで気仙沼大島の長崎漁港に接岸、海兵隊が上陸した。上陸後は、瓦礫に埋もれた港を復旧する「フィールド・デイ」作戦が開始された。気仙沼大島において海兵隊が実施した任務は、電力の復旧、生活支援、港湾の瓦礫除去の三点であった。四月六日、任務終了に伴い上陸艇で島を去った。(8)

このほか、仙台空港の復旧作業でも貢献した（次述）。

◇アメリカ空軍（第五空軍）

東日本大震災においてアメリカ空軍は、三沢、横田両基地を世界各国からの航空機の受け入れ拠点として機能させ、わが国の救援活動を陰から支える役割を担った。

三沢基地（青森県）は、救援物資の受け入れ基地として、特に、岩手県方面の被災地に物資を供給するうえで重要な拠点となった。三沢基地では、格納庫に救援物資を集約・管理するカーゴ・ロジスティック・センターを開設、アメリカ本土や韓国から送られてくる食糧、飲料水、生活用品などを受け入れ、被災地への配分を行った。三沢基地は、アメリカ、イギリス、フランスの救援チームの拠点としても使用された。(9)

横田基地（東京都）は、発災直後に成田・羽田両民間空港が一時的に閉鎖されたため、民間旅客機一一機の着陸を許可するという緊急措置をとった。さらに、アメリカ本土や世界各国からの救援物資を積んだ航空機の拠点基地として、約二四六トンの食糧、二〇〇万ガロンの飲料水、二七九トンの生活用品を受け入れた。[10]

アメリカ空軍が行ったもう一つの大きな活動が仙台空港の復旧であった。仙台空港は、三月一一日の津波により大きな被害を受け、空港機能を喪失してしまった。滑走路は泥と瓦礫にまみれ、航空管制設備は水没により完全に破壊された。多くの専門家が空港の早期再開は困難と判断していたが、アメリカ空軍と自衛隊の協力により、これを短期間で復旧することに成功した。

中心的な働きをしたのが、嘉手納基地（沖縄県）に駐留している第三五三特殊作戦グループであった。この部隊の隊員たちは、悪条件下の離着陸訓練を受けており、また、戦場や被災地などで、滑走路のない場所に滑走路を急造する能力を備えている、まさに空港復旧に最適の部隊であった。

三月一六日、第三五三特殊作戦グループが活動を開始、まず、仙台空港に急造の管制機能を立ち上げ、続いて瓦礫撤去と空港再建に必要な機材を満載した輸送機を次々と着陸させた。地上では陸上自衛隊やアメリカ海兵隊の隊員たちがこれらの機材を受け取り復旧作業を開始した。[11]

三月二〇日、仙台空港は、援助物資を搭載したC―17大型輸送機が着陸できるまでに回復していた。これに伴い、三沢基地に設定されていたカーゴ・ロジスティック機能を仙台空港に前進させるとともに、民間への移管作業を進め、四月一三日には民間空港として再開された。[12]

◇アメリカ陸軍（在日アメリカ陸軍司令部、第三五兵站任務部隊）

発災当日、在日アメリカ陸軍司令部でもコマンド・センターが開設され、各部隊の状況把握を行い、復興支援に向けた取り組みを開始した。

三月一四日、被災地の状況を確認するため災害査定チームを派遣、翌一五日には、在日アメリカ陸軍司令官ハリソン少将自ら被災地に入り、自衛隊側との調整を開始した。

三月二三日、これらの調整結果を踏まえて、相模補給廠（神奈川県）から第三五兵站任務部隊を仙台空港に派遣、空港復旧に向けた活動を開始した。

四月初旬、空軍、海兵隊が撤収した後は、陸軍が本格的に復旧活動を実施、破損車両約三〇〇〇輌を撤去するなど、民間空港運用再開に貢献した。

また、被災した小中学校の清掃作業、避難地への灯油支援、シャワー施設支援のほか、被災した子どもたちにプレゼントを詰めたリュックサックを配布する「バックパック作戦」など心温まる活動も実施した。

さらに四月二一日から二六日にかけて、陸上自衛隊と共同して、津波により不通となったＪＲ仙石線の復旧を支援する「ソウルトレイン作戦」など、長期間にわたって被災地を支援する態勢をとり続けた。(13)

## 二　福島第一原発事故にかかる支援

福島第一原発事故については、各種情報の提供、防護服、消防ポンプ、バージ船などの支援のほか、核などに関する検知、識別、除染、医療支援を任務とする海兵隊放射線等対処専門部隊（ＣＢＩＲＦ）約一五〇名を四月二日から五月四日の間派遣した。同部隊は、この間、四月九日には横田基地において陸自部隊と合同で訓練展示を、四月一六日には郡山駐屯地、福島県立医科大を視察し意見交換を実施した。(14)

## 三　日米調整所の設置

前述のとおり、今回の震災に際してアメリカ軍は、日本に駐留している第七艦隊隷下の艦艇、第五空軍の航空機、陸軍兵站部隊等を全面的に投入して福島第一原発事故への対応と東北地方の被災者の救援に当たった。

発災当日、在日アメリカ軍は、発災直後司令部要員全員を呼集し、夕刻には市ヶ谷の防衛省に連絡官を派遣した。太平洋軍司令部からは司令部要員が横田に派遣され、在日アメリカ軍司令部を増強して連絡調整態勢を強化した。

アメリカ軍は、他国の自然災害に対してなぜこのように迅速かつ本格的な対応をしたのであろうか。その理由の第一は、事態が未曾有の地震・津波であり、これに福島第一原発の事故が重なって状況によっては在日アメリカ人（アメリカ軍基地の軍人・家族を含む）を危険区域の圏外または国外に脱出させる必要があったからであろう。第二には、同盟国日本で起きた原子力事故の影響を局限することが今後の原子力政策推進の観点から不可欠と判断したからに違いない。そして第三には、地震・津波に襲われた人々を支援することが人道的観点からアメリカ政府がとるべき道と判断したと考えられる。

三月二一日、アメリカ太平洋軍司令官ウイラード海軍大将が来日、北澤防衛大臣や折木統幕長と会談し、太平洋軍として、組織的かつ総合的に本格的救援活動を行うことを表明した。

三月二三日、太平洋艦隊司令官パトリック・ウオルシュ海軍大将がアメリカ軍統合支援部隊（ＪＳＦ）指揮官に任ぜられて横田基地に到着した。在日アメリカ軍司令官（フィールド空軍中将）は、ＪＳＦ副司令官に任ぜられ、在日アメリカ陸軍司令官（ハリソン陸軍少将）、在日アメリカ海軍司令官（ウォーレン海軍少将）、第三海兵遠征軍司令官（グラッグ海兵隊中将）等在日アメリカ軍の指揮官たちがウオルシュ司令官を補佐する人事も発令された。

ＪＳＦは、横田基地に司令部（ＪＳＦ—tomodachi）を置き、統合海上構成部隊（ＪＦＭＣＣ）、統合航空構成部隊（ＪＦＡＣＣ）、統合地上構成部隊（ＪＦＬＣＣ）、統合特殊作戦部隊（ＪＦＳＣＣ）をもって編成されていた。[15]

ＪＳＦが発足したことにより、日米の統合司令部間の調整をどのように実施するかが検討され、市ヶ谷の防衛省、横田の在日アメリカ軍司令部（統合支援部隊司令部）、仙台の災統合任務部隊司令部（陸自東北方面総監部）および仙台空港に日米調整所が設置され、防衛省・自衛隊とアメリカ軍との間で連携を図る体制が出来上がった。

## 四「トモダチ作戦」の意義

「トモダチ作戦」の第一の意義は、日米安保体制の有効性を世界に向けて発信したことであった。既述のとおり、今回の大震災発生直後、ロシア、中華人民共和国などわが国周辺の諸国は、電子偵察機や艦艇等をわが国の領空・領海の近辺に出没させ、大震災に伴う救助部隊の派遣によって警戒監視態勢にどのような変化があるかを偵察（「瀬踏みこ」していた。もちろん日米安保体制が機能しているかどうかが彼らの注目点であったことは容易に推察できる。

そうした中、アメリカ軍が迅速にかつ本格的に動き出し、自衛隊の各部隊と緊密に連携をとりながら被災地における救助等の活動を実施した。これにより無言のうちに日米安保体制が極めて有効に機能していることを世界に示すことができた。それは、単に災害にかかる救援という枠を超えて、わが国の安全保障を裏打ちする強力な抑止効果を発揮するものであったということができる。

第二に、かねてから「日米防衛協力のための指針」等で問題点として取り上げられていた「日米調整所」に関してひとつの「実績」を作り出したことであった。

「日米調整所」の設置は、日米共同作戦における指揮系統を「共同関係とする」としてきたことから、常に懸案事項となっていた。それは、日米共同作戦に関する検討が始まった当初からの課題であった。

既述（第三巻第三章第二節）のとおり、講和条約の発効直後、吉田首相、岡崎外相、マーフィー大使、クラーク極東軍司令官の四者が会談し、日米共同作戦体制の樹立が必要であるとの認識で一致した。これに伴い「共同計画委員会（ＣＰＣ）」（現在の「防衛協力小委員会〈ＳＤＣ〉」）の設置が決まったが、これに関連して、作戦実施に際しては保安隊の部隊をアメリカ軍の指揮下に入れる案がアメリカ側（クラーク大将）から提示され、日本側がこれを断るという一幕があった。以来、「指揮関係は共同とする」こととなったが、果たして共同関係によって円滑・有効に防衛作戦を遂行できるかが常に懸案事項となっていた。しかも、誰と誰が調整するのか、という問題について日米の間で思惑の相違もあり明確な回答を得ることができずにいた。

「冷戦時代、『非対称』とか『ただ乗り』とか言われ続けた日米同盟のいびつな体制を是正するため、自衛隊側（統幕・各幕）は長い間、自らのカウンターパート（交渉・協議相手）として在日米軍司令部ではなく、ＰＡＣＯＭ（太平洋軍）を志向する空気が強かった。実際、自衛隊にとって、『米軍の総務部』のような存在に過ぎない在日米軍司令部を自らの『同格』と位置付けられることは決してありがたいことではない。（中略）日本と米国が『対等な同盟相手』であるならば、自衛隊の統合幕僚監部に相対すべきは、ワシントンの米国防総省の中枢に位置する統合参謀本部である。だが、日本有事に際して米国には日本防衛の責務を与える一方、米国有事について自衛隊に『米国防衛』の義務を負わせていない現在の『片務的』な同盟関係において、そこまで求めることは今の日本にはできない。だからこそ、その折衷案として『我々の協議相手はＰＡＣＯＭであるべきだ』という思いを強く持ち続けていた[16]」

今回の災害対処に際して、日本側が「ＪＴＦ―東北」を編成し、一方、アメリカ側も「ＪＳＦ」を編成してその指揮官に太平洋艦隊司令官を任じたことから、この件に関する具体的かつ妥当な一例が示されたとみることができる。これにより「日米防衛協力のための指針」に示されている「調整メカニズム」のイメージが一挙に鮮明になったのであった。

第三に、日米安保体制に基づくアメリカ軍の日本駐留の意義を、実際の場面で広く国民に示したことであった。アメリカ軍の献身的な活動を目の当たりにした国民は、日本とアメリカの関係をより強固にすることが、決してアメリカを利するためではなく、わが国にとって必要なことであるとの認識を強めることができたと考えられるからである。

## 註

（１）『在日米軍司令部』　春原剛　新潮文庫　九、一〇、一五、一七頁
（２）『東日本大震災　自衛隊・アメリカ軍全記録』　ホビージャパンＭＯＯＫ４０６　二八頁
（３）「武人の本懐（１）」　高嶋博視・『水交（平成二四年五・六月合併号）』　公益財団法人・水交会　三九頁
（４）「武人の本懐（２）」　高嶋博視・『水交（平成二四年盛夏号）』　公益財団法人・水交会　五〇頁
（５）『東日本大震災　自衛隊・アメリカ軍全記録』　ホビージャパンＭＯＯＫ４０６　二八頁
（６）同右　二九頁
（７）同右　一〇頁
（８）同右　二四頁
（９）同右　三二頁
（10）同右
（11）同右
（12）同右
（13）同右　三三頁
（14）『日本の防衛（平成二三年版）』　防衛省　一九頁
（15）『即動必遂』　火箱芳文　マネジメント社　二一三頁
（16）『在日米軍司令部』　春原剛　新潮文庫　一九―二〇頁

# 第五節　東日本大震災以降

## 一　野田内閣の成立と終焉、自民党安倍政権の再登場

### （一）菅内閣の終焉

平成二三年（二〇一一年）五月一五日、東京電力は震災から二カ月たってようやく「福島第一原発が津波に襲われた四時間後に、一号機ですでにメルトダウンが起きていたこと」を発表した。この件に関して菅首相は、五月二〇日の参議院予算委員会において、国民に説明してきたことが根本的に間違っていたと陳謝した。

同日、東日本大震災の発災直後に行われた海水注入が、震災翌日に菅首相の意向で約一時間にわたって中断するよう指示されていたことが明らかとなった。これは一号機炉心内部の事態の悪化につながるものであった。この指示について菅首相は「海水注入を行うことで、核燃料の分裂反応が再開し再臨海の危険性があると原子力委員会の班目委員長が指摘した」とその理由を説明したが、班目委員長は、「そのようなことは言っていない」と反論するなど、事故発生から二カ月たっても、政府内部の意見の食い違いや混乱が続いていることを露呈してしまった。[1]

また、東日本大震災の復興についても様々な対策を打ち出してはいたが、被災地の産業や雇用問題への対応の遅れが次第に深刻になっていた。

五月に入ると菅首相が根回しなしの突然の発言を繰り返すなど、政府部内の意思不統一が目立つようになり、菅首相への批判が日ごとに強まっていった。

こうした状況を見て自民党を中心とする野党は、菅への内閣不信任案を提出したが、菅が「一定の役割が果たせた

段階で若い世代の皆さんにいろいろな責任を引き継いでいただきたい」と発言して民主党内の造反を抑えたことから、不信任案は、賛成一五二票、反対二九三票で否決された。
ところが、不信任案否決後は「一定の目処がついた時点」の解釈を巡って菅首相と鳩山議員らの見解が分かれ、民主党内の混乱は消えることがなかった。一方、政策面ではＴＰＰ交渉参加や税と社会保障の一体改革などをすべて先送りしており、政策上めぼしい実績は皆無に近い状態であった。民主党のマニフェストに掲げていた議員定数の削減や企業団体献金の廃止などについても何ら成果を上げることができていなかった。[2]
世論の支持も低迷する中、民主党内で「菅おろし」の風が吹き荒れたが、すでに不信任案を否決していたことから決定打を見いだせない状態が続いた。
このため岡田幹事長が自民・公明両党の幹事長と会談し、特例公債法を早期に成立させること、高速道路無料化を二四年度の概算要求に入れないこと、などについて合意し、事態打開への道すじを探っていた。
八月九日、菅首相は岡田幹事長に、①第二次補正予算、②特例公債法、③再生可能エネルギー措置法が成立したときに、首相退陣を表明すると伝えた。この時すでに民主・自民・公明三党でこれらの法案を八月末までに成立させることで合意していたことから、次の代表を選ぶ動きが急速に進みはじめた。[3]
八月二九日、民主党代表選が行われた。代表選には、野田財務相、前原前外相、鹿野農水相、海江田経産相、馬淵前国交省の五名が立候補、第一回投票では海江田が一位、野田が二位となって決選投票となった。決選投票では、野田・前原が連携して鹿野がこれに同調したことから、野田が海江田を破って当選した。

## （二）野田内閣の成立

野田が代表選の際「もうノーサイドにしましょう。これからは、どじょうのように地道に政策を進めていきたい」

と発言したことは、国民からも好感をもって迎えられた[4]。

平成二三年九月二日、野田佳彦内閣が成立した。野田は、まず、閣僚・党役員等の起用に際して、ノーサイドという言葉通りに各方面に気配りをしてバランスの取れた人事を行った。防衛大臣には一川保夫参議院議員が任ぜられた。

政策形成過程については、政策調査会長の閣僚兼務を取りやめ、党と内閣の政策の二元化を図った。政策調査会は、内閣に政策形成を一元化する狙いで鳩山内閣当時に廃止されたが、各議員からの意見の吸い上げが円滑にできないという理由で菅内閣において復活となり、政策調査会長は閣僚兼務とされていたものであった。また、自公連立政権当時、経済財政政策のかなめであったが民主党政権下では休眠状態となっていた経済財政諮問会議を、国家戦略会議と名称を変更して復活させた。このほか、税制調査会、事務次官会議を復活させるなど、政策形成のプロセスの少なからぬ部分が自民党政権時代の形に戻る形となった[5]。

野田内閣は、世論調査でも高い支持率のもとスタートしたが、一川防衛相が「安全保障に関して自分は素人」と発言し、さらに鉢呂吉雄経済相が防災服の袖を記者につけるしぐさをして「ほら、放射能」と発言するなど、閣僚の相次ぐ失言に悩まされた[6]。

政策面では、難題が山積していた。東日本大震災からの復興、ＴＰＰ参加問題、税と社会保障の一体改革、選挙制度改革など、いずれも遅々として進まなかった。

平成二四（二〇一二年）年一月一三日、野田首相は内閣改造を行った。防衛大臣には田中直紀参議院議員が任ぜられた。しかし、改造後も支持率の上昇は見られなかった。

五月八日、衆議院で税と社会保障の一体改革関連法案の審議が始まった。しかし、与野党間の本格審議に入るには、田中防衛相などの進退問題を解決する必要があった。六月四日、野田は内閣の再改造を決断し、防衛相には民間人の森本敏を起用した[7]。

かくして国会での税と社会保障の一体改革関連法案の審議が本格化し、六月二六日、衆議院本会議で可決、参議院に送られた。この間、民主党内のごたごたが絶えることがなく、七月一一日には民主党を離党した小沢一郎を代表とする「国民の生活が第一」という新党が反増税・脱原発を掲げて発足した。

八月八日、税と社会保障の一体改革関連法案の取り扱いについて、民主・自民・公明三党の党首が会談、これらの法案の成立を見たうえで「近いうちに国民に信を問う」ことで合意が成立した。

八月一〇日、参議院本会議で、民主・自民・公明三党などの賛成で一体改革法案が可決・成立、野田首相の不退転の決意が実を結んだ[8]。しかし、民主党内では、これらの法案に反対の議員の離党が相次ぎ、原発再稼働やＴＰＰ参加を巡っても党内の意見集約ができない状態が続いた。

こうした状況を見てか、八月一〇日、韓国の李明博大統領が、現職大統領としては初めて竹島に上陸、一四日には大学の会合で、天皇訪韓について言及し「韓国を訪問したいのならば、独立運動をして亡くなられた方々を訪ね、心から謝罪すればいい」と発言した。また、一五日には、尖閣諸島に中華人民共和国の領有権を主張する香港の活動家が上陸して逮捕され強制送還された。わが国の政権が弱体化していることに乗じて、近隣諸国がわが国を軽んじる行動に出たものに違いなかった[9]。

八月二九日、参議院で野田首相に対する問責決議案が野党の賛成多数で可決、野田内閣は、絶体絶命の危機を迎えていた。

九月一一日、政府は尖閣三島を購入、国有化した。これに中華人民共和国政府が激しく反発、日中間に深い溝を生ずることとなった。

一一月一四日、野田首相は、安倍晋三自民党総裁との党首討論で、当国会での議員定数削減の実現を呼びかけ、確約を得られるなら一六日に衆議院を解散してもよいと発言、一六日に衆議院の解散を断行した。

一二月一六日、第四六回衆議院総選挙において、民主党は開戦議席数から四分の一に減らす歴史的大敗を喫した。これに伴い、野田は民主党代表の辞任を表明し、一二月二六日、野田内閣は総辞職した。

### (三) 民主党政権の終焉、安倍内閣の成立

野田内閣が「ねじれ国会」で苦戦していた平成二四年九月、自民党では谷垣総裁の任期満了に伴い総裁選挙が行われた。野党に転落した自民党を率いて地道に党勢の回復を図ってきた谷垣禎一総裁は出馬を辞退し、石原伸晃、石破茂、町村信孝、安倍晋三、林芳正の五名が立候補した。

九月二六日、投票が行われた。地方票を含めた第一回の投票では決まらず、一位の石破茂と二位の安倍晋三との決選投票となり、安倍晋三が第二五代自民党総裁に選ばれた。

一二月一六日の第四六回衆議院総選挙において自民党が圧勝、前述のとおり民主党が大敗したことから自民党が三年ぶりに政権に復帰することとなった。一旦辞任した首相が再び返り咲くのは、現憲法下では初めてのことであった。

第一次安倍内閣において安倍は「戦後レジームからの脱却」を掲げ、次々と改革に取り込んだが、マスコミからは「お友達内閣」と揶揄され、閣僚の不祥事も相次ぎ、さらに、安倍自身の健康にも問題を生じて辞任に至った。第二次安倍内閣では、これを反省点として慎重かつ確実に歩を進める姿勢を鮮明にした。

## 二　安倍内閣における安全保障体制強化の取り組み

### (一) 国家安全保障会議（日本版ＮＳＣ）の設置

安倍首相は、就任記者会見において、国家安全保障会議（日本版ＮＳＣ）の設置など、外交・安全保障体制の強化

に取り組むと表明、これを受けて、平成二五年（二〇一三年）二月一五日、内閣総理大臣を議長とし、内閣官房長官（兼国家安全保障担当大臣）、内閣総理大臣補佐官（国家安全保障担当）のほか有識者をメンバーに加えた「国家安全保障会議の創設に関する有識者会議」の初会合が開催された[10]。

有識者会議では、全六回にわたって「国家安全保障会議」の所掌、目的、情報の活用、政策判断、組織のあり方などについて検討が行われた。

政府は、有識者会議の議論を踏まえて、内閣官房に設置した「国家安全保障会議設置準備室」において「安全保障会議設置法等の一部を改正する法律案（国家安全保障会議設置法案）」を作成した。

同法案は、平成二五年一一月二七日に成立、一二月四日に施行された。国家安全保障会議は、三つの形態の会合から構成されることとなり、その中核は、国家安全保障に関する外交・防衛政策の司令塔として新設された四大臣会合であり、平素から機動的・定期的に開催され、実質的な審議が行われることとなった。

また、同法施行に伴い、平成二六年一月七日、国家安全保障会議の事務などをつかさどる国家安全保障局が内閣官房に設置された[11]。

内閣官房に設置された国家安全保障局は、国家安全保障会議を恒常的に補佐するもので、内閣官房の総合調整権限を用い、国家安全保障に関する外交・防衛政策の基本方針と重要事項の企画立案・総合調整に専従することとなった。また、緊急事態への対処に当たっては、国家安全保障に関する外交・防衛政策の観点から必要な提言を行うこととなった。

国家安全保障局には、「総括・調整班」、「政策第一～第三班」、「戦略企画班」、「情報班」の六個班が設置され、総勢六七名で構成されることとなった。初代局長には、谷内正太郎内閣官房参与（元外務次官）が任ぜられた[12]。防衛省からは、軍事専門家として自衛官一三名、内局から五名が参加することとなった[13]。

自衛隊の制服組（自衛官）は、陸海空から出向し、各班に配属された。自衛官をＮＳＣのスタッフに加えたのには、専門的な経験や知識を直接、首相と閣僚に伝え、意思決定を円滑にするという狙いがあったと考えられる。[14]

## （二）国家安全保障戦略の策定

◇策定の経緯

政府は、平成二五年一二月一七日、「国家安全保障戦略」（「戦略」）を閣議決定した。「戦略」は、国家安全保障に関する基本方針として、わが国として初めての作成されたもので、わが国全体として今後どのように国家安全保障を確保すべきかについて示したものであった。[15]

この「戦略」は、わが国の安全保障をめぐる環境が一層厳しさを増している中、豊かで平和な社会を引き続き発展させていくためには、わが国の国益を長期的視点から見定めたうえで、国際社会の中でわが国の進むべき進路を定め、国家安全保障のための方策に政府全体として取り組むことが必要であるとの認識に立って、外交政策と防衛政策を中心とした「国家安全保障戦略」を策定すべきであるとの安倍首相の指示により策定されたものであった。「戦略」の概要は次のとおりである。

**「国家安全保障戦略」**（平成二五年一二月一七日国家安全保障会議決定・閣議決定[16]）

Ⅰ　策定の趣旨（略）

Ⅱ　国家安全保障の基本理念

１　わが国が掲げる理念

わが国は戦後一貫して平和国家としての道を歩み、専守防衛に徹し、他国に脅威を与えるような軍事大国とはならず、非核三原則を守るとの基本方針を堅持してきた。

わが国は、平和国家としての歩みを引き続き堅持し、また、国際政治経済の主要なプレーヤーとして、国際協調主義に基づく積極的平和主義の立場から、わが国の安全およびアジア太平洋地域の平和と安全を実現しつつ、国際社会の平和と安定および繁栄の確保に、これまで以上に積極的に寄与していく。

2　わが国の国益と国家安全保障の目標

わが国の国益は

＊わが国自身の主権・独立を維持し、領域を保全し、国民の生命・身体・財産の安全を確保し、豊かな文化と伝統を継承しつつ、わが国の平和と安全を維持し、その存在を全うすること

＊経済発展を通じてわが国と国民のさらなる繁栄を実現し、わが国の平和と安全をより強固なものとすること

＊自由、民主主義、基本的人権の尊重、法の支配といった普遍的価値やルールに基づく国際秩序を維持・擁護することである。

これらの国益を守り国際社会においてわが国に見合った責任を果たすため、以下の国家安全保障目標の達成を図る。

＊わが国の平和と安全を維持し、その存在を全うするために、必要な抑止力を強化し、わが国に直接脅威が及ぶことを防止するとともに、万が一脅威が及ぶ場合には、これを排除し、かつ被害を最小化すること

＊日米同盟の強化、域内外のパートナーとの信頼・協力関係の強化、実際的な安全保障協力の推進により、アジア太平洋地域の安全保障環境を改善し、わが国に対する直接的な脅威の発生を予防し、削減すること

＊普遍的価値やルールに基づく国際秩序の強化や紛争の解決に主導的な役割を果たし、グローバルな安全保障環境を改善し、平和で安定し、繁栄する国際社会を構築すること

## Ⅲ　わが国を取り巻く安全保障環境と国家安全保障上の課題

### １　グローバルな安全保障環境と課題

中国・インドなどの新興国の台頭により国家間のパワーバランスが変化している。一方、世界最大の総合的な国力を有する米国は、安全保障政策および経済政策上の重点をアジア太平洋地域にシフトさせる方針を明らかにしている。

また、グローバル化の進展や技術革新の急速な進展により、非国家主体の相対的影響力の増大、非国家主体によるテロや犯罪の脅威が拡大しつつある。

さらに、大量破壊兵器・弾道ミサイルなどの移転・拡散・性能向上にかかる問題、特に、北朝鮮による核・ミサイル開発問題やイランの核問題は、わが国や国際社会にとっての大きな脅威である。

グローバル化の進展により、国際テロの拡散・多様化が進んでいる。現に海外において邦人やわが国益が被害を受けるテロが発生しており、わが国・国民は、国内外において国際テロの脅威に直面している。

国際公共財（グローバルコモンズ）については、海洋において、近年、資源の確保や自国の安全保障の観点から、力を背景とした一方的な現状変更を図る動きが増加しつつある。このような動きや海賊問題などにより、シーレーンの安定や航行の自由が脅かされる危険性も高まっている。

宇宙空間においては、衛星破壊実験や人工衛星同士の衝突などによる宇宙ゴミの増加をはじめ、持続的かつ安定的な利用を妨げるリスクが存在している。サイバー空間においては、社会インフラの破壊、軍事システムの妨害を意図したサイバー攻撃などによるリスクが深刻化しつつある。

貧困、国際保健課題、気候変動その他の環境問題、食糧安全保障、さらには内戦、災害などによる人道上の危機といった一国のみでは対処できない地球規模の問題が、個人の生存と尊厳を脅かす人間の安全保障上の重要かつ緊急な課題となっている。また、一国の経済危機が世界経済全体に伝播するリスクが高まっている。

## ２　アジア太平洋地域における安全保障環境と課題

アジア太平洋地域の戦略環境の特性としては、様々な政治体制が存在し、核兵器国を含む大規模な軍事力を有する国家などが集中する一方、安全保障面での地域協力枠組みは十分に制度化されていないことがあげられる。

北朝鮮は、核兵器をはじめとする大量破壊兵器や弾道ミサイルの能力を増強するとともに、軍事的な挑発行為やわが国などに対する様々な挑発的言動を繰り返し、地域の緊張を高めている。

中国は、国際的な規範を共有・遵守するとともに、地域やグローバルな課題に対して、より積極的かつ協調的な役割を果たすことが期待されている。一方、中国は十分な透明性を欠いた中で軍事力を広範かつ急速に強化している。東シナ海、南シナ海などの海空域においては、既存の国際法秩序とは相容れない独自の主張に基づき、力による現状の変更の試みとみられる対応を示している。また、台湾海峡を挟んだ両岸関係は、経済的関係を深める一方、軍事バランスは変化しており、安定化の動きと潜在的な不安定性が併存している。

# Ⅳ　わが国がとるべき国家安全保障上の戦略的アプローチ

## １　わが国の能力・役割の強化・拡大

### （１）安定した国際環境創出のための外交の強化

国家安全保障の要諦は、安定しかつ見通しがつきやすい国際環境を創出し、脅威の出現を未然に防ぐことである。国際社会の平和と安定及び繁栄の実現にわが国が一層積極的な役割を果たし、わが国にとって望ましい国際秩序や安全保障環境を実現していくための力強い外交を推進していく。

### （２）わが国を守り抜く総合的な防衛態勢の構築

厳しい安全保障環境の中、戦略環境の変化や国力国情に応じ、実効性の高い総合的な防衛力を効率的に整備し、統合運用を基本とする柔軟かつ即応性の高い運用に努める。

政府機関・地方公共団体・民間部門との連携を深め、武力攻撃事態から大規模自然災害に至るあらゆる事態にシームレスに対応するための総合的な体制を平素から構築していく。その中核を担う自衛隊の体制整備に当たっては、統合的・総合的視点から重要となる機能を優先しつつ、各種事態の抑止・対処のための体制を強化する。

核兵器の脅威に対しては、核抑止力を中心とする米国の拡大抑止が不可欠であり、その信頼性の維持・強化のために米国と緊密に連携していくとともに、弾道ミサイル防衛や国民保護を含むわが国自身の取組により適切に対応する。

（3）領域保全に関する取組の強化

領域警備に当たる法執行機関の能力強化や海洋監視能力の強化を進める。様々な不測事態にシームレスに対応できるよう、関係省庁間の連携を強化する。わが国領域を確実に警備するために必要な課題について不断の検討を行い、実効的な措置を講ずる。国境離島の保全・管理・振興に積極的に取り組むとともに、国家安全保障の観点から国境離島、防衛施設周辺などにおける土地利用などのあり方について検討する。

（4）海洋安全保障の確保（略）

（5）サイバーセキュリティの強化（略）

（6）国際テロ対策の強化（略）

（7）情報機能の強化（略）

（8）防衛装備・技術協力（略）

（9）宇宙空間の安定的利用の確保および安全保障分野での活用の推進（略）

(10) 技術力の強化（略）

2　日米同盟の強化

米国との間で、具体的な防衛協力のあり方や、日米の役割・任務・能力の考え方などについての議論を通じ、「戦略」を踏まえた各種施策との整合性を図りつつ「日米防衛協力のための指針」の見直しを行う。運用協力および政策調整を緊密に行うとともに、弾道ミサイル防衛、海洋、宇宙空間、サイバー空間、大規模災害対応などの幅広い協力を強化し、日米同盟の抑止力および対処力を向上させていく。

在日米軍駐留経費負担などの施策のほか、抑止力を維持向上させつつ、沖縄をはじめとする地元の負担を軽減するため、在日米軍再編を日米合意に従って着実に実施する。

3　国際社会の平和と安定のためのパートナーとの外交・安全保障協力の強化

韓国、オーストラリア、ＡＳＥＡＮ諸国およびインドといったわが国と普遍的価値や戦略的利益を共有する国との協力関係を強化する。

中国には、大局的かつ中長期的見地から、「戦略的互恵関係」の構築・強化に向けて取り組み、地域の平和と安定および繁栄のために責任ある建設的な役割を果たすよう促すとともに、力による現状変更の試みとみられる対応については冷静かつ毅然として対応していく。

4　国際社会の平和と安定のための国際的努力への積極的寄与

国連ＰＫＯなどに一層積極的に協力する。平和構築人材や各国ＰＫＯ要員の育成を、関係国などとの緊密な連携のもと、積極的に行う。

5　地球規模課題解決のための普遍的価値を通じた協力の強化（略）

6　国家安全保障を支える国内基盤の強化と内外における理解促進（略）

### （三）「平成二五年度以降に係る防衛計画の大綱」

◇「二二大綱」の見直し

「二二大綱」の策定以降、わが国周辺の安全保障環境は一層厳しさを増していった。北朝鮮は、平成二四年四月および一二月二には「人工衛星」と称するミサイルの発射を行った。また、中華人民共和国は、わが国領海侵入および領空侵犯を含む不法行動をわが国周辺海空域で急速に拡大していた。

一方、アメリカは、新たな国防戦略指針のもとに、アジア太平洋地域におけるプレゼンスを強調し、わが国を含む同盟国などとの連携・協力の強化を指向していた。さらに、東日本大震災から得た教訓を反映する必要もあった。

このため政府は、「平成二五年度の防衛力整備等について」（平成二五年一月二五日閣議決定）において、「二二大綱」を見直し、自衛隊が求められる役割に十分対応できる実効的な防衛力の効率的な整備に取り組むこととし、平成二五年中に結論を得ることとした。また、「中期防衛力整備計画（平成二三年度〜二七年度）」（二三中期防）を廃止し、今後の中間的な防衛力の整備計画については、「二二大綱」の見直しと併せて検討のうえ、必要な措置を講ずることとした[17]。防衛省においては、閣議決定後直ちに防衛会議を開催し、防衛力のあり方について検討する「防衛力の在り方検討のための委員会」の設置を決定した。

このなかで小野寺防衛大臣は

○一層厳しさを増すわが国周辺の安全保障環境を踏まえて、わが国の防衛体制を総点検し、領土・領海・領空および国民の生命・財産を断固として守り抜くために必要な防衛態勢の検討を行うこと

○自衛隊の体制を強化するに当たっては、統合運用を踏まえた防衛力の能力評価を重視し、内部部局および統合幕僚監部が中心となって実施すること

などを指示した。

その後、江渡防衛副大臣のもと「防衛力の在り方検討のための委員会」において「国際情勢、防衛力の役割と能力評価、日米同盟、自衛隊の運用の現状と課題などについて議論が進められていった[18]。

委員会は、同年七月二六日、それまでに得られた検討の方向性と論点について防衛会議に中間報告を行った。中間報告は、「二二大綱」策定以降、様々な安全保障課題や不安定要因が顕在化・先鋭化し、わが国を取り巻く安全保障環境は一層深刻化していること、国内にあっては、大災害などへの備えの重要性が改めて認識されたことなどを指摘した上で、より実効的な防衛力を構築していくためには、統合運用を踏まえた能力評価を行い、防衛力整備において重視されるべき機能・能力を導出した。中間報告は、能力評価の結果に基づき、①警戒監視能力の強化、②島嶼部に対する攻撃への対応、③弾道ミサイル攻撃およびゲリラ・特殊部隊への対応、④サイバー攻撃への対応、⑤大規模災害などへの対応、⑥統合の強化、⑦情報機能の強化、⑧宇宙空間の利用の推進、を重視すべきとしていた[19]。

新防衛大綱は、「国家安全保障戦略」とともに、「安全保障と防衛力に関する懇談会」において検討され、平成二五年一二月四日に設置された国家安全保障会議において審議され、一二月一七日に国家安全保障会議と閣議において決定された[20]。その主要な点は次のとおりである。

**「平成二六年度以降に係る防衛計画の大綱」**（平成二五年一二月一七日国家安全保障会議決定・閣議決定[21]）

Ⅰ　策定の趣旨（略）

Ⅱ　我が国を取り巻く安全保障環境（略）

Ⅲ　我が国の防衛の基本方針

１　基本方針

我が国は、国家安全保障戦略を踏まえ、国際協調主義に基づく積極的平和主義の観点から、我が国自身の外交努力、防衛力等を強化し、自らが果たし得る役割の拡大を図るとともに、日米同盟を基軸として、各国との協力関係を拡大・深化させ、我が国の安全及びアジア太平洋地域の平和と安定を追求しつつ、世界の平和と安定及び繁栄に、これまで以上に積極的に寄与していく。

かかる基本理念の下、総合的な防衛体制を構築し、各種事態の抑止・対処のための体制を強化するとともに、外交政策と密接に連携を図りながら、日米同盟を強化しつつ、諸外国との二国間・多国間の安全保障協力を積極的に推進するほか、防衛力の能力発揮のための基盤の確立を図る。

2　我が国自身の努力

（1）総合的な防衛体制の構築

一層厳しさを増す安全保障環境の下、実効性の高い統合的な防衛力を効率的に整備し、統合運用を基本とする柔軟かつ即応性の高い運用に努めるとともに、平素から、関係機関が緊密な連携を確保する。また、各種事態の発生に際しては、政治の強力なリーダーシップにより、迅速かつ的確に意思決定を行い、地方公共団体、民間団体等とも連携を図りつつ、事態の推移に応じ、政府一体となってシームレスに対応し、国民の生命・財産と領土・領海・領空を確実に守り抜く。

また、各種災害への対応や国民の保護のための各種体制を引き続き整備するとともに、緊急事態において在外邦人等を迅速に退避させ、その安全を確保するために万全の態勢を整える。

（2）我が国の防衛力――統合機動防衛力の構築

防衛力は我が国の安全保障の最終的な担保であり、我が国に直接脅威が及ぶことを未然に防止し、脅威が及ぶ場合にはこれを排除するという我が国の意思と能力を表すものである。

今後の防衛力のあり方を検討するに当たっては、我が国を取り巻く安全保障環境が刻々と変化する中で、防衛力を不断に見直し、その変化に適応していかなければならない。このため、想定される各種事態への対応について、自衛隊全体の機能・能力に着目した統合運用の観点からの能力評価を実施し、総合的な観点から特に重視すべき機能・能力を導き出すことにより、限られた資源を重点的かつ柔軟に配分していく必要がある。

また、我が国を取り巻く安全保障環境が一層厳しさを増す中、平素からの活動に加え、グレーゾーンの事態を含め、自衛隊の対応が求められる事態が増加しており、かつ、そのような事態における対応も長期化しつつある。このため、平素から、常時継続的な情報収集、警戒監視・偵察（ＩＳＲ）活動（以下「常続監視という」）を行うとともに、事態の推移に応じ、訓練・演習を戦略的に実施し、また、安全保障環境に即した部隊配置と部隊の機動展開を含む対処態勢の構築を迅速に行うことにより、我が国の防衛意思と高い能力を示し、事態の深刻化を防止する。また、各種事態が発生した場合には、事態に応じ、必要な海上優勢及び航空優勢を確保して実効的に対処し、被害を最小限化することが、国民の生命・財産と領土・領海・領空を守り抜く上で必要である。

3　日米同盟の強化

日米安全保障条約に基づく日米安全保障体制は、我が国自身の努力と相まって我が国の安全保障の基軸であり、また、日米安全保障体制を中核とする日米同盟は、我が国のみならず、アジア太平洋地域、さらには世界全体の安定と繁栄のための「公共財」として機能している。

（1）日米同盟の抑止力および対処力の強化（略）

（2）幅広い分野における協力の強化・拡大（略）

（3）在日米軍駐留に関する施策の着実な実施（略）

4　安全保障協力の着実な実施

（1）アジア太平洋地域における協力（略）

（2）国際社会との協力（略）

Ⅳ　防衛力の在り方

１　防衛力の役割

（１）各種事態における実効的な抑止及び対処

各種事態に適時・適切に対応し、国民の生命・財産と領土・領海・領空を確実に守り抜くため、平素から諸外国の軍事動向等を把握するとともに、各種兆候を早期に察知するため、我が国周辺を広域にわたり常続監視することで、情報優越を確保する。

グレーゾーンの事態を含む各種事態に対しては、その兆候段階からシームレスにかつ機動的に対応し、その長期化にも持続的に対応し得る態勢を確保する。

また、複数の事態が連続的または同時並行的に発生する場合においても、事態に応じ、実効的な対応を行う。このような取り組みに際しては、特に以下の点を重視する。

ア　周辺海空域における安全確保（略）

イ　島嶼部に対する攻撃への対応（略）

ウ　弾道ミサイル攻撃への対応（略）

エ　宇宙空間及びサイバー空間における対応（略）

オ　大規模災害への対応（略）

（２）アジア太平洋地域の安定化及びグローバルな安全保障環境の改善（略）

２　自衛隊の体制整備に当たっての重視事項

（１）基本的な考え方

南西地域の防衛態勢の強化をはじめ、各種事態における実効的な抑止及び対処を実現するための前提となる海上優勢及び航空優勢の確実な維持に向けた防衛力整備を優先することとし、幅広い後方支援基盤の確立に配慮しつつ、機動展開能力の整備も重視する。

一方、主に冷戦期に想定されていた大規模な陸上兵力を動員した着上陸侵攻のような侵略事態への備えについては、不確実な将来情勢に対応するための最小限の専門的知見や技能の維持・継承に必要な範囲に限り保持することとし、より一層の効率化・合理化を徹底する。

（２）重視すべき機能・能力

ア　警戒監視能力（略）

イ　情報機能（略）

ウ　輸送能力（略）

エ　指揮統制・情報通信能力（略）

オ　島嶼部に対する攻撃への対応

カ　弾道ミサイル攻撃への対応

キ　宇宙空間及びサイバー空間における対応（略）

ク　大規模災害等への対応（略）

ケ　国際平和協力活動等への対応（略）

３　各自衛隊の体制

（１）陸上自衛隊

ア　島嶼部に対する攻撃を始めとする各種事態に即応し、実効的かつ機動的に対処し得るよう、高い機動力や警戒監視能力を備え、機動運用を基本とする作戦基本部隊（機動師団、機動旅団及び機甲師団）を保持するほか、空挺、水陸両用作戦、特殊作戦、航空輸送、特殊武器防護及び国際平和協力等を有効に実施し得るよう、専門的機能を備えた機動運用部隊を保持する。

イ　島嶼部等に対する侵攻を可能な限り洋上において阻止し得るよう、地対艦誘導弾部隊を保持する。

ウ　作戦部隊及び重要地域の防空を有効に行い得るよう、地対空誘導弾部隊を保持する。

エ　機動運用を基本とする部隊以外の作戦基本部隊（師団・旅団）について、戦車及び火砲を中心として部隊の編成・装備を見直し、効率化・合理化を徹底した上で、地域の特性に応じて適切に配置する。

（２）海上自衛隊

ア　常続監視や対潜戦等の各種作戦の効果的遂行による周辺海域の防衛や海上交通の安全確保及び国際平和協力活動等を機動的に実施し得るよう、多様な任務への対応能力の向上と船体のコンパクト化を両立させた新たな護衛艦等により増強された護衛艦部隊及び艦載回転翼哨戒機部隊を維持する。当該護衛艦部隊は、地対空誘導弾部隊とともに、弾道ミサイル攻撃から我が国を多層的に防護し得る機能を備えたイージス・システム搭載護衛艦を保持する。

イ　水中における情報収集・警戒監視を平素から我が国周辺海域で広域にわたり実施するとともに、周辺海域の哨戒及び防衛を有効に行い得るよう、増強された潜水艦部隊を保持する。

ウ　洋上における情報収集・警戒監視を平素から我が国周辺海域広域にわたり実施するとともに、周辺海域の哨戒及び防衛を有効に行い得るよう、固定翼哨戒機部隊を保持する。

エ　多様な任務への対応能力向上と船体におコンパクト化を両立させた新たな護衛艦と連携し、我が国周辺海域の掃海を有効に行い得るよう、掃海部隊を保持する。

（３）航空自衛隊

ア　我が国周辺のほぼ全空域を常時継続的に警戒監視するとともに、我が国に飛来する弾道弾ミサイルを探知・追尾し得る地上警戒監視レーダーを備えた警戒管制部隊のほか、グレーゾーンの事態等の情勢緊迫時において、長期間にわたり空中における警戒監視・管制を有効に行い得る増強された警戒航空部隊からなる航空警戒管制部隊を保持する。

イ　戦闘機とその支援機能が一体となって我が国の防空等を総合的な態勢で行い得るよう、能力の高い戦闘機で増強された戦闘機部隊を保持する。また、戦闘機部隊、警戒航空部隊等が我が国周辺空域で各種作戦を持続的に遂行し得るよう、増強された空中給油・輸送部隊を保持する。

ウ　陸上部隊等の機動展開や国際平和協力活動等を効果的に実施し得るよう、航空輸送部隊を保持する。

エ　地対空誘導弾部隊と連携し、重要地域の防空を実施するほか、イージス・システム搭載護衛艦とともに、弾道ミサイル攻撃から我が国を多層的に防護し得る機能を備えた地対空誘導弾部隊を保持する。

Ⅴ　防衛力の能力発揮のための基盤

防衛力に求められる多様な活動を適時・適切に行うためには、単に主要な編成、装備を整備するだけでは十分ではなく、防衛力が最大限効果的に機能するよう、これを下支えする種々の基盤も併せて強化することが必要不可欠である。その主要な事項（略）は、以下のとおりである。

Ⅵ　留意事項（略）

（別表）（略）

### （四）防衛省改革（統合幕僚監部の強化・内部部局の改編等）

平成二五年八月五日、防衛省は、有事など緊急事態における自衛隊の運用体制を見直す方針を固めた。運用体制の見直しは、中華人民共和国の海洋進出や北朝鮮の核・ミサイル開発など、わが国周辺の安全保障環境が緊迫化しているという現実に直面していたことによるものであった[22]。

こうした国際情勢のなかでも、自衛隊が緊急事態に迅速に対応するには、現状の組織に手直しが必要なことは以前から指摘されていた。

八月三〇日、防衛省は「防衛省改革の方向性」を策定した。その中に、文官で組織する運用企画局を廃止して、自衛官中心の統合幕僚監部に一元化することが取り入れられていた。

自衛隊の部隊運用に関する補佐業務は、内局の運用局と統幕がそれぞれ行うこととなっており、両組織の役割に重複があるため緊急時の部隊運用に混乱を招く可能性があると以前から指摘されていた。今回の改革は、これを解消する狙いがあった。

これらの改革案は、平成二七年度予算案に盛り込まれた。防衛省改革の概要は次のとおりであった[23]。

①　文官・自衛官の相互配置

＊実際の部隊運用に関する業務の一元化に伴う統幕への高位級文官ポストの新設

＊内部部局への高位級自衛官ポストの新設

②　統合運用機能の強化

＊統合幕僚監部への実際の部隊運用に関する業務の一元化

・実際の部隊運用に関する業務を統幕に一元化し、運用企画局を廃止（運用に関する法令の企画・立案機能は防衛政策局事態法制課〈仮称〉が所掌）

・対外説明や統合幕僚長に対して政策的見地からの補佐を行う統幕副長級の文官ポスト（運用政策総括官）および部課長級の文官ポスト（運用政策官）を新設

③　内部部局の改編

・経理装備局の調達・研究開発機能等を防衛装備庁（仮称）へ移管

＊統幕への運用一元化等に伴い、また政策立案機能の強化のため内局の改編を実施

・運用企画局の廃止

・運用に関する法令の企画・立案・部隊訓練機能等を防衛政策局へ移管

＊戦略企画課（仮称）を新設

＊整備計画局（仮称）を新設、防衛政策局防衛計画課を整備計画局に移管、運用企画局の情報通信整備機能を整備計画局へ集約

＊施設整備機能を有する経理装備局および装備施設本部の一部を整備計画局へ集約

④　情報発信機能の強化

⑤　防衛装備庁（仮称）新設

## 三　集団的自衛権にかかる憲法解釈の変更

### （一）集団的自衛権にかかる憲法解釈の変更

平成二五年二月八日、政府は、集団的自衛権に関する個別事例を研究するため、第一次安倍内閣時代に設置された有識者会議「安全保障の法的基盤の再構築に関する懇談会（安保法制懇）」（座長：柳井俊二・元駐米大使）を五年ぶりに再開し、首相官邸で会合を開いた。懇談会のメンバーに変更はなく、集団的自衛権の行使を認める国家安全保障基本法の制定を視野に入れた議論を進めることとなった[24]。

安保法制懇は、平成二〇年に、集団的自衛権の行使などを巡る四類型に関し、行使を容認するよう求める報告書を

提出したが、答申を受けた時の首相は福田康夫に代わっていた。このため柳井座長は、二月八日、同じ報告書を改めて安倍首相に提出した。

報告書を受け取った安倍首相は「安全保障環境は大きく変化した。日米安保体制の最も効果的な運用を含め、わが国が何をなすべきか再び議論してほしい」と述べ、四類型に加えて新たな課題を検討するよう諮問した[25]。

平成二六年（二〇一四年）五月一五日、「安全保障の法的基盤の再構築に関する懇談会（安保法制懇）」は、安倍首相に対して「報告書」を提出した。報告書は、前文（「はじめに」）に続いて、「Ⅰ・憲法解釈の現状と問題点、Ⅱ・あるべき憲法解釈、Ⅲ・国内法制の在り方、Ⅳ・おわりに」という構成で記述されていた[26]。

「Ⅰ・憲法解釈の現状と問題点」では、「ある時点の特定の状況の下で示された憲法論が固定化され、安全保障環境の大きな変化にかかわらず安全保障政策が硬直化するようでは、憲法論ゆえに国民の安全が害されることになりかねない、それは主権者たる国民を守るために国民自身が憲法を制定するという立憲主義の根幹に対する背理だ」と指摘した上で、わが国を取り巻く安全保障環境の変化に対応してわが国が採るべき具体的行動の六つの事例を提示した。

そのうえで、「Ⅱ・あるべき憲法解釈」で、「集団的自衛権について、わが国と密接な関係にある外国に対して武力攻撃が行われ、その事態がわが国の安全に重大な影響を及ぼす可能性があるときには、わが国が直接攻撃されていない場合でも、その国の明示の要請または同意を得て、必要最小限の実力を行使してこの攻撃の排除に参加し、国際の平和及び安全の維持・回復に貢献することができることとすべきである」、「第三国の領域を通過する場合は、わが国の方針として、その国の同意を得るべきものとすべきである」、「事前または事後に国会の承認を得る必要がある」、「活動の場所について、憲法解釈上地理的な限定を設けることは適切ではない」との考え方を示した。いわゆる巻き込まれ論に対しては、「そもそも集団的自衛権の行使は義務ではなく権利なので、その行使はあくまでもわが国が主体的に判断すべき問題である」とした。

また、可能な限り個別的自衛権または警察権で対応しようとする考え方に対しては「個別的自衛権や警察権をわが国独自の考え方で『拡張』して説明することは、国際法違反の恐れがある、各国が独自に個別的自衛権の『拡張』を主張すれば、国際法に基づかない各国独自の『正義』が横行することになり、実質的にも危険」と警告した。

注目すべきは、軍事的措置を伴う国連の集団安全保障措置への参加について、「憲法九条が国連の集団安全保障措置へのわが国の参加までも禁じていると解釈することは適当ではなく、憲法上の制約はないと解釈すべきだ、国連安保理決議による集団安全保障措置への参加は国際社会における責務であり、主体的な判断を行うことを前提に積極的に貢献すべきである」と指摘したことであった。

「Ⅲ・国内法制の在り方」では、「国内法の整備に当たっては、まず、集団的自衛権の行使、軍事的措置を伴う国連の集団安全保障措置への参加、一層積極的なＰＫＯへの貢献を憲法に従って可能とするよう整備しなければならない。また、いかなる事態においても切れ目のない対応が確保されることに合わせ、文民統制の確保を含めた手続き面での適正さが十分に確保され、事態の態様に応じ手続きに軽重を設け、特に行動を迅速に命令すべき事態にも十分に対応できるようにする必要がある」と指摘し、自衛隊法、武力事態対処法、周辺事態法、船舶検査活動法、捕虜取り扱い法、ＰＫＯ協力法等についての検討が必要であると指摘した(27)。

報告書を受けた安倍首相は、同日、首相官邸で記者会見を開き、集団的自衛権の限定的容認に向けて、憲法解釈の見直しを含め政府・与党で検討し、国内法制の整備に取り組むとする政府の「基本的方向性」を示した(28)。

これを受けて、自民党と公明党の間で検討が開始された。五月二〇日の第一回会合を皮切りに、七月一日の第一一回の最終回まで、自民党の高村正彦副総裁と公明党の北側一雄副代表を中心に慎重に議論が進められた。

第一回の会合では、座長の高村自民党副総裁が「今までの憲法解釈でできないものもあるのか。あるとすれば解釈を変えることの可否の検討を進める」と述べたのに対して、終始慎重な姿勢の北側公明党副代表は、「仮に憲法解釈の見直しが必要なら、論理的な整合性も確認しながら進めなければならない」と応じ、両者の考え方には相当の開きがあることをうかがわせた。

こうしたことから、自民党側は、六月末には集団安全保障措置を棚上げして閣議決定の最終案を提示、自公両党が大筋合意するに至った。

七月一日、第一一回会合において、自公両党は新たな憲法解釈の閣議決定について了承した。閣議決定は次のとおりである。

**集団的自衛権**（平成二六年七月一日・閣議決定）……抜粋

（上略）日本国憲法の施行から六七年となる今日までの間に、わが国を取り巻く安全保障環境は根本的に変容するとともに、さらに変化し続け、わが国は複雑かつ重大な国家安全保障上の課題に直面している。（中略）冷戦終結後の四半世紀だけをとってみても、グローバルなパワーバランスの変化、大量破壊兵器や弾道ミサイルの開発・拡散、国際テロの脅威などにより、（中略）脅威が世界のどの地域において発生しても、わが国の安全保障に直接的な影響を及ぼし得る状況になっている。（中略）もはや、どの国も一国のみで平和を守ることはできず、国際社会もまた、わが国がその国力にふさわしい形で一層積極的な役割を果たすことを期待している。

政府の最も重要な責務は、わが国の平和と安全を維持し、その存立を全うするとともに、国民の命を守ることである。（中略）政府としては、まず、十分な体制をもって力強い外交を推進することにより、安定しかつ見通しがつきやすい国際環境を創出し、脅威の出現を未然に防ぐとともに、国際法にのっとって行動し、法の支配を重視することにより、紛争の平和的解決を図らなければならない。

わが国自身の防衛力を適切に整備、維持、運用し、同盟国である米国との相互協力を強化するとともに、域内外のパートナーとの信頼及び協力関係を深めることが重要である。

（中略）日米安全保障体制の実効性を一層高め、日米同盟の抑止力を向上させることにより、武力紛争を未然に回避し、わが国に脅威が及ぶことを防止することが必要不可欠である。その上で、（中略）国際協調主義に基づく「積極的平和主義」の下、国際社会の平和と安定にこれまで以上に積極的に貢献するためには、切れ目のない対応を可能とする国内法制を整備しなければならない。

１　武力攻撃に至らない侵害への対処

（1）わが国を取り巻く安全保障環境が厳しさを増していることを考慮すれば、純然たる平時でも有事でもない事態が生じやすく、更に重大な事態に至りかねないリスクを有している。こうした武力攻撃に至らない侵害に際し（中略）いかなる不法行為に対しても切れ目のない十分な対応を確保するための態勢を整備することが一層重要な課題となっている。

（2）こうした様々な不法行為に対処するため（中略）具体的な対応要領の検討や整備を行い、命令発出手続きを迅速化するなど、各分野における必要な取り組みを一層強化することとする。

（3）手続の迅速化については（中略）治安出動や海上における警備行動を発令するための関連規則の適用関係について、あらかじめ十分に検討し、（中略）状況に応じた早期の下令や手続の迅速化のための方策について具体的に検討することとする。

（4）わが国の防衛に資する活動に現に従事する米軍部隊に対して攻撃が発生し、それが状況によっては武力攻撃にまで拡大していくような事態においても、自衛隊と米軍が緊密に連携して切れ目のない対応をすることが、わが国の安全の確保にとっても重要である。（中略）自衛隊と米軍部隊が連携して行う平素からの各種行動に際して、米軍部隊に対して武力攻撃に至らない侵害が発生した場合を想定し、自衛隊法第九五条による武器等防護のための「武器の使用」の考え方を参考にしつつ、自衛隊と連携してわが国の防衛に資する活動（共同訓練を含む）に現に従事している米軍部隊の武器等であれば、米軍の要請または同意があることを前提に、当該武器等を防護するための極めて受動的かつ限定的な必要最小限の「武器の使用」を自衛隊が行うことができるよう、法整備をすることとする。

２　国際社会の平和と安定への一層の貢献

（１）安全保障環境がさらに大きく変化する中で、国際協調主義に基づく「積極的平和主義」の立場から、国際社会の平和と安定のために、自衛隊が幅広い支援活動を十分に役割を果たすことができるようにすることが必要である。政府としては（中略）、これまでの自衛隊の活動の実体験、国連の集団安全保障措置の実態等を勘案して、「後方地域」あるいは「非戦闘地域」といった自衛隊が活動する範囲をおよそ一体化の問題が生じない地域に一律に区切る枠組みではなく、他国が「現に戦闘行為を行っている現場」ではない場所で実施する補給、輸送などのわが国の支援については、当該他国の「武力の行使と一体化」するものではないという認識を基本とした考え方に立って、他国の部隊に対して必要な支援活動を実施できるようにするための法整備を進めることとする。

（２）国際的な平和協力活動に伴う武器使用

「国家または国家に準ずる組織」が敵対するものとして登場しないことを確保した上で、国連平和維持活動などの「武力の行使」を伴わない国際的な平和協力活動におけるいわゆる「駆け付け警護」に伴う武器使用及び「任務遂行のための武器使用」のほか、領域国の同意に基づく邦人救出などの「武力の行使」を伴わない警察的な活動ができるよう、法整備を進める。

３　憲法九条の下で許容される自衛の措置

（１）政府の憲法解釈には論理的整合性と法的安定性が求められる。したがって、従来の政府見解における憲法九条の解釈の基本的な論理の枠内で、国民の命と平和な暮らしを守り抜くための論理的な帰結を導く必要がある。

（２）憲法九条が、わが国が自国の平和と安全を維持し、その存立を全うするために必要な自衛の措置をとることを禁じているとは到底解されない。この自衛の措置は、あくまで外国の武力攻撃によって国民の生命、自由及び幸福追求の権利が根底から覆されるという急迫、不正の事態に対処し、国民のこれらの権利を守るためにやむを得ない措置として初めて容認されるものであり、そのための必要最小限の「武力行使」は許容される。この基本的な論理は、憲法九条の下では今後とも維持されなければならない。

（３）わが国を取り巻く安全保障環境が根本的に変容し、変化し続けている状況を踏まえれば、今後他国に対して発生する武力攻撃であったとしても、その目的、規模、態様等によっては、わが国の存立を脅かすことも現実に起こり得る。こうした問題意識の下、わが国に対する武力攻撃が発生した場合のみならず、わが国と密接な関係にある他国に対する武力攻撃が発生し、これによりわが国の存立が脅かされ、国民の生命、自由及び幸福追求の権利が根底から覆される明白な危険がある場合において、これを排除し、わが国の存立を全うし、国民を守るために他に適当な手段がないときに、必要最小限度の実力を行使することは、従来の政府見解の基本的な論理に基づく自衛のための措置として、憲法上許容されると考えるべきであると判断するに至った。

（４）わが国による「武力の行使」が国際法を遵守して行われることは当然であるが、国際法上の根拠と憲法解釈は区別して理解する必要がある。憲法上は、あくまでもわが国が存立を全うし、国民を守るため、すなわち、わが国を防衛するためのやむを得ない自衛の措置として初めて許容されるものである。

（５）わが国ではなく他国に対して武力攻撃が発生した場合に、憲法上許容される「武力の行使」を行うために自衛隊に出動を命ずるに際しては、現行法令に規定する防衛出動に関する手続きと同様、原則として国会の承認を求めることを法案に明記することとする。

４　今後の国内法整備

これらの活動を自衛隊が実施するに当たっては、国家安全保障会議における審議等に基づき、内閣として決定を行うこととする。こうした手続きを含めて、実際に自衛隊が活動を実施できるようにするためには、根拠となる国内法が必要となる。政府として、あらゆる事態に切れ目のない対応を可能とする法案の作成作業を開始することとし、十分な検討を行い、準備ができ次第、国会に提出し、国会におけるご審議を戴くこととする。

七月二日、政府は集団的自衛権の行使を可能とする憲法解釈の見直しを含む政府見解を閣議決定したことを踏まえて、実際に自衛隊の活動を可能にするための関連法制の整備に着手することとした。関連法案の作成は国家安全保障会議（ＮＳＣ）事務局（「国家安全保障局」）に作成チームを設置して対応することとなった[29]。作成チームは、兼原信克、高見沢将林の両国家安全保障局次長（官房副長官補）以下約三〇名で構成された。以後、内閣官房や外務、防衛、国土交通の各省や警察庁などと連携して作業が行われることとなる。また、これに関連して、「日米防衛協力の指針（ガイドライン）」の見直しも行われることとなった。

**注**：平成二七年四月二七日、新たな「日米防衛協力のための指針」が日米安全保障協議委員会（２＋２）で了承された。新指針では、安全保障法制との整合性を確保しつつ、「切れ目のない」形でわが国の平和と安全を確保するための協力を充実・強化するとともに、地域的な、またはグローバルな領域、あるいは宇宙・サイバーといった新たな戦略的領域においても協力することが明示され、さらに、日米協力の実効性を確保するための仕組みとして、同盟の調整メカニズム、共同計画の策定など協力の基盤となる取り組みを明記したものとなった。

注：平成二七年九月一九日、「我が国及び国際社会の平和及び安全の確保に資するための自衛隊法等の一部を改正する法律」（「平和安全法整備法」）が参議院本会議で可決・成立した。この法律は、自衛隊法、重要影響事態安全確保法（周辺事態安全確保法の改正）、船舶検査活動法、国際平和協力法等の改正による自衛隊の役割拡大（在外邦人等の保護措置、米軍等の部隊の武器保護のための武器使用、米軍に対する物品役務の提供、「重要影響事態」への対処等）と、事態対処法制の改正（「存立危機事態」への対処等）、国家安全保障会議設置法の改正を内容としている。
また同時に可決・成立した「国際平和共同対処事態に際して我が国が実施する諸外国の軍隊等に対する協力支援活動等に関する法律」（「国際平和協力法」）は、「国際平和共同対処事態」における協力支援活動等に関する制度を定めている。

集団的自衛権の行使にかかる憲法解釈の見直しは、安倍首相の強い意思と、小松一郎内閣法制局長官、高村自民党副総裁、北側公明党副代表らの努力によって実現したものであった。創設以来、歪な法制度に悩まされてきた自衛隊にとっても、行動時の不具合がある程度是正されたことは一歩前進と受け止めてよいであろう。

**註**

（１）『政権交代』　小林良彰　中公新書　一一八―一一九頁
（２）同右　一二〇―一二三頁
（３）同右　一二九頁
（４）同右　一三〇頁
（５）同右　一三二頁
（６）同右　一三四頁
（７）『防衛白書（平成二四年版）』　防衛省　四六六頁

（8）『政権交代』小林良彰　中公新書　一五〇頁
（9）同右　一五一頁
（10）『防衛白書（平成二五年版）』防衛省　一二五頁
（11）同右
（12）「読売新聞」（平成二六年一月七日付夕刊）
（13）「隊友」（平成二六年三月一五日付）
（14）「読売新聞」（平成二五年一〇月二四日付）
（15）『防衛白書（平成二五年版）』防衛省　一三二頁
（16）同右　一三三―一三八頁
（17）同右　一一二頁
（18）同右
（19）『防衛白書（平成二六年版）』防衛省　一四二頁
（20）同右
（21）同右　三八八―三九五頁
（22）「読売新聞」（平成二五年八月六日付）
（23）「朝雲新聞」（平成二七年一月二二日付）
（24）「読売新聞」（平成二五年二月九日付）
（25）同右
（26）「読売新聞」（平成二六年五月一六日付）
（27）同右
（28）「朝雲新聞」（平成二六年五月二二日付）
（29）「読売新聞」（平成二六年七月二日付夕刊）

# 終章　政軍関係に求められること

―「厳正なシビリアン・コントロール」と「円滑な作戦指揮」をどのようにして両立させるか―

## 一　はじめに

国際社会が主権国家等の集まりであり、これを統一的に管理（統治）する「有権の」機構が存在しない現状において、国の防衛のために軍事力を保持することは主権を守るため不可欠の重要事項である。

統治権の分割が見られず、軍事に関する権限（いわゆる「統帥権」）も皇帝・国王に帰属している帝政・王政の国家は別として、自由民主主義制度の国家においては、軍事と政治をどのように組み合わせるかは、国の統治形態に直接かかわる重要かつ悩ましい問題である。何故なら、そもそも軍事と自由民主主義は「水と油」のように相容れない要素を内包しており、しかも、軍事力はそれ自体が「強い力」であることから、民主制度そのものを脅かす可能性もゼロではないからである。

明治のはじめに創設された陸海軍（旧軍）は、日清・日露の両戦争を無事乗り切ったあと、次第に政治・外交にも影響を及ぼすようになった。昭和六年に満州事変が勃発、支那事変・大東亜戦争へと戦線が拡大する中、軍部の判断が一層影響力を強め、わが国には断固たる決断のできる政治家が現れることなくついに無条件降伏を余儀なくされた。

これを反面教師としてか、戦後誕生した自衛隊には、異常なまでの制約が加えられ、事実上身動きできない状態に置かれてきた。

このいずれも決して望ましいことではなく、「精強で円滑に運用できる軍事力」を「国会・政府が適正にコントロールできる体制」を構築することが極めて重要である。特に昨今、わが国周辺に恫喝的な行為を続けている国がある現実を想起すれば、このことは忽《ゆるが》せにできない重要課題であると言って過言ではない。

かかる観点から、以下、これまでの歴史的経緯を踏まえつつ、そもそも政治と軍事（政軍関係）はどのようにあるべきか、あるべき姿を安全保障法体系にどのように反映すべきかについて考察していくこととしたい。

## 二　軍事の特質と政治

### （一）軍（自衛隊）の特質

対外的な脅威から国家の安全を守ることを第一義的な使命とする軍（自衛隊）は、精強でなければならない。精強であるためには、高性能の装備を保有し、これを駆使し得る人材を確保し、戦って勝利できるレベルに訓練し、弾薬等を備蓄し、その態勢を維持しなければならない。

核兵器の出現以降の国際社会においては、「艦隊が舳艪《じくろ》相銜《あいふく》んで海洋を越えて来襲し、わが本土に大部隊を大挙上陸させるというような形の侵略は目下のところ考えられない(1)」という認識は正しいであろうが、戦争に至らないような紛争までがなくなったわけではなく、そうした事態への対処においても、「戦闘」が生起することに変わりはない。

このため、軍（自衛隊）に求められる能力とは、戦争であれ、戦争に至らない紛争であれ、相手を圧倒して「勝つこと」、「勝てること」に尽きる。また、「勝つ」能力を備えてこそ「抑止力」としての効果も期待できる。「勝つ見込みのない」軍事力では、その規模がいかに大きくても、抑止効果を期待することはできない。「抑止力」とは、端的に言えば、相手方に「戦っても勝てない」と思わせることに他ならないからである。

ところで、戦闘の帰趨を決する基本原理は「優勝劣敗」である。強い方が勝ち、弱い方が負ける。したがって、戦闘においては、いかにして強い方になるかが問われることとなる。

注意すべきことは、ここでいう「強いか弱いか」は、現に戦闘が行われる場における強弱である。今川義元が田楽狭間で織田信長に敗れた戦例は、保有している兵力と現に戦闘中の兵力の相違を端的に表したものということができる。確かに、今川軍は三万の大軍であったが、信長が斬り込んだときは昼食中であった。大軍であったがゆえの油断か、見張りや警備を怠っていた。義元本陣は、土地の有力者が持ち込んできた桁外れのご馳走を食べ、祝い酒に酔い、豪雨下の幕舎に閉じ込められていた。そこに闘志満々の信長軍（直率一千騎）が突進してきた。勝敗は義元の首をとられてあっけなく終わった。数の上では今川軍三万、信長軍（直率）一千騎であっても、戦闘場面という視点から評価すれば、戦力比は今川軍ほぼゼロ対織田軍一〇〇〇であったことになる。

**注**：大東亜戦争の敗因ついて、開戦前の日米の国力（石油、鉄等の生産力や国土面積等）を比較して、最初から負ける戦争であったとする見解があるが、国力の差は日露戦争開戦当時の日本とロシアの間にもあったのであり、これだけから大東亜戦争の敗因を説明することはできない。確かに国力は重要ではある。国力が劣る場合は継戦能力に限界を生じ、戦勝を得る上で困難が伴うことは間違いなく、国家レベルの戦略を考える場合、国力を第一に評価すべきことは言を俟たない。

ただ、今ここで問題にしているのは、国家の意思として軍事作戦が開始された場合、勝利に向かって戦える体制にあるかどうかについてであって、国家戦略レベルの問題を論じているのではない。

主たる活動の場が戦闘である軍（自衛隊）の行動原理は、「いかにして戦いに勝つか」という一点に焦点を当てて合理性を追求したものでなければならない。それが軍事的合理性あるいは軍事行動原理と言われるものである。いずれの国の軍も、戦いに勝つために如何にすればよいかを追求してきた。戦史研究から「戦いの原則」が導き出されたのもそうした努力の結果であった。

**注**：一般に戦いの原則として、①目的、②主動、③集中、④経済、⑤機動、⑥統一、⑦保全、⑧奇襲、⑨簡明、が挙げられている。

軍事作戦とは、戦いの原則を駆使しながら、相手より優位に立って戦勝を得る行動であると言うことができる。いわゆる軍事的合理性・軍事行動原理とは、畢竟、勝利を得るために戦いの原則を如何に有効に駆使するかという思考様式と言って差し支えないであろう。

軍事作戦において勝利を確実にするためには、企図の秘匿、単一の指揮官による迅速な決心・命令、厳正な規律、部隊の高い士気等が求められる。それは戦う両者に共通する事項であり、したがって、相互にこうした原則を駆使することから、戦闘場面においては予想外の事態が起きることは決して稀ではなく、むしろ常態というべきである。さらに、戦闘には恐怖も付きまとう。即ち、軍隊（自衛隊）における作戦指揮には次のような特質があると言ってよい。

①　戦機（時間的要求）の重要性

戦闘場面における状況の推移は急速である。「戦機は一瞬にして来たり一瞬にして去る」。このため指揮官の状況判断と部隊に対する命令・指示は、戦況に即応するものでなければならず一瞬の猶予も許されない。したがって上級指揮官の指示を仰ぐ暇がないのが常態であり独自の判断で決心しなければならない。

②　予測・予断を許さない不確実な状況下での即断即決の重要性

戦況は常に変化し流動的であり、軍（自衛隊）は、不十分な情報（戦場の霧）の中での任務遂行を迫られる。しかも戦場における状況はあらかじめ予測できる範囲にとどまるものではない。新兵器・新戦法の出現も決して稀ではない。

こうした状況下での任務遂行には、判明した事項を現地の指揮官がいかに判断するかが死活的に重要であり、流動する状況に即応して的確に判断し、遅滞なく決心しなければならない。

③　危険性超越の必要性

軍（自衛隊）の任務は、本質的に危険を伴い、あらかじめ全ての予防措置を行って事に臨むことは不可能である。即ち、現出した危険の克服もしくは対処要領は、その場における指揮官の状況判断によらなければならない。

軍事力（自衛隊）が、真にその力を発揮して与えられた使命を達成するためには、こうした戦場の特質に適合した体制（態勢）が確立されていなければならない。高性能の装備を保有し、これを駆使し得る人材を確保し、訓練し、弾薬等を備蓄しているだけでは不十分であり、前記三項目を踏まえて、指揮活動を円滑にできる方式（法的裏付け）を整備しておくことが必要である。

世界各国の軍が、軍事作戦における「命令（作戦命令）」の形式を、「やってはならないことを示し、それ以外については指揮官の判断に委ねる」形式、いわゆる「ネガティヴ・リスト方式」としている所以は、こうした特質に適合させるために他ならない。

また、作戦間の行動は「部隊行動」が原則であり、個人単位の行動は例外というべきである。したがって、法制度において行動・権限の原則を定める場合、重視すべきは部隊単位の行動・権限であり、個人についての規定は、補完的・例外的に考えるべきであろう。

**（二）政治（自由民主主義・議会制民主主義）の特質**

軍の行動が、指揮官ただ一人の命令によることを大原則とするのに対して、自由民主主義、議会制民主主義の大原則は、主権が国民にあり、その代表として議会に送られた議員によって政策が決定され実行に移されることにある。

**注**：わが国は議会制民主主義国家であり、主権は国民にある。ここに言う主権は、単一不可分であり具体的な個々人を超越して観念上認識される統一体としての抽象的存在たる「国民」に帰属すると考えることができる。この観念的抽象的存在たる国民は自ら主権を行使するのではなく、選挙で選ばれた国民の代表者がこれを行使することとなる。したがって、国民の代表という場合、ある特定の、個々の国民の代表ではなく、「抽象的全国民」の代表ということであり、個々の具体的国民あるいはその集団とは何ら法的関係を持たない。選挙で選ばれた代表者は、全国民の代表者として独立して

意思形成をすべき存在であり、選挙母体の意思にみだりに拘束されるべきではない[2]。しかし、そもそも民主主義が国民の意思に基づく政治を目指す制度であることから、個々の国民が何を考え何を望んでいるかを抜きにしては民主政治の意味がなくなってしまう。したがって、国民の代表者として選ばれた者は、選挙人の多数によって表明された国民意思をできる限り正確に汲み上げ、それを踏まえて国の将来を明察し法制化し執行に移すべき立場にあると考えられる。

議会における意思決定は、議員がそれぞれの主張を展開し、討論によって利害得失を調整し、最終的には多数決によって決定する。さらに、少数意見に対しても十分に考慮を払い、決定した政策の実行に際して利益の享受に不公平不均衡が生じないよう配慮することとなる。

こうした意思決定の方式には時間がかかり、また、情報公開が不可欠である。

## （三）政治と軍事の関係を適正に保つための方策

自由民主主義・議会制民主主義が、主権者たる国民の意思を反映すべく利害の調和を求めて、議員の合意に基づき政策を決定するのに対して、軍（自衛隊）の意思決定は、指揮官ただ一人の判断に委ねられる。民主主義が、合意のため十分な時間を割いて議論し、政策案の整合を図り、多くの人の意見に従う（多数決）のに対して、軍（自衛隊）の意思決定は指揮官ただ一人の決心による。民主主義の意思決定のためには、可能な限り情報を公開して状況認識の共通化を図るのに対して、軍（自衛隊）の意思決定では、企図の秘匿のため、情報について非公開とされるものが多い。

このように、特に両者の意思決定の考え方が、根本的に異なることをまず念頭に置く必要がある。

では、そうした根本的な相違のある政治と軍事をどのように結びつけることができるであろうか。次の三点を満たことが必要であると考えられる。

〔第一点〕　軍事の特殊性を認めた上で、これを民主主義制度の中の特異領域として「囲い込む」こと

最も確実な方法は、軍（自衛隊）の作戦行動を民主主義の「例外の領域」として「囲い込む」ことである。その「囲い込み」の範囲が広すぎたり曖昧であったりすれば、政治による軍の統制が困難となり、ひいては民主主義を脅かすことにもなりかねない。反面、「囲い込み」の範囲が狭すぎれば、軍事力としての使命を達成することができなくなる。「囲い込み」の範囲の設定においては、過去の歴史を振り返りつつ、妥当な範囲にとどめることが重要となる。具体的には、次のような原則が認められるべきと考える。

●平常時の業務（軍政）と作戦行動（軍令）を区分し、軍政は一般行政の原則を遵守すべきことを明示すること

軍令という用語を用いること自体、騒動を起こしかねないのが戦後の日本の風潮であった。しかし、軍（自衛隊）の暴走を防止するための第一歩は、軍政と軍令を明確に区分することである。

次に、軍令を厳格に囲い込んで、その範囲をいたずらに広げないようにすることが最も効果的かつ現実的である。軍政（防衛力の規模・編制、人事・教育訓練、装備品の開発・調達等）は、ここで言う「囲い込み」の外にある。このことを明確にすることにより軍政事項が「平常時の業務＝一般行政」の範疇に含まれること、業務実施の手続・要領等が他省庁におけるのと全く同じであることを明らかにすることができる。

**注**：昭和五年のロンドン条約批准にかかるいわゆる統帥権干犯問題は、条約の批准がここで言う「囲い込み」の内か外かの問題と捉えることができる。当時の政友会（犬養総裁）が「国防は一般政務と認むべきものでなく、天皇を補弼して国防上に直接参画する責任の所在は海軍においては軍令部であり、陸軍においては参謀本部であることは何人も認むるところで、国務大臣には国防上直接責任はない。直接責任なき国務大臣が、直接責任ある軍令部の強硬なる反対意見を知

りながら、これを無視してこの国防上の重大事件を軽率に決定し去ったということは、その現在並びに将来に及ぼすところの政治上の責任は恐るべきものがあるとみなければならぬ」との幹事長（森恪）談話を発表したことで一挙に大問題となったものであった。

大日本帝国憲法を冷静に解釈すれば、国防予算も条約の批准も一般行政の範囲と解される筈であるが、当時の政友会は、国防にかかる条約の批准も軍令事項という論理を展開したのであった。条約の批准を統帥権干犯であるとして、政争の具にした政治家犬養毅、森恪、鳩山一郎らの姿勢こそが問われなければならない（第一巻第四章第五節参照）。

軍政事項については、防衛省内にあっては事務次官が事務方のトップであることは、他省庁と同様となる。即ち、防衛省の所掌のうち、一般行政については事務次官を、軍令事項については統合幕僚長を、それぞれ最高の補佐者として位置付けることとなり、両者の整合は、防衛会議等を通じて行うことが可能である。

●軍令の要件（「囲い込み」の方法）を明確にすること

前項において指摘した軍（自衛隊）における作戦指揮の特質は、この軍令が適用される場面におけるものであり、軍政（一般行政）については適用されないことは当然である。即ち、軍令が適用されるのは、「行動時」という極めて限られた場合であり、それが民主主義の制度全般に影響を及ぼさないようにすることが肝要である。

「囲い込み」の枠内、即ち、軍令については、発令者、発令要件、発令要領（手続き）、適用範囲、適用時期等の基準を明確に規定する必要がある。

●「作戦（行動命令）」（軍令）を「ネガティヴ・リスト方式」とすること

前述のとおり、作戦・戦闘の場は、戦機（時間的要素）を捉えること、予測・予断を許さない不確実な状況下での即断即決、危険を超越することなど、通常の行政の場とは全く異なる状況が常態となっている場である。

このような状況下では「やってよいことを列挙する方式」（「ポジティヴ・リスト方式」）の命令では、対応することができない。このため世界各国の軍と同様に「やってはならないことを列挙しそれ以外は指揮官の判断に委ねる方式」（「ネガティヴ・リスト方式」）とすることが必要である。

わが国では、防衛力の整備が警察予備隊の創設をもって開始されたことから、行動時の権限についても「警察官職務執行法」の準用規定や、「〜することができる」という「ポジティヴ・リスト方式」の規定が採り入れられている。しかしこのような警察法的な規定では、対外的な緊急事態に適切に対応できないことは既に繰り返し述べてきたとおりであり、一刻も早く是正されなければならない。

ただし、「ネガティヴ・リスト方式」による行動命令は、指揮官が取り得る方策の自由度が増すことから、事実上強い力を発揮するものとなる。したがって、その要件等の規定を厳密にしておくなどの措置が不可欠である。

このため、行動命令に関する規定を法律事項とすることも考慮されるべきである。ちなみに、現在は、単なる文書の分類上・形式上の問題として「文書の形式に関する訓令」（防衛省訓令）で規定するにとどまっており、行動命令と一般命令の間に実態として大きな差異は見当たらない。

行動命令のうち、「ネガティヴ・リスト方式」であることが決定的に重要なのは、国外の組織（国家・テロ・ゲリラ等を含む）がわが国に対して不法な侵害・侵略行動に打って出た場合の対処、即ち、防衛出動および防衛出動には至らない領域警備等（海上における警備行動、対領空侵犯措置等を含む）いわゆる「グレーゾーン」の場合である。これらの対処においては、国際法を遵守すること、国内法を適用しないこと等を明示することが必要である。

一方、国内を対象とする行動、即ち、治安出動、災害派遣等については、当然に国内法の遵守が必要であり、また、「ネガティヴ・リスト方式」による必要はないという意見もあるかもしれないが、領域警備等との複合事態の可能性も否定できないことから「ネガティヴ・リスト方式」に統一しておくべきであろう。その場合、やってはならない事項を大幅に付加するなど、別途行動・権限に考慮を払う必要がある。
いずれにしても、「ネガティヴ・リスト方式」を採るに際して、任務の態様に適合できるよう行動・権限の内容を精査することは、第一に行うべき重要事項である。

●軍人（自衛官）の名誉顕彰、処遇等を任務遂行の困難性と軍刑罰の重さに見合うものとすること
軍（自衛隊）の行動は、部隊単位が原則であり、軍令に対する不服従・違反については、一般刑法よりはるかに重い刑罰を科す必要がある。命令違反を厳しく罰することにより、厳しい環境下での命令の徹底が担保されるからである。このため、軍刑法の制定と軍事裁判所の設置が必要である。しかし、軍人（自衛官）も、民主国家の国民であり、基本的人権が保障されるべき存在である。その基本的人権に制約を受け、命令違反にかかる厳しい軍刑法の適用があることを承知の上で任務に邁進する者に対して、これに見合う名誉顕彰、処遇等を準備することは国家として当然のことである。古来、軍人の名誉が重んじられてきた所以はここにある。

［第二点］　**軍事に対する政治の優位性を制度上明確にすること**
世界のすべての国が現状維持で満足であるならば、国際摩擦も国際紛争も起こりえない。しかし、何らかの理由で現状に満足できない状態が生じた場合、現状変更を望む国と現状維持を望む国の対立が生ずることとなり、まず外交による調整が始まり、法と正義による「説得」、代償利益の提供による「取引」、武力による「威嚇」などの方策を駆使して、平和的合意の達成を目指す努力が払われるであろう。
説得で解決しない場合には取引、取引で解決しない場合は威嚇へと外交手段をエスカレートさせることとなるが、それでも解決しない場合、もはや外交手段による解決は望み得ない(3)。

**注**：現在の国際社会を見ても、「説得」「取引」「威嚇」のすべてが水泡に帰し、しかもその追求する目的が断念できない価

値を有すると判断すれば、威嚇から現実の「武力行使」へと手段をエスカレートさせている。南沙諸島に対する中華人民共和国の対応や、ウクライナに対するロシアの対応を見れば明らかであろう。軍事的手段による解決は「戦争」「紛争」の類に他ならない。

わが国の憲法は、「威嚇」以降を認めていないが、相手国がそれ以上の手段を行使した場合に、どのように対応すべきか、「戦争反対」を唱えて済む問題ではない。

クラウゼヴィッツが「戦争は政治におけるとは異なる手段をもってする政治の継続に他ならない」と喝破したのは、まさにこのことであろう。

こうした一連の流れを考えれば、国家戦略（政治）と軍事戦略（武力行使）の関係は、政治が主であり軍事は政治に従属すべきことを、「制度上も明確にしておくこと」が重要であり、具体的には次の三つの措置が必要である。

●国家統治機構における軍令機関の位置付けを明確に規定すること

昭和二九年（一九五四年）、防衛庁を設置する際に、陸・海・空幕僚監部および統合幕僚会議が、「特別の機関」として置かれることとなった。これは、省庁組織の形を規定する「国家行政組織法」において、軍令機関を全く想定していなかったことに由来する「不具合」によるものであった。この「不具合」の淵源は戦前の制度にあると言うことができる。即ち、戦前の法体系では、統帥権の独立が憲法に規定されていたことから国家の行政組織を定める法令に軍令機関が登場する筈がなく、軍令機関（大本営）の設置は別の勅令（「大本営令」）で定められていた。

戦後「日本国憲法」が制定された段階では、陸海軍省の解体や内務省の分割等が既に終わり、それ以外の省庁に大きな変動がなかったことから中央官庁の機構についても戦前の法令の考え方をそのまま踏襲することとなり、軍令機関に関する規定は検討するまでもなく「国家行政組織法」の「対象外」となってしまった。この経緯からすれば、自衛隊の創設段階で軍令機関の位置付けを「国家行政組織法」に規定する必要があった筈であるが、そうした方針の転換は行われず「特別な機関」とするにとどまった。春秋の筆法をもってすれば、現在の「国家行政組織法」は、統帥権の独立を前提にしていると言うことになる。それを放置したままで良いのであろうか。

自衛隊の活動が、「平時」の業務（部隊の編成、教育訓練、装備品等の調達・補給等）にとどまっている限りは、（軍令が発せられていないことから）特に支障をきたすことはないであろう。しかし、自衛隊が「防衛出動」等の行動に出る場合、通常の行政と同じ要領で作戦遂行ができないことは既に述べてきたとおりであり、その場合のために、軍令を発する機関を、国家行政組織の中でどのように位置付けるのかを明確にし、適正な統制が行われ得るようにしておくことが必要である。前述の「囲い込み」は、軍令の影響が民主主義の制度全般に及ばないようにすると同時に、軍令の正統性を担保するものでもある。いわゆる「シビリアン・コントロール」とは、このようなことを明確にして、作戦遂行の円滑化と同時に、軍（自衛隊）の暴走を事前に食い止める方策・措置を講ずることではないのか。

●自衛隊法第七条の「最高指揮監督権」とは「統帥権」の意であることを再確認すること

「国家行政組織法」において、軍令機関を全く想定していなかったことに関連して、軍に対する政治優位を最も明確にする筈の規定が、自衛隊法の制定当時、意図的に曖昧な形に「変形」されたことに留意しなければならない。

昭和二八年（一九五三年）二月に当時の改進党が党大会において「国家自衛に関する態度」を決定したが、この中で「自衛軍の統帥は内閣に置き、文民優位の原則を確立する」として、統帥権を内閣に置き、管理運用は国会の監督の下に置くという、欧米民主主義国におけると同様の文民統制の原則を確立して自衛軍創設の構想を固めていた。

次いで、同年一一月「自衛軍基本法要綱」を提案し、「自衛軍は国防会議の補佐により、内閣総理大臣これを統率する」という項目を掲げ、統帥権は内閣総理大臣が有するとの文民統制原則制度を採用した。この構想が防衛二法の指揮監督権の基本原則の淵源となり、自衛隊に関する組織法にこの趣旨を加えることとなったのであった。(4)

即ち、防衛力としての自衛隊の最高指揮権をどこに置くかは、旧憲法下の統帥権の所在にも匹敵すべき重大問題であったことから、これについての保守三党の折衝は細心の留意が払われ、自衛隊の最高指揮権は文民である内閣総理大臣の権限とし、これを自衛隊の隊務を統括する長官の上に置き、内閣総理大臣の指揮監督権を補佐するために国防会議を内閣に置くとしたのであった(5)。

しかし国会における防衛二法の審議の過程で統帥権の規定はうやむやにされてしまった。即ち、昭和二九年四月一二日の衆議院内閣委員会において、高瀬傳議員(当時日本社会党、後に改進党を経て自民党)が「この最高指揮監督権というのは(中略)旧憲法の天皇の持つ統帥大権に該当するように思うのですが、違いますか」と質したのに対して、加藤陽三政府委員は「第七条の規定は、憲法第七二条の内閣総理大臣が内閣の首班といたしまして内閣を代表して行政を指揮監督するという規定を第七条のように表現したものでありまして、これによりまして統帥的な機能を与えたという趣旨ではないのであります。現在憲法に規定したところを別の表現で書き加えたところであります」と答弁した(6)。

この答弁によって、防衛二法の大綱の段階で明確にされていた統帥権は、防衛庁内局の文官官僚の独自の解釈によって事実上覆されたということができる。

こうした経緯から、自衛隊法第七条の最高指揮権に関する規定を、あまり重要視せずに解釈する傾向が現在に至るまで引き継がれている。この加藤答弁の趣旨は要するに軍令、即ち、前述の「囲い込み」の範囲を限りなくゼロに近づけようとするものである。これは決して望ましいことではなく、このまま実際に防衛出動等の事態に陥るようなことがあれば、作戦行動も一般行政と同じ方式の命令が発せられることとなり、わが国の法制度を無視して行動する敵と対峙する現場は、結局「超法規的行動」をとらざるを得なくなるのではないのか。

これを是正し、自衛隊法第七条の「最高指揮監督権」の意義は、「統帥権」であることを明確にし、統帥権に基づく行動命令が「ネガティヴ・リスト方式」によることを明確にしておくことが必要である。

●軍令の正統性（legitimacy）担保について格段の考慮が払われること

「ネガティヴ・リスト方式」は、作戦部隊指揮官が取り得る方策の自由度が増すことから、事実上指揮官に強い権限を持たせる方式であり、それゆえ、「ネガティヴ・リスト方式」の適用についてその範囲を厳密に規定しておくべきことは既に述べたとおりであるが、命令権者（発令者）についても、同様に厳密な任用基準が求められるべきである。強い権限を付与するものであるがゆえに、その正統性が厳しく問われるのは当然のことであろう。

民主党政権時代、野田首相は、防衛大臣に民間人の森本敏・拓殖大学教授（元外務省安全保障政策室長）を任命した。当時、これが認められるかどうかを問題視する見解が一部あった。結局、大きな問題とならなかったが、このことは決しておろそかにすべきではなく、厳密な考察が必要である。

ちなみに、アメリカ合衆国においては、国防長官は大統領が指名することとなっており、民間人から登用されている。これから類推すれば、森本大臣にもまったく問題ないというのが当時の野田政管の見解であったと思われる。

しかしこれは、軍令がどのようにして発せられるかによって異なる問題である。確かに、アメリカの国防長官も民間人から選ばれるが、そのかわり、作戦命令の発令方式がわが国と異なっている。

アメリカの場合も、行政命令は国防長官から発せられるが、作戦命令（軍令）は、大統領が統合参謀本部議長を通じて作戦部隊に発する方式をとっている。軍令を発する状況下では、国防長官も国家指揮権限保持者（ＮＣＡ）たる大統領を直接補佐する立場にあり、この面では統合参謀本部議長と並列の関係にあると見ることもできる。国防長官が民間人からの任用であっても、軍令が選挙で選ばれた大統領から直接作戦部隊に発せられるから、命令の正統性に全く問題がないという考え方であろう。

これに対してわが国の場合、まず、軍令に対する認識が希薄であり、かつ、自衛隊の行動に関する命令も、首相から防衛大臣に「指示」が発せられ、これに基づいて防衛大臣が統合幕僚長を通じて作戦部隊に「行動命令」を発する方式が「慣習的に」採られている。この場合、防衛大臣が民間人であることが本当に認められるのか、軍令の「正統性」の観点から改めて考察する必要があろう。

**注**：防衛二法制定当時、自衛隊法の「出動」にかかるものについては内閣総理大臣から、それ以外については長官から行動命令が発せられる、という合意が防衛庁内局と内閣法制局の間でなされたとされている。[7]

軍令の正統性を担保する観点から問題と考えられるケースが東日本大震災における民主党政権の対応の中に見られた。第二章第三節で述べたとおり、福島第一原発の事故対処において、原子炉に対する連続した給水が必要となり、自衛隊、警察、消防の各放水冷却部隊を統一指揮する態勢を確立する必要がでてきた。このとき、これを自衛隊に指揮させるという海江田経済産業大臣の意向を受けて、細野首相補佐官（原子力担当）から警察庁長官、消防庁長官、防衛大臣、福島県知事、東京電力社長に宛てて「三月一八日の放水活動の基本方針について」と題する「指示」が発せられた。[8]これは、明らかに自衛隊法の趣旨に反するものであり、当然、認められる筈もない。災害対策本部が、給水の効率化のために、自衛隊、警察、消防の能力を統一的に運用すべきと考えることは当然であろう。問題はそれを実行に移すに際して、自衛隊の最高指揮権（自衛隊法第七条）を無視して手続きを行ったことであった。この「指示」は結局撤回され、改めて内閣総理大臣から「指示」が出された。それでも、本章第二節で指摘したとおり、「指示」の発出の仕方についての疑念は消えていない。

繰り返し述べているように、軍事力は、非常時に有効な「力」ではあるが、反面、統制を疎かにすれば危険なことにも十分留意しなければならない。それ故に、軍事力の運用については、各国とも特段の考慮を払ってきた。戦後のわが国が、自衛隊の行動に関して異常とも言えるほどに厳しい制約を課してきたのは、「統帥権が政治を脅かしたことが大きな問題であった」という認識によるものであった。この認識が妥当かどうかは別として、実際に厳しい制約が課せられたことは間違いなかった。

平時は、意味のない制約を課し、事が起きて自衛隊の能力が必要になると、声の大きい者が、指揮権の保持者が誰であるかもわきまえずに勝手に「指示」を出す。これで果たして「シビリアン・コントロール」を語る資格があると言えるであろうか。軍事力が「強い力」であるからこそ正統性の担保が重視されなければならない。そのことを改めて銘記する必要があろう。この時勝手に「指示」を出した二人（首相補佐官と経済産業大臣）は、前述の「囲い込み」の埒外にあり、軍令を発する立場にはない。こうした行為がシビリアン・コントロールを乱すものであることを、この二人は認識していなかったと考えるしかあるまい。

防衛省設置法第八条第一項についても、軍令の正統性担保の観点から疑義がある。第八条は、内部部局の所掌事務を定めているが、その第一項は「第四条第一号に掲げる事務に関する基本及び調整に関すること」となっている。ここで第四条第一号の規定は、「防衛及び警備に関すること」と定めている。これらを総合すると、内局が軍政・軍令の両面について基本を定めるという解釈が成り立つことになり、防衛二法制定当時の三党合意にも反している。

**注**：「○○の基本に関すること」を所掌事務とする企画・計画担当の部門は、通常「統制課」と称され、同じ内部部局に設置されている「○○に関すること」という同じ事項を所掌事務とする業務実施計画担当の部門を統制・調整することとされていた。この解釈を設置法第八条第一項に当てはめると「防衛及び警備に関することについての基本及び調整」ということになる。(9)

さらに、統合幕僚監部に文官官僚を配置することにも疑問が残る。内局に制服自衛官を配置するとともに、統幕にも文官官僚を配置することが既に決まったが、果たして正しい措置であろうか。

自衛隊法において、「内閣総理大臣は、内閣を代表して自衛隊の指揮監督権を有する」と定めた所以は、選挙によって国民から選ばれた代表者「内閣総理大臣」のみに、同法に定める行動時の最高指揮権を付与し、国民の意思に反する思惑が入り込む余地を排除する趣旨であると解することができる。

最高指揮官は、自己の判断、命令の結果について国民に対して責任を負う立場にあり、選挙によって国民の審判を受けることとなる。また、軍事面の補佐機関たる統合幕僚監部（の幕僚）は、作戦実行に関して最高指揮官たる内閣総理大臣に対して軍事作戦について補佐の責任を負う立場にある。中央軍令機関としての方策を具申し計画を立案するに際しては、その実行段階において自ら部隊指揮官として現地に配置されることも念頭に置くに違いない。特に厳しい状況下では、自らその任に就く覚悟（「弾の下を潜る覚悟」）があってはじめて受令者たる作戦部隊との一体感が生まれるというべきである。このような条件が整うことによって、内閣総理大臣も統合幕僚監部（の幕僚）も、それぞれに「権限と責任」のバランスが取られることとなる。

ところが、文官官僚は決して部隊指揮官に配置されることがなく、統合幕僚監部に配置された場合、最高指揮官に対する言説は、悪く言えば「言いっぱなし」の状態となる。彼らは決して部隊指揮官に配置されることがないゆえに、軍令に関する決定について責任を取り得る立場にはない。責任を取り得ない者に権限を与えないというのは当然のことであり、かかる観点から、統合幕僚監部に文官官僚を配置することには異議を唱えざるを得ない。

統幕に文官官僚を配置することが既に決定している以上、当面、その配置先について十分に配慮するしかないであろう。少なくとも、意思決定に深くかかわらせることは避けるべきである。

**注**：ちなみに、大東亜戦争末期、大本営作戦課長として大陸打通作戦を立案した服部卓四郎大佐は、昭和二〇年五月、第六五連隊長として、同作戦の激戦地区に赴任している。これは中央軍令機関に勤務する軍事幕僚を、必要に応じて難局に立ち向かわせるという制度上の証ということもできる。人事（補任）上このような可能性があるからこそ、困難な状

況下でも作戦部隊の信頼を得ることができるということであろう。即ち、人事的な担保が、軍令の正統性、或は、令達の権威を維持するために機能しているというべきであり、文官官僚にはできないことである。

**注**：昭和五二年七月一九日、栗栖統幕議長（当時）が「緊急時には自衛隊の超法規的行動もあり得る」と発言し問題となった（第四巻第二章第二節参照）。これは、ＭＩＧ―25事件の際、ソ連がＭＩＧ―25の奪還または破壊のため函館に部隊を上陸させる可能性があるとの情報に基づき現地の陸自部隊が出動したにもかかわらず、防衛庁長官から何らの命令も発せられなかったことを批判しての発言であった。

「では、こういう場合どうするのか」という記者の質問に対して、当時の丸山昻防衛次官は「そのときは逃げるんです」と述べたという。栗栖発言は、防衛出動も下令されていないし、何もしていないのに、急に不意打ちで何かやられたらどうするんだ、それこそ「超法規的でもってやるんだ」[10]と、制服のトップとしての覚悟を披瀝したものだが、丸山次官はこの問題を本気で考えようとしていなかったといわれても仕方がない。要するに「法律的に問題がなければそれでいいじゃないか」というのが文官官僚の感覚であることを忘れてはならない。彼らの判断の基準は「六法全書」であって、国家の主権や国民の生命財産ではない。そういう人たちに国家の非常事態の命令を起案させ、作戦部隊を運用させて、国民は本当に納得できるのか。

**［第三点］　政治家、国民が軍事について適正な判断ができる見識を持つこと**

何事にも、適正な判断を下すためには質の高い知識・情報が不可欠である。「シビリアン・コントロール」の制度の下で、政治家・国民が軍事に関する重要な決定を下すには、当然、軍事に関する知識・情報を必要とする。この当たり前のことが円滑になされていないのがわが国の現状であるといって間違いはないであろう。

ひたすら平和を唱えて、軍事から遠ざかりさえすれば、国の平和は保たれると、本気で考えている人が如何に多いことか。しかし、平和は、努力なしに得られるものではない。わが国の主権を脅かすものに対して、毅然と立ち向かう気概、それに見合う備えなしに、平和はあり得ない。

「日本が平和なのは憲法第九条があるからであり、世界が平和なのは国連があるからである」という人がいるが、これは明らかな誤りである。憲法第九条が禁じているのは、日本が他国を侵略することであって、他国（たとえば冷戦時代のソ連や現在の中華人民共和国）に日本への侵略を思いとどまらせているのは、日米安保条約によってもたらされる抑止力に他ならない(11)。

わが国では、国際情勢の現実やこれに対する対応等について、軍事的な視点からの教育が本腰を入れて実施されているとは言い難い。正しい情報・知識なしに正しい判断ができる筈がない。

政治と軍事のバランスをとって、軍（自衛隊）を目的に適合するように運用するためには、まず、政治家・国民が正確な知識・情報を獲得することが必要である。五百旗頭真・前防衛大学校長は次のように述べている。

「国防軍であれ自衛隊であれ、およそ軍事力を保持するならば留意すべき点が二つある。その第一は軍事という劇薬を政治的英知をもって自制的に用いること、その第二は、政府と国民が軍事についての知識をもってコントロールすることである。実はこの点の欠如こそ、戦前、軍部の暴走を止め得なかった最大の理由であろう。あれほど『国防国家』が叫ばれながら、一般の大学に国防学の講座は三〇年代まで皆無であった。軍事は軍部の専管事項であり、国民は軍部の決定により徴集され、動員されるのみであった(12)」

こうした過去の苦い経験を教訓とするならば、国の将来を担う若い人材に必要な教育を施すことが重要ではないのか。具体的には次の二点が効果的と思われる。

●大学に軍事（戦略、制度、政軍関係等）に関する講座を設けること、あるいは増加すること

一般の大学に軍事に関する講座がない、あるいは、少ない、という状況は、戦前も現在も同じである。そうした状

態で、国民が軍事に関して正しい判断をすることができるであろうか。軍事の講座を置くことは、軍（自衛隊）に加担することであると考えている人もいるようであるが、これは大きな誤りである。

大学に軍事の講座を置く狙いは、あくまでも国家安全保障・防衛全般について考察する機会を与えること、端的に言えば、シビリアン・コントロールができる能力・判断力を養うこと、シビリアン・コントロールのできる人材を育成確保することである。軍事専門家の言いなりにならず、もっと広く国政全般の立場から、安全保障・防衛を考え得る人材を育成することに尽きる。

●国家公務員上級職の試験科目に「軍事」を加えること

一般の大学に軍事に関する講座がない理由のひとつは人気がないことと考えられる。であるならば、将来必要となる人材に必要性を感じさせる措置を採ればよいのではないのか。国家公務員上級職の試験科目に「軍事」を加えることは、意識改革の上で大きな役割を果たすに違いない。

防衛官僚はもちろん、総務、法務、外務、財務、文部科学、厚生労働、農水、経済産業、国土交通、環境省、警察庁のいずれをとっても、軍事に関する見識を養うことは、それぞれの省庁の業務とも密接な関係があり、国の将来のための重要課題であると思われてならない。

## 三　安全保障法体系は如何にあるべきか

自衛隊の発足が警察予備隊として発足し、それが軍事力としては極めて変則的な形からであったために、防衛法体系も当初から歪なものとなっていた。

冷戦の終結に伴い、わが国も国際社会において応分の貢献をする必要が出てきたことから、自衛隊の海外派遣が始まり、これまでにもその任務範囲が逐次拡大してきた。これに伴い、防衛法制にも所要の措置が行われてきたが、変則の連続に由来する不具合が解消されずに残ってしまった。

その最も重要な問題が憲法改正であることは論を待たないが、仮に憲法が改正されたとしても、それによって問題がすべて解決するわけではない。防衛法制の問題は、その根本の部分に憲法問題があることは確かであるが、憲法の改正の有無にかかわらず、措置が必要な部分が少なくない。以下、ここまでの考察結果を踏まえて安全保障に関連する法律の改正すべき点等について、ひとつの提言を試みることとしたい。

（一）憲法

安全保障・防衛は、国の重要事項であり、その基本的事項は、憲法において定めるべきであろう。具体的には次の件について規定する必要がある。

＊国の防衛のための国防軍の保持

＊自衛権の行使（個別的・集団的を問わない）

＊国防軍の最高指揮権（統帥権）は政治の最高責任者に帰属

＊国の防衛はすべての国民の義務

＊国家緊急事態に対応するための仕組み

＊軍事裁判所の設置

＊天皇の国事に関する行為に「国防軍の栄誉礼を受けること」を追加

（二）安全保障法体系

憲法のもとに安全保障関連法を次のように体系化する必要がある。

［第一階層］

＊国家安全保障基本法（新規制定）

＊国家安全保障会議設置法（現行法の一部改正）
＊国家行政組織法（現行法の一部改正）
［第二階層］
＊防衛省設置法（現行法の一部改正）
＊国防軍行動権限法（現行自衛隊法の抜本改正）
［第三階層］
＊国連平和維持活動（ＰＫＯ）協力法、重要影響事態法（周辺事態対処法の改正）、武力攻撃・存立危機事態対処法（武力事態対処法の改正）、国際平和支援法、その他の関連法……安全保障基本法等の制定に伴い適宜改正、統合廃止等を含めて検討

(三) 主要な各法の要改正点等

●国家安全保障基本法

国家安全保障基本法は、わが国の安全保障政策の基本となる事項について定める。憲法改正までは、本来憲法に規定すべき事項（国防軍の保持、自衛権の行使、国防軍の最高指揮権は政治の責任者に帰属、国防はすべての国民の義務、国家緊急事態に対応するための仕組み等）を規定する必要があろう。また、国、地方公共団体等の責任と権限等を定めるべき性格の法律と位置付けることができよう。

国防軍が対応すべき任務としては

① 国土防衛（防衛出動に至らない、いわゆる「グレーゾーン」を含む）
② 国際社会が実施する集団安全保障への参加
③ 海外における緊急事態またはわが国の国益を著しく害する事態対処（在外邦人の救出〈輸送〉、機雷の除去等）

④　国内における非常事態対処（大災害への対処、治安維持等）が含まれることを明確にすべきであろう。

特に、②の国際社会が実施する集団安全保障への参加を安全保障政策の主要な柱として位置付けることは、国際連合の活動を支持するわが国の方針を具体化するものであり、わが国が今後の国際社会において応分の役割を果たす姿勢を明示する観点からも欠くことができない。

国家安全保障基本法は、国家安全保障会議設置法、自衛隊法（「国防軍行動権限法」）その他関連措置法等を俯瞰した、安全保障全般にかかる総括法的性格の法律であるべきであろう。

**注**：平成二四年七月四日、自民党が「国家安全保障基本法案」を作成した。その構成は次のようになっている。

第一条・本法の目的、第二条・安全保障の目的・基本方針、第三条・国及び地方公共団体の責務、第四条・国民の責務、第五条・法制上の措置等、第六条・安全保障基本計画、第七条・国会に対する報告、第八条・自衛隊、第九条・国際の平和と安定の確保、第一〇条・国際連合憲章に定められた自衛権の行使、第一一条・国際連合憲章上定められた安全保障措置への参加、第一二条・武器の輸出入等

●国家安全保障会議設置法

防衛出動命令については、国家安全保障会議に付議されることが予測される。この場合、現在の手続きがそのまま適用されるとすれば内閣総理府大臣が発する行動命令は、形式上内閣官房で起案されると考えられる[13]。これをそのまま踏襲するのか、あるいは変更するのか、国家安全保障会議と防衛省・統合幕僚監部との関係、行動命令の起案についての内閣官房（ＮＳＣ事務局）と統幕との関係等について検討し明確にしておくことが必要である。

いわゆる「出動」事態の行動命令が、防衛大臣ではなく内閣総理大臣から発せられるのであれば、統合幕僚長の補

佐業務は、防衛大臣を補佐するということでは不十分であり、内閣総理大臣を直接補佐する規定が必要となる筈である。この観点から、統合幕僚長を国家安全保障会議の構成要員に加えるよう法改正を行う必要がある。ちなみにアメリカ統合参謀本部議長は、大統領、国家安全保障会議、国防長官の三者に対する軍事幕僚（顧問）である。(14)

●国家行政組織法

現行法体系の下での軍令機関（統合幕僚監部等）の位置付けを明確にする必要がある。現行の国家行政組織法は、既述のとおり、軍令事項を全く想定していないため、一般の行政組織になじまない統合幕僚監部、陸・海・空各幕僚監部のような組織は、特別の機関とするしかなかった。国防中央機構の大部分が防衛省内に設置される点は変わらないとしても、最高指揮官が内閣総理大臣であるなど、一般の行政組織と異なる点がある。その位置付けを曖昧にしておくことは許されるべきではないであろう。

●防衛省設置法

平成二七年（二〇一五年）七月、防衛省設置法の一部改正が行われた。これにより、第一二条は、「官房長及び局長並びに防衛装備庁長官は、統合幕僚長、陸上幕僚長、海上幕僚長、航空幕僚長が行う自衛隊法第九条第二項の規定による隊務に関する補佐と相まって、第三条の任務達成のため、防衛省の所掌事務が法令に従い、かつ、適切に遂行されるよう、その所掌事務に関して防衛大臣を補佐するものとする」と改められ、いわゆる制服組（自衛官）と背広組（文官官僚）の関係が対等となったと一般に解釈されている。

しかし、最も問題のある第八条については、改正が行われていない。第八条第一項は「第四条第一号に掲げる事務に関する基本及び調整に関すること」と規定している。これは、自衛隊法第七条の「内閣総理大臣は、内閣を代表して自衛隊の最高の指揮監督権を有する」という規定が、統帥権についての規定であり、いわゆる「出動」にかかる命令が内閣総理大臣から統幕長を通じて部隊に発せられるということであれば、事務次官が軍令・軍政のすべての基本にかかわるという規定は不具合というしかなく、この両条項の整合を図る必要がある。
したがって、第八条第一項は「第四条第一号に掲げる事務に関する政務及び調整に関すること」とすること、即ち、「基本」を「政務」に変更すべきである。

●自衛隊法（国防軍行動権限法）

自衛隊法が内包する決定的な欠陥は、軍事作戦という、軍事組織（自衛隊）にとって最も基本となる任務の様相を全く念頭に置いていないことというべきであろう。これは防衛二法の起案が旧内務官僚によって行われたことに由来している。警察予備隊、保安隊を経て、自衛隊が創設されることとなったとき、彼らが第一に考えたことは、できるだけ軍事色をなくすること、警察色をできるだけ多く残すことであった。このため、第一に、防衛法制を防衛庁設置法と自衛隊法の二法に分けるという与党合意（特に改進党の強い意向）の趣旨が曖昧にされ、第二に、警察予備隊として発足した当時に規定された「警察色の強い」考え方・内容がそのまま残されることとなった。

警察色の強い考え方とは、具体的には行動時の責任と権限が「個人」を対象として規定されたことであった。確かに、警察官は、「個人」が警察の「機関」として機能できる仕組みになっている。警察官個人が逮捕することができる。もちろん、逮捕には裁判所の判断が先行するが、現行犯逮捕は、一定の要件を満たす限り警察官独自の判断による。これに対して、軍（自衛隊）の行動は、基本的に部隊単位であり、指揮官の命令によって行動するのが原則である。そもそも「部隊行動中の個人」に正当防衛・緊急避難を適用できるのか、その場合の命令との関係はどうなるのか。

防衛法制を防衛庁設置法と自衛隊法の二法に分けた趣旨は、設置法が組織に関する規定（他省庁の場合と同じ）であるのに対して、自衛隊法は、行動時の責任と権限に焦点を当てるべき性格の筈であった。これを否定もせず肯定もしない曖昧な形にすることによって、軍事的な色彩を薄めていった。

かかる経緯を考慮して、自衛隊法については、抜本的な改正が必要である。ちなみに、現在の自衛隊法の構成は次のようになっている。

第一章　総則……本法の目的、定義、自衛隊の任務、自衛隊の旗
第二章　指揮監督……内閣総理大臣の指揮監督権、防衛大臣の指揮監督権、幕僚長の職務、統合幕僚長とその他の幕僚長との関係
第三章　部隊……陸・海・空自衛隊の部隊の組織及び編成、部隊編成の特例及び委任規定
第四章　機関……機関の種類、学校、補給処、病院、研究本部、補給統制本部・補給本部、地方協力本部
第五章　隊員……任用権者及び人事管理の基準、任免、分限、懲戒及び保障、服務、予備自衛官等
第六章　自衛隊の行動……防衛出動、同待機命令、国民保護等派遣、治安出動、同待機命令、海上保安庁の統制、弾道ミサイル破壊措置、海上における警備行動、災害派遣、地震防災派遣、原子力災害派遣、対領空侵犯措置、機雷の除去、在外邦人等の輸送
第七章　自衛隊の権限等……武器の保有、治安出動時の権限、警護出動時の権限、防衛出動時の権限、防衛出動時の公共の秩序維持のための権限、防衛出動時の緊急通行、展開予定地域内における武器の使用、海警行動時の権限、弾道ミサイル破壊措置のための武器の使用、在外邦人等輸送のための権限、捕虜の取扱いの権限、その他
第八章　雑則……各種法律の適用除外等
第九章　罰則……主として秘密漏えい等に対する罰則（敵前逃亡等を罰する規定はない）

自衛隊法は、抜本的な見直しが必要であり、特に次の点について検討が望ましい。

＊内閣総理大臣が最高指揮権（統帥権）を保有することを明示すること

＊現行法の第五章（「隊員」）の規定は、この法律から削除し、別途、自衛官の身分法として再構成すること。その際、統合幕僚長を認証官とすること、名誉顕彰の規定等を加えることなど自衛官の地位向上策を盛り込む必要がある。

＊自衛隊の行動を整理統合すること

・国土防衛事態…防衛出動事態および防衛出動に至らない「グレーゾーン（領域警備、海警行動、対領侵措置、弾道ミサイル破壊措置等の整理統合とサイバー戦の追加）」事態

・集団安全保障にかかる行動事態（国際社会が集団安全保障の一環として行う機雷の除去等を含む）

・国外における緊急事態またはわが国の国益を著しく害する事態…在外邦人等の輸送、機雷の除去（わが国単独）

・国内における非常事態…国民保護等派遣、治安出動、災害派遣（地震防災派遣、原子力災害派遣等の整理統合が必要）

＊行動時の適用法令について規定すること

・国土防衛…防衛出動および防衛出動に至らない「グレーゾーン（領域警備、海警行動、対領侵措置を含む）」事態においては、戦争に関する国際法を遵守すべきこと、侵攻してくる敵への対応に関しては原則として国内法の適用を除外すること

・集団安全保障にかかる行動については、国連安保理決議に基づく軍または有志連合軍の行動基準に従うものとし、国内法の適用を除外すること

・国外における緊急事態またはわが国の国益を著しく害する事態については、国際法を遵守すること、行動地域にある国との合意・了解があること

・国内における非常事態（治安出動、災害派遣等）については、例外を除き国内法に従うこと

注：治安出動については、国民の基本的人権の保護等について、格段の配慮が必要である。また、治安出動、災害派遣のいずれにおいても、地方自治体の業務（行政）の一部を臨時的に代行すること、あるいは、消防、警察、海上保安庁等の活動を統制することについても、その可能性を否定できない（東日本大震災において現に起きていたことは第二章において述べたとおり）ことから、そうした場合の責任と権限について規定することも検討する必要がある。

＊行動命令（作戦命令）について規定すること
・一般の行政命令と行動時の命令（「作戦命令」・「行動命令」）を明確に区分すること
・行動命令は「ネガティヴ・リスト方式」とすること
・行動命令の要件、交戦規定（行動基準）（ＲＯＥ）の基本について規定すること
＊行動時の指揮権継承の基本を示すこと
＊罰則の強化を盛り込むこと、また、憲法改正に伴い軍事刑法として再構成すること
●国連平和維持活動（ＰＫＯ）協力法、重要影響事態法（周辺事態対処法の改正）、武力攻撃・存立危機事態対処法（武力事態対処法の改正）、国際平和支援法、その他の関連法

国家安全保障基本法の新規制定等に合わせて整理統合する必要がある。現行法は、直面する事態に対応するため、いわば弥縫的《びほうてき》に制定されたことから全体として複雑になっており、相互の関連性、複合事態への対応等がわかりにくくなっている。これらを整理統合して体系化することが必要である。

## 四　むすび

明治維新直後における陸海軍の創設から現在に至る軍事と政治の歩みを辿る作業を通じて、心に残ったことが二つ

ある。その第一は、優れたリーダーが危機に対処するときは制度上の欠陥をカバーできるが、凡庸なリーダーが危機に直面すると制度上の欠陥が国家の命取りになるということである。

このことから、我々がなすべきことは、第一に優れたリーダーを育成すること、あるいは、優れたリーダーを選ぶ眼を養うこと、第二に凡庸なリーダーの登場もあり得ることを予期してしっかりした制度を構築しておくことである。

制度の構築・是正はもちろん重要であるが、それ以上に優れたリーダーを選ぶことが重要であることを忘れてはならない。そしてそれは、国民一人ひとりが、正確な情報に基づき、冷静に、合理的に考えて結論を出すことによってはじめて達成されるものである。

「国民はその能力以上の政府を持つことができない」という名言は、国民の自覚を促す警句として、現在も、そして将来も通用するに違いない。

政治家・マスメディアが大衆に迎合する風潮を排し、国民一人ひとりが付和雷同せず、冷静かつ合理的にものごとを判断すること、それこそ政治が軍事に優越するという「シビリアン・コントロール」の要諦というべきであろう。

その第二は、佐伯喜一・元防衛研修所長が提示した「国防に関する五つの命題」が現在に至っても新鮮味を失っていない、否、むしろ、より現実味を帯びてきたということである。佐伯命題は次のようなものであった。

一　現代国際社会において国防の完全は期し得ない。
二　単独防衛は成立しない。
三　現代における国防の主眼は、戦争に備えるというより侵略の未然防止であり、紛争が起きた時の速やかな収束である。
四　現代の戦いは軍事力の行使にとどまらず、経済、技術、文化、心理等あらゆる要素を含む総力戦となる。
五　国防において最も大切なことは、国民一人ひとりが悪に対して毅然と立ち向かう気概を持つことである。

二一世紀に入って国際社会のグローバル化がますます進む一方、地域的な紛争も後を絶たない。また、わが国周辺には国際社会のルールを認めず独自の価値観をむき出しにして周辺国との間に摩擦を作り出している国もある。

こうした国際環境にあって、軍（自衛隊）の存在が依然として重要なことは明らかであり、その能力を確実に保持するとともに、国家戦略に基づく政治の判断でその投入・撤収等が決定される体制、最高指揮官の命令によって行動が開始・終結される体制を堅持していることが重要である。

安全保障・防衛にかかる法体系は、国際社会の今後を見通しながら、精強な軍（自衛隊）の保持・円滑な作戦指揮体制と、それを適正にコントロールできる体制の両立を主眼とするものでなければならない。

こうした観点からすれば最大の課題は憲法改正であるが、憲法を改正して国防軍の保持を明確にしても法制上の問題が自動的に解決するわけではない。現行の法律が改正されずに残れば状況は何も変わらないからである。

したがって、憲法改正の動きに先だって現段階で不備を是正しなければならない。安全保障・防衛法体系の不備是正が、憲法改正に後れを取るようなことになれば、憲法改正の意義も大きく損なわれることとなる。

法体系の整備において、特に留意して検討すべきことは「厳正なシビリアン・コントロール」と「円滑な作戦指揮」の両立をどのようにして達成するかである。そのためには、既に述べてきたような措置が必要であるが、その大部分は現行憲法下でも可能な筈である。速やかに所要の検討を開始しなければならない。

**註**

（1）「これからの国防―第四次防衛力整備計画策定の前提について」昭和四五年三月一九日・自由民主党安全細湯調査会における中曽根防衛庁長官演説要旨、本書第四巻第一章第六節

（2）『私の理解した憲法体系』月刊アーテイクル編集部編　早稲田経営出版　二九頁

（3）『新・戦争論』　伊藤憲一　新潮新書　二二頁
（4）「防衛二法と自衛隊の指揮監督権」宮崎弘樹　『国防（一九七七年八月号）』　朝雲新聞社　九三頁
（5）『新保守党史』　宮本吉夫　二五三頁、『国防』　同右
（6）国会議事録（衆議院内閣委員会）　昭和二九年四月一二日　国立国会図書館
（7）「統合幕僚会議の設置と強化に関する経緯」宮崎弘樹　『防衛関係法規参考資料』　統合幕僚学校　二七頁
（8）『即動必遂』　火箱芳文　マネジメント社　一一三頁
（9）「防衛二法と防衛庁中央機構（その二）」宮崎弘樹　『国防（一九七七年七月号）』　朝雲新聞社　九三頁
（10）『夏目晴雄オーラルヒストリー』　C・O・Eオーラル・政策研究プロジェクト　政策研究大学院大学　二六一頁
（11）『新・戦争論』　伊藤憲一　新潮新書　一三頁
（12）「安保議論のタブー視こそ危険」五百旗頭真　「読売新聞」（平成一五年一月二七日付）
（13）「統合幕僚会議の設置と強化に関する経緯」宮崎弘樹　『防衛関係法規参考資料』　統合幕僚学校　二七頁
（14）同右　一三頁

# 年表

| | 文久 | 慶応 | 明治 |
|---|---|---|---|
| 軍事 | 3・3 御親兵創設 | 4・1 戊辰戦争勃発<br>4・4 陸軍編成法制定 | 元・9 鶴ヶ城陥落<br>2・7 兵部省創設<br>5・2 兵部省から陸海軍省分立へ<br>6・1 徴兵制施行、鎮台制<br>10・2 西南戦争<br>11・12 参謀本部創設<br>15・1 「軍人勅諭」下賜<br>15・11 陸軍大学校創設<br>「軍艦整備計画」<br>18・3 メッケル少佐招聘<br>19・2 軍部大臣現役武官制 |
| 政治 | 3・8 八月一八日の政変（公武合体派が攘夷派を駆逐） | 3・10 大政奉還<br>3・12 王政復古の大号令<br>4・3 五箇条のご誓文<br>4・4 政体書公布 | 2・6 版籍奉還<br>2・7 職員令公布<br>4・7 廃藩置県断行<br>6・10 明治六年の政変（西郷ら下野）<br>7・2 佐賀戦争（佐賀の乱）<br>18・12 内閣職制制定 |
| 国際 | | 元・4 アメリカ南北戦争終結<br>3・8 米海軍ミッドウエー島占領 | 21・10 スエズ運河条約（平戦時の自由通行） |

| | 明治 | | 大正 | |
|---|---|---|---|---|
| 軍事 | 19・3 | 陸海統合の参謀本部 | 2・3 | 軍部大臣の任用基準を緩和 |
| | 19・6 | 五海軍区制定 | 3・9 | 青島攻略<br>南方諸島における海軍作戦 |
| | 21・5 | 師団編成に移行 | 6・1 | インド洋・地中海海軍作戦 |
| | 21・7 | 海軍大学校創設 | | |
| | 26・5 | 海軍軍令部創設<br>「戦時大本営条例」制定 | | |
| | 27・8 | 日清戦争勃発 | | |
| | 29・4 | 「海軍拡充計画」（一〇年計画）元帥府設置 | | |
| | 37・2 | 日露戦争勃発 | | |
| | 40・4 | 「帝国国防方針」策定 | | |
| | 40・9 | 軍令第一号<br>第一七、第一八師団新設 | | |
| | 43・5 | 「海軍軍備充実の議」（八八艦隊構想） | | |
| 政治 | 22・2 | 大日本帝国憲法発布 | 3・3 | シーメンス事件 |
| | 22・11 | 第一回帝国議会 | 3・8 | 対独宣戦布告 |
| | 27・8 | 清国に宣戦布告 | 3・12 | 対支二一カ条要求 |
| | 28・4 | 三国干渉（露・仏・独） | 6・4 | 石井・ランシング協定成立 |
| | 35・1 | 日英同盟締結 | | |
| | 37・2 | 日露国交断絶・ロシアに宣戦 | | |
| | 38・9 | ポーツマス条約 | | |
| | 38・12 | 満州に関する日清条約 | | |
| | 39・9 | 関東都督府発足 | | |
| | 39・11 | 南満州鉄道設立 | | |
| | 43・8 | 朝鮮総督府設置（韓国併合） | | |
| | 45・7 | 明治天皇崩御 | | |
| 国際 | 24・5 | シベリア鉄道着工 | 3・7 | 第一次世界大戦 |
| | 27・4 | 東学党の乱 | 6・2 | ロシア二月革命 |
| | 31・ | 米西戦争 | 6・10 | ロシア一〇月革命（首相・レーニン） |
| | 31・5 | 義和団の乱 | | |
| | 38・1 | ロシア、血の日曜日 | | |
| | 44・10 | 辛亥革命 | | |
| | 45・2 | 清国滅亡、袁世凱大総統 | | |

| 大正 | 昭和 |
|---|---|
| 7・8 シベリア出兵<br>8・4 関東軍司令部創設<br>9・3 尼港事件<br>11・ 山梨軍縮<br>（人員削減を実行、二五個師団構想は維持）<br>14・ 宇垣軍縮（四個師団廃止） | 2・5 山東出兵<br>3・6 張作霖爆破事件<br>5・10 「桜会」（橋本欣五郎ら）<br>6・3 「三月事件」〈未遂〉（陸軍将校によるクーデター計画）<br>6・9 満州事変勃発<br>朝鮮軍独断越境<br>6・10 錦州爆撃<br>6・10 「一〇月事件」〈未遂〉（軍部内閣擁立を目指すクーデ |
| （日米共同宣言）<br>8・4 関東庁創設（政・軍分離体制）<br>9・1 国際連盟加入・常任理事国となる<br>10・11 原敬　東京駅で暗殺さる<br>10・12 ワシントン会議開始<br>12・9 関東大震災<br>14・2 治安維持法成立<br>14・3 普通選挙法成立 | 2・6 東方会議（7「対支政策綱領」）<br>4・7 浜口内閣成立（第二次幣原外交）<br>5・1 ロンドン会議出席<br>5・4 ロンドン（海軍軍縮）条約調印<br>統帥権干犯問題起こる<br>5・11 浜口首相暴漢に襲わる<br>6・9 政府、満州事変に関し不拡大方針を発表（第一次声明）<br>6・10 政府、満州事変に関し第二次声明を発表（撤兵条件）<br>6・11 閣議、満州に軍隊増派決定 |
| 7・11 ドイツ一一月革命<br>（独皇帝退位）<br>8・6 ヴェルサイユ講和条約<br>9・1 国際連盟設立<br>11・10 ムッソリーニ組閣<br>11・2 ワシントン条約<br>（主力艦・補助艦の制限）<br>11・12 ソ連邦成立<br>14・10 ロカルノ条約 | 3・8 パリ不戦条約調印<br>3・10 ソ連第一次五か年計画<br>4・10 ニューヨーク株大暴落<br>（世界恐慌はじまる）<br>5・4 ロンドン（軍縮）条約<br>（補助艦の制限）<br>6・11 ソ連外相リトビノフ、満州事変に不干渉を声明<br>6・11 中華ソビエト共和国臨時政府<br>（毛沢東）<br>7・1 リットン調査団結成 |

昭和

## 軍事

ター計画）

6・11 宣統帝溥儀、天津脱出（陸軍が先導）

7・1 関東軍、錦州占領

7・1 蒋介石軍と交戦・上海事変

7・2 第九師団、混成旅団の上海派遣決定

8・1 山海関事件（山海関で蒋介石軍と衝突）

8・2 熱河省進攻を決定

8・4 関東軍、長城線を越えて支那本部に進攻開始

8・9 「軍令部令」公示（軍令部総長）

9・11 上海武官会議

9・11 「十一月廿日事件」

10・8 相沢事件（永田鉄山刺殺）

10・1 「対支政策に関する件」

10・6 土肥原特務機関長、チャハル省代理主席奏徳純にチャハル省北中部からの宋哲元

## 政治

6・12 犬養内閣成立

7・1 上海で日本人僧侶殺害される

7・1 血盟団事件（井上日召）

7・3 リットン調査団来日（調査）

7・3 閣議、満州処理方針要綱決定（独立政権の誘導方針）

7・5 五・一五事件（犬養毅暗殺）

8・2 閣議、国際連盟の日本軍満州撤退勧告案反対を決定

8・3 国際連盟脱退についての詔書

8・5 溏沽停戦協定成立

9・4 帝銀事件

10・2 菊池武夫、天皇機関説を攻撃

10・3 衆議院、国体明徴決議

10・5 天津日本租界で親日的新聞社長暗殺される

10・6 梅津・何応欽協定

## 国際

7・1 米国務長官、満州事変に関し不戦条約違反を不承認と声明（スチムソン）

7・2 ジュネーブ軍縮会議（六十余カ国参加）

7・3 満州国、建国宣言発表

7・10 リットン調査団、日本に報告書を通達

8・1 ヒトラー独首相に就任

8・3 アメリカ、ニューディール政策発表

8・3 日本、国際連盟脱退通告

8・10 ドイツ、国際連盟脱退

9・3 満州国、帝政（執政溥儀、皇帝となり康徳と改元）

9・7 中共、抗日北上宣言（大長征）

10・3 エチオピア戦争

10・7 第七回コミンテルン大会

10・8 中共、抗日救国統一戦線（八・一宣言）

| 昭和 |
|---|

軍撤退などの要求を提示（土肥原・秦徳純協定）
11・2 東京に戒厳令（戒厳部隊、討伐行動）
11・5 軍部大臣現役武官制復活
11・6 「帝国国防方針」改訂
12・7 盧溝橋で日支軍事衝突（支那事変）
12・7 盧溝橋事件現地協定成立
陸軍中央、支那駐屯軍に武力行使を指示
12・8 上海派遣軍を編成
海軍陸戦隊と支那軍が交戦
12・12 南京占領
13・1 大本営政府連絡会議（御前会議）「支那事変処理根本方針」
13・10 陸軍、武漢三鎮占領
13・12 陸軍、侵攻作戦打ち切り、

---

11・2 二・二六事件
11・2 広田内閣成立
11・8 「国策の基準」策定
11・11 「日独防共協定」調印
12・2 林銑十郎内閣成立
12・6 第一次近衛内閣成立
12・7 政府、北支の治安維持のため派兵を声明
12・8 北一輝、西田税に死刑宣告（二・二六事件）
13・1 政府、トラウトマンを通じ、支那に和平交渉打ち切りを通告（「国民政府を相手とせず」）
13・4 「国家総動員法」公布
13・12 興亜院官制公布
14・1 平沼内閣成立
14・9 駐ソ大使に東郷茂徳

---

11・2 中共紅軍、東征抗日を宣言（閻錫山軍を圧倒）
11・7 スペイン内乱
11・12 蒋介石、張らに監禁される（西安事件）
12・7 蒋介石、盧山で周恩来と会談
12・2 中共、国民党に国共合作を提議
12・4 ドイツ空軍、スペインのゲルニカ爆撃
12・12 蒋介石、重慶等に遷都を宣言
12・12 イタリア国際連盟脱退
13・3 ドイツ、オーストリアを併合
13・5 毛沢東「持久戦論」
13・12 汪兆銘、重慶脱出（対日和平声明）
14・9 ドイツ軍、ポーランド進攻（第二次世界大戦勃発）
14・9 南京・汪兆銘、臨時政府首班

昭和

| 区分 | 年月 | 事項 |
|---|---|---|
| 軍事 | | 戦略持久へ転換 |
| | 14・5 | ノモンハン事件 |
| | 14・7 | 陸軍、ノモンハン攻撃開始 |
| | 14・9 | 大本営、支那派遣軍総司令部新編 |
| | 15・6 | 大本営、仏印の援蒋物資輸送禁絶監視員派遣（西原監視団） |
| | 15・5 | 陸軍、宜昌作戦開始 |
| | | 陸海軍、重慶爆撃 |
| | 15・7 | 大本営政府連絡会議「世界情勢の推移に伴う時局処理要綱」（武力行使を含む南進政策） |
| | 15・8 | 西原少将と仏司令官の間で北部仏印進駐等現地協定 |
| | 15・9 | 陸軍、北部仏印進 |
| 政治 | | 外相に野村吉三郎大将 |
| | 15・5 | 外相に有田八郎 |
| | 15・6 | 近衛文麿、枢密院議長を辞任し新体制運動推進を決意 |
| | 15・7 | 第二次近衛内閣成立 |
| | 15・8 | 松岡外相とアンリ・フランス大使間で北部仏印進駐に関し公文交換 |
| | 15・8 | 農林省、臨時米穀配給統制規則 |
| | 15・8 | 重要産業統制団体懇談会設立 |
| | 15・9 | 日独伊三国同盟 |
| | 15・10 | 大政翼賛会発足 |
| | | 既存の政治団体はすべて解散 |
| | 15・11 | 駐米大使に野村吉三郎大将 |
| | 15・11 | ウオルッシュ司教、ドラウト神父が来日 |
| | 15・12 | ウオルッシュ司教、ドラウト神父、松岡外相と会談 |
| 国際 | 15・3 | 汪兆銘政権（南京） |
| | 15・4 | 独、ノルウェー急襲 |
| | 15・4 | 独、デンマーク無血占領 |
| | 15・5 | イギリス、チャーチル首相就任 |
| | 15・5 | ドイツ軍、セダン付近でマジノ線突破 |
| | 15・5 | イギリス軍、ダンケルク撤退開始 |
| | 15・7 | アメリカ、石油・屑鉄を輸出許可制、航空ガソリンの西半球以外輸出禁止 |
| | 15・8 | 毛沢東、百団大戦発動 |
| | 15・9 | 米英防衛協定 |
| | | アメリカ、重慶政府に二五〇〇万ドルの借款供与 |

| 昭和 | |
|---|---|
| 16・7 | 「関特演」（満州に七〇万の兵力を集中） |
| 16・11 | 大本営、連合艦隊に対英米蘭作戦準備を命令 |
| 16・12 | 海軍、ハワイ作戦、陸軍、マレー作戦 |
| | 海軍、マレー沖海戦 |
| 17・1 | マニラ占領 |
| | ラバウルに上陸 |
| 17・2 | 陸軍、シンガポール入城 |
| 17・3 | 陸軍、ジャワ上陸 |
| 17・5 | 海軍、サンゴ海海戦 |
| | 大本営、FS作戦準備命令 |
| 17・6 | ミッドウエー海戦（大敗） |
| 17・8 | ソロモン海戦・ガダルカナル島上陸（一木支隊・全滅） |
| 17・10 | ガ島総攻撃（失敗） |

| | |
|---|---|
| 16・4 | 野村大使、「日米諒解案」をハル国務長官に手交 |
| 16・10 | 東条内閣成立 |
| 16・11 | 野村・ハル会談（「ハル・ノート」） |
| 16・12 | 米英に「宣戦の詔書」 |
| 17・9 | 大東亜省決定（東郷外相辞任） |
| 17・11 | 大東亜省官制公布 |
| 17・12 | 御前会議、「大東亜戦争完遂のための対支処理根本方針」決定（汪政権の参戦・対支和平工作の廃止） |
| 18・3 | 戦時行政特例法等公布 |
| 18・8 | ビルマ、バーモー政府独立宣言 |
| 18・10 | チャンドラ・ボース、シンガポー |

| | |
|---|---|
| 15・10 | ヒトラー、アシカ作戦（英本土作戦）延期を決定 |
| 15・11 | 独ソ交渉決裂 |
| 15・11 | アメリカ、ルーズベルトが大統領に三選 |
| 16・4 | 日ソ中立条約（モスクワで調印） |
| 16・5 | スターリン、ソ連首相に就任 |
| 16・5 | 米大統領、国家非常事態宣言 |
| 16・8 | 米英「太平洋憲章」発表 |
| 17・2 | シンガポールのイギリス軍降伏 |
| 17・4 | 米、ドーリットル空襲（東京、名古屋、神戸） |
| 17・8 | 独軍、東部戦線の夏季攻勢開始 |
| 17・10 | 連合軍（モントゴメリー）反攻開始 |
| 17・11 | スターリングラード攻防戦 |
| 18・1 | カサブランカ会議（第三次米 |

昭和

## 軍事

| | |
|---|---|
| 17・12 | ガ島撤退を決定 |
| 17・12 | 船舶問題で参謀本部と陸軍省衝突 |
| 18・2 | ガ等撤退開始 |
| 18・4 | 山本連合艦隊司令長官戦死 |
| 18・10 | ソロモン群島から撤退 |
| 19・1 | 大本営、インパール作戦を認可 |
| 19・6 | 米軍、サイパン上陸<br>マリアナ沖海戦 |
| 19・7 | インパール作戦中止 |
| 19・9 | 米軍、パラオ群島ペリリュー島上陸 |
| 19・10 | 米軍、機動部隊沖縄空襲<br>大本営、捷一号作戦発動<br>米軍、レイテ上陸<br>レイテ沖海戦<br>マリアナの米B—29が東京偵察 |
| 20・1 | 米軍、ルソン島上陸 |
| 20・2 | 米軍機動部隊、関東各地を |

## 政治

| | |
|---|---|
| | ルで自由インド仮政府樹立 |
| 18・10 | 日華同盟条約（汪兆銘と） |
| 19・7 | 東条内閣総辞職 |
| 19・9 | 最高戦争指導会議、対ソ特派使節派遣の件決定 |
| 19・11 | 汪兆銘、名古屋大学病院で死去 |
| 20・4 | 鈴木貫太郎内閣成立 |

## 国際

| | |
|---|---|
| | 英戦争指導会議） |
| 18・9 | イタリア、無条件降伏 |
| 18・11 | ソ連、キエフ奪回<br>英軍、ベルリン大空襲 |
| 19・2 | 米機動部隊、トラック島攻撃 |
| 19・6 | 米英軍、ローマ入城<br>ノルマンデイー上陸作戦<br>独軍、V1でロンドン爆撃 |
| 19・9 | 仏、ドゴール臨時政府 |
| 19・10 | モスクワでチャーチル・スターリン会談 |
| 19・11 | 米、ルーズベルト大統領が四選<br>国務長官ハル辞任 |
| 20・2 | ヤルタ会談 |
| 20・4 | ルーズベルト大統領死去 |

| 昭和 | |
|---|---|
| | 攻撃 |
| 20・4 | 米軍、沖縄本島上陸 |
| 20・8 | 阿南陸相・大西中将自決 |
| 20・8 | 有末機関設置（占領軍受入れ調整） |
| 20・8 | 大本営、停戦命令発出<br>武装解除・復員<br>海軍掃海部隊、掃海開始 |
| 20・9 | 大本営廃止 |
| 20・10 | 参謀本部・軍令部廃止 |
| 20・12 | 陸海軍省を第一、第二復員省に改編、復員業務を移管 |
| 21・6 | 有末機関解散、河辺機関創設（情報機関） |
| 22・3 | 服部グループ（戦史編纂に併行して再軍備研究）活動開始 |

| | |
|---|---|
| 20・3 | 東京大空襲 |
| 20・5 | 最高戦争指導会議、対ソ交渉方針を決定 |
| 20・8 | 広島、長崎に原爆投下<br>ポツダム宣言受諾<br>戦争終結の詔書 |
| 20・8 | 東久邇宮内閣成立 |
| 20・9 | ＧＨＱ、戦犯の逮捕決定 |
| 20・9 | ＧＨＱ設置、占領政策開始<br>（「降伏後における米国の初期対日方針」） |
| 20・10 | 幣原内閣成立 |
| 21・1 | 「極東軍事裁判所条例」公布<br>ＧＨＱ、公職追放を指令 |
| 21・4 | 沖縄民政府発足 |
| 21・5 | 極東軍事裁判開廷 |
| 21・5 | 吉田内閣成立 |
| 21・11 | 「日本国憲法」公布 |
| 22・5 | 「日本国憲法」施行 |
| 22・6 | 片山内閣成立 |

| | |
|---|---|
| | トルーマンが大統領に<br>米ソ軍、エルベの誓い |
| 20・4 | ヒトラー自殺 |
| 20・7 | ポツダム会談 |
| 20・8 | ソ連対日宣戦布告 |
| 20・10 | 国際連合成立 |
| 20・12 | モスクワ外相会議（極東委員会、対日理事会設置を決定） |
| 21・1 | 国連第一回総会 |
| 21・2 | 極東委員会設立 |
| 21・4 | 第一回対日理事会開催 |
| 21・10 | ニュールンベルグ裁判 |
| 21・12 | インドシナ戦争 |
| 22・3 | トルーマン・ドクトリン発表 |
| 22・6 | マーシャル・プラン発表 |
| 22・6 | インド、パキスタン独立 |

| | 昭和 | |
|---|---|---|
| 軍事 | 24・ | 服部グループ「新国防計画」および「新日本陸軍（案）」作成 |
| | 25・7 | マッカーサー書簡（警察予備隊創設・海保庁増員） |
| | 25・8 | 警察予備隊令公布・施行 |
| | 25・8 | 警察予備隊一般隊員募集 |
| | 25・8 | 警察予備隊増原長官就任 |
| | 25・9 | 警察予備隊本部・越中島に |
| 政治 | 22・12 | 「警察法」公布 |
| | 23・3 | 芦田内閣成立 |
| | 23・4 | 「海上保安庁法」公布 |
| | 23・10 | 吉田内閣成立 |
| | 23・11 | 極東軍事裁判判決 |
| | 24・2 | 第三次吉田内閣成立 |
| | 25・6 | ダレス国務長官来日 |
| | 25・6 | 第三次吉田改造内閣発足 |
| | 25・11 | アメリカ、「対日講和七原則」 |
| 国際 | 23・4 | ソ連、ベルリン封鎖 |
| | 23・5 | 第一次中東戦争 |
| | 23・6 | ベルリン大空輸 |
| | 23・8 | 大韓民国独立宣言 |
| | 23・9 | 朝鮮民主主義人民共和国成立 |
| | 24・4 | NATO発足 |
| | 24・4 | 国共会談決裂、中共軍総攻撃開始 |
| | 24・5 | ドイツ連邦共和国成立 |
| | 24・9 | ソ連、原爆保有を公表 |
| | 24・10 | 中華人民共和国成立 |
| | 24・10 | ドイツ民主共和国成立 |
| | 24・12 | 国民党政権。台湾移転 |
| | 25・1 | 米国、NATO諸国とMSA協定署名 |
| | 25・2 | 中ソ友好同盟相互援助条約署名 |
| | 25・6 | 朝鮮戦争（〜28・7） |
| | 25・7 | 朝鮮派遣の国連軍創設 |
| | 25・9 | 国連軍、仁川上陸 |
| | 25・10 | 中国人民志願軍、朝鮮戦争に |

昭和

| | |
|---|---|
| | 移転（国警本部から） |
| 25・10 | 海保庁・特別掃海部隊、元山沖で掃海（一名戦死） |
| 26・1 | 大橋国務相、警察予備隊担当に決定 |
| 26・3 | 陸士・海兵出身者特別募集 |
| 26・10 | Y委員会創設（海軍再建） |
| 27・4 | 海保庁、海上警備隊創設 |
| 27・7 | 「日米施設区域協定」署名 |
| 27・7 | 「保安庁法」公布 |
| 27・8 | 保安庁設置、警備隊発足 |
| 27・10 | 保安隊発足 |
| 28・1 | 在日米安保顧問団（SAGJ） |
| 28・4 | 保安大学校（防衛大）開校 |
| 29・3 | MDA協定署名 |
| 29・5 | 日米艦艇貸与協定署名 |
| 29・6 | 参議院、自衛隊の海外出動禁止決議 |
| 29・6 | 「防衛庁設置法・自衛隊法・MDA協定等に伴う秘密保護法」公布 |

| | |
|---|---|
| | 発表 |
| 26・1 | 第一回吉田・ダレス会談 |
| 26・9 | 「対日講和」・四九カ国署名<br>「日米安保条約」署名 |
| 26・10 | 衆議院「講話・安保条約」承認 |
| 26・11 | 参議院「講話・安保条約」承認 |
| 27・4 | 日華平和条約署名<br>「対日講和」「安保条約」発効 |
| 27・7 | 「破壊活動防止法」公布・施行 |
| 27・10 | 第四次吉田内閣発足 |
| 28・5 | 第五次吉田内閣発足 |
| 28・8 | 「武器等製造法」公布 |
| 28・12 | 奄美群島復帰 |
| 29・3 | 第五福竜丸事件 |
| 29・12 | 鳩山内閣成立 |
| 30・3 | 第二次鳩山内閣発足 |
| 30・5 | 砂川基地闘争はじまる |
| 30・8 | 重光・ダレス会談 |
| 31・2 | 衆・参院、原水爆実験禁止決議 |
| 31・10 | 日ソ国交に関する共同宣言 |

| | |
|---|---|
| | 参戦 |
| 25・12 | NATO軍創設 |
| 26・4 | マッカーサー、連合国最高司令官解任 |
| 26・8 | 米・比相互防衛条約署名 |
| 26・9 | ANZUS署名 |
| 27・1 | 「李承晩ライン」宣言 |
| 27・5 | 米英仏、対独平和取極 |
| 27・5 | 欧州防衛共同体（EDC） |
| 27・10 | 英、原爆実験 |
| 27・11 | 米、水爆実験 |
| 28・1 | アイゼンハウアー大統領 |
| 28・3 | スターリン死去 |
| 28・7 | ソ連、水爆実験 |
| 28・10 | 米韓相互防衛条約署名 |
| 29・1 | 世界初の原潜進水 |
| 29・3 | ビキニ水爆実験 |
| 29・3 | フルシチョフ・ソ連共産党第一書記就任 |
| 29・9 | 金門馬祖初砲撃 |
| 29・9 | SEATO署名 |
| 30・5 | 西独、NATO加盟 |

| | 昭和 | |
|---|---|---|
| 軍事 | 30・5 | 米軍、北富士演習場で実射 |
| | 31・7 | 「国防会議構成法」公布 |
| | 31・4 | 国産初の護衛艦「はるかぜ」竣工 |
| | 31・9 | F―86F、国内生産一号機領収 |
| | 32・5 | 「国防の基本方針」閣議決定 |
| | 32・6 | 「第一次防」閣議決定 |
| | 33・1 | 第一回遠洋航海 |
| | 33・2 | 空自、対領空侵犯措置開始 |
| | 34・9 | 伊勢湾台風 |
| | 34・11 | F―104の国産を国防会議・閣議決定 |
| | 35・1 | 防衛庁、檜町移転 |
| | 36・1 | 陸自部隊改編（一三個師団）（国防会議・閣議決定） |
| | 36・2 | 「第二次防」国防会議・閣議決定 |
| | 37・8 | 陸自、一三個師団編成完結 |
| 政治 | 31・12 | 日本国連に加盟 |
| | 31・12 | 石橋内閣成立（防衛長官兼務） |
| | 32・2 | 岸内閣成立 |
| | 32・8 | 日米安全保障委員会発足 |
| | 33・1 | 日本、国連安保理非常任理事国 |
| | 33・9 | 藤山・ダレス会談（安保改定） |
| | 33・10 | 日米安保改定日米会談はじまる |
| | 34・3 | 砂川判決 |
| | 34・12 | 最高裁、砂川事件の原判決を破棄 |
| | 35・1 | 「日米安保条約」署名 |
| | 35・7 | 池田内閣成立 |
| | 35・12 | 第二次池田内閣発足 |
| | 36・7 | 第二次池田改造内閣発足 |
| | 37・7 | 第二次池田改造（第二次）内閣 |
| 国際 | 30・5 | ワルシャワ条約署名 |
| | 31・4 | ソ連、スターリン批判 |
| | 31・7 | スエズ運河の国有化宣言 |
| | 31・10 | ハンガリー動乱 |
| | 31・10 | 第二次中東戦争 |
| | 32・5 | 英、初の水爆実験 |
| | 32・6 | ソ連、ICBM実験成功 |
| | 33・1 | 欧州共同体（EEC）発足 |
| | 33・1 | 米、人工衛星打上げ成功 |
| | 33・12 | 米、ICBMアトラス |
| | 34・8 | 中印国境紛争 |
| | 35・2 | 仏、サハラで原爆実験 |
| | 35・4 | 李承晩韓国大統領辞任 |
| | 35・5 | U―2撃墜事件（ソ連上空） |
| | 36・1 | ケネディ大統領就任 |
| | 36・4 | ソ連、有人宇宙船打上げ |
| | 36・5 | 韓国、軍事クーデター |
| | 36・8 | ベルリンの壁構築 |
| | 37・10 | 中印国境紛争 |

## 昭和

| 年月 | 事項 |
|---|---|
| 37・10 | 六一式戦車初納入 |
| 40・2 | 三矢研究に関する質疑 |
| 40・11 | 砕氷艦「ふじ」南極に向けて出港 |
| 41・11 | 「第三次防の大綱」国防会議・閣議決定 |
| 42・3 | 「三次防主要項目」国防会議・閣議決定 |

| 年月 | 事項 |
|---|---|
| | 発足 |
| 38・7 | 第二次池田改造（第三次）内閣発足 |
| 38・11 | 第三次池田内閣発足 |
| 39・6 | 「部分的核実験禁止条約」日本について発効 |
| 39・11 | 第三次池田改造内閣 |
| 39・11 | 佐藤内閣成立 |
| 40・6 | 佐藤改造内閣発足 |
| 40・6 | 「日韓基本条約」署名 |
| 41・8 | 佐藤改造（第二次）内閣発足 |
| 41・12 | 佐藤改造（第三次）内閣発足 |
| 42・2 | 第二次佐藤内閣発足 |
| 42・3 | 恵庭事件判決 |
| 42・11 | 第二次佐藤改造内閣 |
| 43・1 | 米原子力潜水艦「エンタープライズ」日本に寄港 |
| 43・6 | 小笠原諸島復帰 |
| 43・11 | 第二次佐藤改造（第二次）内閣 |

| 年月 | 事項 |
|---|---|
| 37・10 | 米、キューバ海上封鎖 |
| 37・10 | ソ連、キューバのミサイル撤去を言明 |
| 38・6 | 米ソ、ホットライン協定 |
| 38・11 | ケネディ暗殺される |
| 38・12 | 韓国、朴大統領就任 |
| 39・8 | トンキン湾事件 |
| 39・10 | 中国、原爆実験成功 |
| 39・10 | ブレジネフ書記長就任 |
| 40・2 | 米軍、北ベトナム爆撃 |
| 40・9 | 第二次印パ紛争 |
| 41・5 | 中国、文化大革命 |
| 41・7 | 仏、NATO軍事機構脱退 |
| 41・10 | 中国、核ミサイル実験 |
| 42・6 | 第三次中東戦争 |
| 42・6 | 中国、水爆実験成功 |
| 42・7 | EC発足 |
| 42・8 | ASEAN結成 |
| 43・1 | 北朝鮮、米海軍情報収集艦「プエブロ」を拿捕 |
| 43・7 | 核不拡散条約署名 |
| 43・8 | 仏、南太平洋で水爆実験 |

昭和

## 軍事

44・1 「F—4E・一〇四機の国産」国防会議決定・閣議了承
45・10 第一回防衛白書
46・6 沖縄防衛取極（久保・カーチス取極）署名
46・7 雫石事故（空自・全日空）
46・12 国産超音速練習機XT—2
47・2 「第四次防大綱」国防会議・閣議決定
47・4 「自衛隊の沖縄配備」国防会議・閣議決定
47・10 「四次防主要項目」等国防会議・閣議決定
48・2 「平和時の防衛力」発表

## 政治

発足
44・11 佐藤・ニクソン共同声明（安保条約継続、四七年沖縄返還）
45・1 第三次佐藤内閣発足
46・2 国産人工衛星打ち上げ成功
45・3 「よど号」事件
45・6 日米安保条約自動継続
45・11 三島由紀夫自決
46・6 「沖縄返還協定」署名
46・7 第三次佐藤改造内閣発足
47・1 佐藤・ニクソン共同声明（沖縄返還・基地縮小）
47・5 沖縄返還
47・7 田中内閣成立
47・12 第二次田中内閣
48・9 札幌地裁・自衛隊違憲判決（長沼判決）

## 国際

44・1 ニクソン大統領就任
44・4 北朝鮮、米EC—121を撃墜
44・6 南ベトナム臨時革命政府
44・7 グアム・ドクトリン（後のニクソン・ドクトリン）発表
45・1 WPO統合軍結成
45・3 核不拡散条約発効
45・4 米ソ、SALTI交渉開始
45・4 中国、人工衛星打ち上げ
46・2 海底軍事利用禁止条約
46・10 国連総会、中国招請・台湾追放決議
46・12 第三次印パ戦争
47・2 ニクソン訪中・米中共同声明
47・4 生物兵器禁止条約署名
47・5 SALTI・ABM制限協定
48・1 ベトナム和平協定署名
48・3 米軍、ベトナム撤兵完了
48・6 核戦争防止協定署名
48・10 第四次中東戦争

昭和

| 年・月 | 事項 |
|---|---|
| 48・7 | 沖縄の防空任務開始 |
| 49・4 | 防衛医大開校 |
| 50・4 | 昭和五二年度以降の防衛力整備計画案の作成に関する長官指示(一〇月二次指示) |
| 50・8 | 坂田・シュレジンジャー会談(日米防衛首脳会談) |
| 51・6 | 第二回防衛白書 |
| 51・7 | 防衛協力小委員会設置 |
| 51・9 | MIG―25事件 |
| 51・10 | 「昭和五二年度以降に係る防衛計画大綱について」 |
| 51・11 | 「当面の防衛力整備について」 |
| 52・8 | 有事法制研究開始 |
| 52・12 | F―15とP―3C導入決定 |
| 53・9 | 防衛庁、有事法制の在り方、目的等を公表 |
| 53・11 | 「日米防衛協力の指針」閣議了承 |
| 54・1 | E―2C導入決定 |

| 年・月 | 事項 |
|---|---|
| 48・11 | 第二次田中改造内閣発足 |
| 49・10 | 佐藤元首相・ノーベル平和賞 |
| 49・11 | 第二次田中改造(第二次)内閣発足 |
| 49・12 | 三木内閣成立 |
| 51・8 | 長沼ナイキ訴訟判決 |
| 51・9 | 三木改造内閣発足 |
| 51・12 | 福田内閣成立 |
| 52・2 | 百里基地訴訟判決 |
| 52・7 | 海洋二法(二〇〇海里漁業水域法、領海一二海里法) |
| 52・11 | 福田改造内閣発足 |
| 53・6 | 「日中平和友好条約」署名 |
| 53・12 | 大平内閣成立 |

| 年・月 | 事項 |
|---|---|
| 49・5 | インド地下核実験 |
| 49・7 | 地下核実験制限条約 |
| 49・11 | 駐韓国連軍・「トンネル事件」 |
| 50・3 | 生物兵器禁止条約発効 |
| 50・4 | ベトナム戦争終結宣言 |
| | 南ベトナム無条件降伏 |
| 51・4 | 第一次天安門事件 |
| 51・7 | 統一ベトナム正式発足 |
| 51・8 | 板門店・米軍将校殺害 |
| 51・9 | 毛沢東死去 |
| 51・10 | 四人組逮捕 |
| 52・1 | カーター大統領就任 |
| 52・6 | SEATO解体 |
| 53・4 | 中国漁船団、尖閣列島周辺海域を侵犯 |
| 53・12 | ベトナム軍、カンボジア侵入 |
| 54・1 | 米中国交正常化 |
| 54・2 | イラン・イスラム革命 |
| 54・4 | 米国、台湾関係法制定 |
| 54・6 | SALTⅡ署名 |
| 54・10 | 朴正煕大統領射殺事件 |
| 54・12 | ソ連、アフガニスタン侵攻 |

| | 昭和 | |
|---|---|---|
| 軍事 | 54・7 | 「中期業務見積りについて」（昭五五〜五九）発表 |
| | 55・2 | 海自、リムパック初参加 |
| | 55・8 | 要撃機のミサイル搭載開始<br>護衛艦の実魚雷搭載開始 |
| | 56・4 | 防衛庁、有事法制研究の研究対象法令の区分等を公表 |
| | 57・2 | 陸自、日米共同指揮所訓練 |
| | 57・7 | 「五六中業」国防会議報告 |
| | 58・11 | 「米国に対する武器技術供与に関する交換公文」 |
| | 58・12 | 空自、初の日米共同指揮所訓練 |
| | 59・6 | 海自、初の日米共同指揮所訓練 |
| | 59・10 | 有事法制研究、今後の研究の進め方など公表 |
| 政治 | 54・11 | 第二次大平内閣発足 |
| | 55・7 | 参議院に安保・沖縄・北方問題特別委員会設置 |
| | 55・7 | 鈴木内閣成立 |
| | 55・12 | 総合安全保障関係閣僚会議 |
| | 56・7 | 東京高裁、百里基地訴訟判決 |
| | 57・9 | 最高裁、長沼訴訟判決 |
| | 57・11 | 中曽根内閣成立 |
| | 58・12 | 第二次中曽根内閣発足 |
| | 59・11 | 第二次中曽根改造内閣発足 |
| 国際 | 55・4 | 中ソ友好、同盟および相互援助条約 |
| | 55・5 | 中国、ＩＣＢＭ実験 |
| | 55・9 | ソ連原潜、沖縄沖で事故 |
| | 56・12 | ポーランド、戒厳令 |
| | 57・4 | フォークランド紛争 |
| | 57・6 | ＳＡＬＴＩ開始 |
| | 57・10 | 中国、ＳＬＢＭ水中発射 |
| | 57・11 | アンドロポフ・ソ連書記長就任 |
| | 58・1 | 米国、中央軍を創設 |
| | 58・3 | 戦略防衛構想（ＳＤＩ） |
| | 58・9 | 大韓航空機、樺太上空でソ連気に撃墜される |
| | 58・10 | 米軍、グレナダ派兵 |
| | 59・1 | 英領ブルネイ独立 |
| | 59・5 | 金日成、訪ソ |

| 平成 | 昭和 |
|---|---|
| 元・3 新ＢＡＤＧＥ運用開始 | 60・4 米軍、Ｆ—16三沢配備<br>60・8 日航機墜落事故・災害派遣<br>60・9 「中期防」決定、ペトリオット導入<br>61・2 日米共同統合演習（ＣＰＸ）<br>61・7 「安全保障会議設置法」施行<br>61・10 日米共同統合演習（ＦＴＸ）<br>62・1 「今後の防衛力整備について」安保会議・閣議決定<br>62・10 Ｆ—１後継機に関する検討結果を公表<br>62・12 「洋上防空体制の在り方に関する検討」安保会議了承<br>63・7 潜水艦・遊漁船衝突事故<br>63・9 Ｔ—４中等練習機初納入<br>63・11 ＦＳＸ共同開発に関する日米政府間の交換公文署名 |
| 元・2 大喪の礼<br>元・4 消費税法施行<br>元・6 宇野内閣成立 | 60・8 日航機墜落事故<br>60・12 第二次中曽根改造（第二次）内閣発足<br>61・7 第三次中曽根内閣発足<br>62・5 東芝社員、ココム違反で逮捕<br>62・9 「国家緊急援助隊派遣法」成立<br>62・10 第一回日米ココム協議<br>62・11 竹下内閣成立<br>63・3 青函トンネル開業<br>63・6 最高裁、自衛官合祀訴訟判決<br>63・12 竹下改造内閣発足<br>64・1 昭和天皇崩御 |
| 元・2 ソ連、アフガニスタン撤退<br>元・5 ＳＴＡＲＴＩ再開で合意<br>元・6 第二次天安門事件 | 60・3 米ソ軍備管理交渉開始<br>60・6 中国、解放軍一〇〇万削減を発表<br>61・4 チェルノブイリ原発事故<br>61・10 ソ連、アフガニスタン駐留軍の一部撤退<br>62・3 中国・ベトナム、南沙群島周辺海域で武力衝突<br>63・6 ＩＮＦ条約批准書交換<br>63・10 米比、軍事基地協定見直し交渉合意<br>63・12 ゴルバチョフ国連演説、五〇万兵力削減 |

平成

**軍事**

| | |
|---|---|
| 2・6 | 日米合同委員会、沖縄米軍施設の返還に向けた調整手続き確認 |
| 2・6 | 安保関係閣僚会議について日米原則合意 |
| 2・12 | 「中期防」決定 |
| 3・1 | 「湾岸危機に伴う避難民輸送暫定措置政令」（四月廃止） |
| 3・4 | ペルシャ湾へ掃海部隊派遣閣議決定 |
| 3・4 | 掃海部隊出航 |

**政治**

| | |
|---|---|
| | 最高裁、百里基地訴訟判決 |
| 元・8 | 海部内閣成立 |
| 2・2 | 第二次海部内閣発足 |
| 2・8 | 湾岸平和回復に一〇億ドルの協力 |
| 2・9 | 中東貢献策として湾岸の平和活動に一〇億ドル、紛争三カ国に二〇億ドルの経済援助を決定 |
| 2・11 | 「国連平和協力法案」廃案 |
| 2・12 | 第二次海部改造内閣発足 |
| 3・1 | 「湾岸危機対策本部設置」決定 |
| 3・1 | 湾岸地域平和回復に九〇億ドルの追加支援決定 |

**国際**

| | |
|---|---|
| 元・6 | 江沢民総書記就任 |
| 元・9 | ベトナム、カンボジア全撤退 |
| 元・11 | ベルリンの壁崩壊 |
| 2・3 | 米ソ、中欧駐留兵力について合意 |
| 2・8 | イラク、クウェートに侵攻 |
| | G・H・Wブッシュ大統領、アスペン演説 |
| 2・10 | ドイツ統一 |
| 2・10 | ソ連、北極圏で地下核実験 |
| 2・11 | ヨーロッパ通常戦力条約・パリ憲章 |
| 3・1 | 多国籍軍、イラク・クウェートに空爆開始 |
| 3・2 | 多国籍軍、地上部隊クウェート・イラク侵攻 |
| 2・2 | 多国籍軍、イラクに対する戦闘行動停止 |
| 3・3 | WPO解体 |
| 3・4 | 湾岸戦争正式停戦発効 |
| 3・7 | 米ソ、STARTIに署名 |

<table>
<tr><th>平成</th></tr>
<tr><td>4・4 政府専用機防衛庁所属<br>4・9 防衛大に女子学生入校<br>4・9 第一次カンボジア派遣施設大隊出発<br>カンボジア停戦監視員出発<br>4・12 「中期防」決定<br>5・3 イージス艦「こんごう」就役<br>5・5 モザンビーク派遣輸送調整中隊出発<br>5・6 特別輸送航空隊新編<br>5・10 「日露海上事故防止協定」署名</td></tr>
<tr><td>3・9 宮沢内閣成立<br>4・6 「国連平和協力法」公布<br>「国際緊急援助法改正法」施行<br>4・8 「国際平和協力法」施行<br>4・12 宮沢改造内閣発足<br>5・1 化学兵器禁止条約署名<br>5・4 カンボジアで中田警視殉職<br>5・6 皇太子殿下結婚の儀<br>5・6 細川内閣成立</td></tr>
<tr><td>3・9 国連総会、南北朝鮮、バルト三国の加盟承認<br>3・11 クラーク基地（比）返還<br>3・12 ゴルバチョフ辞任<br>4・2 マーストリヒト条約調印<br>4・2 中国「領海・接続水域法」（尖閣諸島を中国領と明記）<br>4・4 UNTAC正式発足<br>4・5 北朝鮮でIAEA特定査察<br>4・7 カンボジア暫定国民政府<br>4・12 国連安保理、ソマリアでの多国籍軍の武力行使容認<br>4・12 国連安保理、モザンビーク平和維持活動を決議<br>5・1 STARTⅡ署名<br>化学兵器禁止条約署名<br>5・1 クリントン大統領就任<br>5・5 多国籍軍、第二次ソマリア国連活動に移行<br>5・5 北朝鮮、日本海に弾道ミサイル発射<br>5・9 米国防総省、「ボトムアップ</td></tr>
</table>

## 平成

### 軍事

6・2 内閣、「防衛問題懇談会」
6・2 防衛庁「防衛力の在り方検討会議」発足
6・3 第一回日中安保対話（北京）
6・8 防衛問題懇談会終了、村山首相に報告書提出
6・9 空輸派遣隊ケニアへ出発
6・9 陸自本隊がザイールへ出発
6・11 日韓防衛実務者対話
6・12 第一回アジア太平洋安全保障ゼミナール
7・1 阪神淡路大震災災害派遣
7・3 地下鉄サリン事件災害派遣
7・5 「沖縄軍用地返還特措法」
7・6 「今後の防衛力の在り方についての安保会議」（一二月まで計一三回）
7・11 「防衛計画大綱」決定
7・12 次期支援戦闘機F―2と決

### 政治

6・4 羽田内閣成立
6・6 村山内閣成立
7・8 村山改造内閣発足
7・9 沖縄駐留米兵女子児童暴行事件
7・9 化学兵器禁止条約批准
7・11 「沖縄米軍基地問題協議会の設置について」閣議決定

### 国際

レヴュー」発表
5・9 国連、UNMIH（ハイチ・ミッション）を設置
6・3 ソマリア派遣の米軍撤退
6・6 カーター元大統領訪朝
露太平洋艦隊と米第七艦隊合同演習
6・7 金日成死去
6・7 第一回ASEAN地域フォーラム
6・8 米、「核態勢見直し」発表
6・12 米、平時の作戦統制権を韓国軍に委譲
6・12 START I発効
ロシア、対チェチェン作戦
7・2 米国防総省「東アジア安全保障戦略（EASR）」発表
7・3 第二次国連ソマリア活動撤退完了
7・7 NATOセルビアに空爆
7・12 ボスニア和平協定調印

平成

定
8・1　国連兵力引き離し監視隊(UNDOF)へ自衛隊の部隊等派遣
8・4　ACSA署名
8・4　日米安全保障共同宣言
8・10　第一回アジア・太平洋地域防衛当局者フォーラム
8・12　「わが国の領海および内水で潜没航行する外国潜水艦への対処について」決定
9・1　情報本部新編
9・6　化学兵器禁止機関(OPCW)に自衛官派遣(査察局長)
9・9　「新日米防衛協力のための指針」SCCで了承
9・12　「中期防の見直し」決定
10・3　即応予備自衛官制導入
10・6　「国連平和維持活動協力法改正法」(武器使用にかかる部分)

---

7・11　村山・ゴア会談(「SACO」設置につき合意)
8・1　橋本内閣成立
8・4　橋本・モンデール会談(条件が整った後普天間返還合意)
8・5　「普天間飛行場返還作業委員会」
8・11　第二次橋本内閣発足
8・12　SACO最終報告SCCで了承
9・1　「普天間実施委員会」設置
9・4　化学兵器禁止条約発効
9・7　在沖縄海兵隊実弾射撃を本土移転射撃実施(北富士演習場)
9・9　第二次橋本改造内閣発足
9・12　対人地雷禁止条約署名
9・12　名護市、海上へリポート受入れ
10・7　小渕内閣成立
10・2　沖縄県知事、海上へリポート受け入れ拒否を表明
10・6　「中央省庁等改革基本法」施行

---

8・1　仏、核実験実施
8・7　中国、地下核実験、同日核実験モラトリアム宣言
8・9　国連総会、包括的核実験禁止条約(CTBT)採択
8・9　タリバーン、アフガニスタンの首都カブール制圧
9・3　中国、国防法制定
9・4　化学兵器禁止条約発効
9・5　露・チェチェン、「平和条約」
9・5　米国防長官、QDR発表
9・7　香港、中国に返還
9・10　金正日党総書記就任
9・12　対人地雷全面禁止条約署名(一二一カ国)
10・5　インド地下核実験
10・5　パキスタン地下核実験
10・6　北朝鮮潜水艦、韓国東海岸侵入、拿捕

| | 平成 | |
|---|---|---|
| 軍事 | 11・3 | 能登半島沖不審船事案（行警命） |
| | 11・3 | 陸自、旅団を創設 |
| | 11・8 | 「周辺事態安全確保法」施行 |
| | 11・11 | 東チモール避難民救援のためインドネシアに自衛隊を派遣 |
| | 11・12 | 「不審船にかかる共同対処マニュアル」策定 |
| | 12・1 | 対人地雷廃棄開始 |
| | 12・4 | 「自衛隊員倫理法」施行 |
| | 12・5 | 防衛庁、市谷移転 |
| | 12・6 | 「原子力災害特措法」（原子力災害派遣創設）施行 |
| | 12・9 | 中国遺棄化学兵器の発掘・回収事業に自衛官派遣 |
| | 12・12 | 治安出動にかかる防衛庁と国家公安委員会との協定の改正 |
| | 12・12 | 「中期防」決定 |
| | 13・2 | UNMOVICに要員派遣 |
| 政治 | 11・1 | 小渕改造内閣発足 |
| | 11・4 | 情報収集衛星推進委員会設置 |
| | 11・9 | 東海村ウラン加工施設で臨界事故 |
| | 11・10 | 自民・自由・公明三党で小渕第二次改造内閣発足 |
| | 11・11 | 沖縄県知事、普天間飛行場の代替施設受け入れを表明 |
| | 11・12 | 「普天間飛行場の移設にかかる政府方針」閣議決定 |
| | 12・2 | 参議院の憲法調査会初会合 |
| | 12・4 | 森内閣成立 |
| | 12・7 | 第二次森内閣発足 |
| | 12・8 | 普天間飛行場の移設にかかる「代替施設協議会」設置 |
| | 12・11 | 共産党大会で「自衛隊の容認」を決定 |
| | 12・12 | 第二次森改造内閣発足 |
| | 13・1 | 一府一二省庁へ省庁改編 |
| 国際 | 11・3 | 対人地雷禁止条約発効 |
| | 11・7 | 李登輝台湾総統、中台関係は「特殊な国と国との関係」と発言 |
| | 11・9 | 北朝鮮、黄海での北方限界線の無効と新たな海上軍事分界線設定を宣言 |
| | 11・9 | ロシア、チェチェンに進攻 |
| | 12・2 | プーチン・ロシア大統領代行。チェチェン共和国の首都攻略作戦の終結を宣言 |
| | 12・2 | 中国「一つの中国の原則と台湾問題」（台湾白書）発表 |
| | 12・11 | 米国家戦略研究所、「米国と日本・成熟したパートナーシップに向けて」発表 |
| | 13・4 | 米中軍用機接触事故 |
| | 13・9 | 米国、同時多発テロ |
| | | 同時多発テロに対し、国連安 |

平成

| | |
|---|---|
| 13・3 | 「船舶検査活動法」施行 |
| 13・9 | 「防衛力の在り方検討会議」 |
| 13・10 | アフガン難民救援国際平和協力業務実施 |
| 13・11 | 「テロ対策特措法」施行 |
| 13・11 | 海自の補給艦が協力支援活動等実施のため出港 |
| 13・12 | 「国際平和協力法一部改正法」施行（PKF本隊業務の凍結解除） |
| 14・1 | 海自補給艦、インド洋における英艦艇への洋上給油 |
| 14・2 | 東チモール国際平和協力業務司令部要員一〇名派遣 |
| 14・3 | 東チモール派遣施設群（六〇〇名）の派遣開始 |
| 14・11 | 北海道、自衛隊・警察共同図上訓練 |
| 14・12 | PKO局に自衛官派遣 |
| 14・12 | 統幕「統合運用に関する検討」成果報告 |

| | |
|---|---|
| 13・4 | 「情報公開法」施行 |
| 13・4 | 小泉内閣成立 |
| 13・9 | 米国同時多発テロを受け、小泉首相当面の措置発表 |
| 13・10 | 「テロ対策特措法」成立 |
| 13・11 | 「テロ対策特措法」に基づく基本計画閣議決定 |
| 13・12 | 九州南西海域不審船事案 |
| 14・2 | 東チモール国際協力業務実施計画など閣議決定 |
| 14・5 | テロ対策特措法に基づく基本計画および東チモール国際協力業務実施計画の変更を閣議決定 |
| 14・6 | ゴラン高原国際平和協力業務実施計画の変更を閣議決定 |
| 14・7 | 「普天間飛行場代替施設の基本計画」決定 |
| 14・9 | 小泉改造内閣発足 |
| 14・9 | 拉致被害者五名が帰国 |

| | |
|---|---|
| | 保理非難決議 |
| | オーストラリア、ANZUS条約に基づき集団的自衛権発動を決定 |
| 13・10 | 米国、QDR発表 |
| 13・10 | NATO、同時多発テロに対し、北大西洋条約の集団防衛条項の適用決定 |
| 13・12 | 米国、ロシアにABM条約脱退を通告 |
| 14・1 | 米国防総省「核態勢の見直し」（NPR）を議会提出 |
| 14・1 | ブッシュ大統領「悪の枢軸」発言 |
| 14・5 | ロシア、カムラン湾懐疑運基地をベトナムに返還 |
| 14・6 | 米、ABM条約脱退 |
| 14・7 | 米「国土安全保障のための国家戦略」発表 |
| 14・9 | 米国防総省、「国家安全保障戦略」発表 |
| 14・10 | 米、北方軍創設 |

平成

| 区分 | 年月 | 事項 |
|---|---|---|
| 軍事 | 15・2 | 対人地雷廃棄完了 |
| | 15・3 | UNMOVIC要員派遣 |
| | 15・3 | イラク難民救援国際平和協力業務実施（空輸） |
| | 15・7 | イラク被災民救援国際平和協力業務（空輸） |
| | 15・10 | テロ特措法二年延長 |
| | 15・12 | 弾道ミサイル防衛システム導入決定 |
| | | 自衛隊にイラク人道復興支援法に基づく対応措置実施命令 |
| | 16・1 | イラク復興業務支援隊（陸自）、出発 |
| | 16・1 | 空自派遣輸送航空隊、出発 |
| | 16・2 | 海自派遣海上輸送隊出発 |
| 政治 | 15・6 | 「武力攻撃事態対処関連三法」成立 |
| | 15・6 | 「イラク人道復興支援特措法案」閣議決定 |
| | 15・7 | 「イラク被災民救援国際平和協力業務実施計画」閣議決定 |
| | 15・7 | 「イラク人道復興支援特措法」成立 |
| | 15・9 | 政府調査団をイラク中東諸国へ派遣 |
| | 15・9 | 小泉改造内閣発足 |
| | 15・11 | 第二次小泉内閣発足 |
| | 15・11 | イラク中部で、奥大使と井上書記官が銃撃され死亡 |
| | 16・1 | 小泉首相靖国参拝 |
| | 16・6 | 「事態対処法制関連七法」成立 |
| | | 三条約の締結承認、「特定船舶 |
| 国際 | 14・10 | 米議会、対イラク武力行使容認決議可決 |
| | 14・12 | 韓国大統領に盧武鉉氏 |
| | 15・1 | 米国土安全保障省発足 |
| | 15・3 | 米英軍、対イラク軍事行動開始 |
| | 15・5 | ブッシュ大統領、イラクおよびアフガニスタンにおける主要な戦闘終結を宣言 |
| | | 拡散に対する安全保障戦略（PSI）提唱 |
| | 15・10 | 中国、有人宇宙船打上げ |
| | 15・10 | 国連安保理、イラク復興に関する決議（決議一五一一） |
| | 15・12 | 米、フセイン元イラク大統領を拘束 |
| | 16・3 | NATOに中・東欧七カ国が新規加盟 |
| | 16・4 | 国連安保理、大量破壊兵器の不拡散決議一五四〇を採択 |
| | 16・5 | EUに東欧一〇カ国が新規参 |

平成

16・3 国会、弾道ミサイル防衛システム導入決定
16・4 在外邦人空輸（イラクからクウェートへ）
16・8 化学兵器禁止機関へ自衛官派遣（査察局長）
16・11 中国潜水艦、領海潜没航行（海上警備行動発令）
16・12 「防衛計画の大綱」決定
17・1 インドネシア・スマトラ沖大規模地震、インド洋津波に国際緊急援助隊派遣
17・10 パキスタン大地震に国際緊急援助隊派遣
17・10 日米、「日米同盟の未来のための変革と再編」発表
18・3 防衛庁設置法等一部改正(弾道ミサイル等破壊措置を規定)
18・4 在日米軍再編に伴う在沖縄海兵隊のグアム移転経費負

入港禁止特措法」成立
16・6 イラク主権回復後の自衛隊の人道復興支援活動について閣議了承（多国籍軍への参加）
16・9 第二次小泉改造内閣発足
17・1 領水内潜没潜水艦に関する対処方針を新たに策定
17・3 マラッカ海峡で日本船舶が襲撃され乗員三名拉致（解放）
17・3 「国民保護基本方針」決定
17・9 第三次小泉内閣発足
17・10 「郵政民営化法」成立
17・10 第三次小泉改造内閣発足
テロ対策特措法一年延長
18・2 日朝国交正常化交渉
18・5 沖縄県知事、在日米軍再編に関する基本確認書に調印
18・6 政府、陸自イラク派遣部隊の活動終結決定、空自は支援継続

入
16・5 米国、在韓米軍のイラク派兵を正式決定
16・6 イラク暫定政府発足
国連安保理、イラク復興支援に関する決議
16・10 米韓、在韓米軍一二五〇〇名削減を発表
17・2 北朝鮮、「核兵器製造」などを内容とする声明
17・3 中国、第一〇期全人代
17・3 国連、スーダン支援団（UNMIS）創設
17・4 NATO軍・ロシア軍「地位協定」調印
17・7 ロンドンで連続爆破テロ
17・10 中国「神舟六号」打上げ
18・2 米国、QDRを発表
18・3 中国、国防費が前年度比一四・七％増の約四兆一〇〇〇億円と発表
18・3 米国、国家安全保障戦略

平成

**軍事**

| 年月 | 事項 |
|---|---|
| | 担について日米合意 |
| 18・5 | 「再編実施のためのロード・マップ」発表 |
| 18・7 | 北朝鮮、日本海に弾道ミサイル七発発射 |
| 19・1 | 「防衛庁設置法一部改正法」（防衛省への移転、国際平和協力業務等本来任務化等） |
| 19・3 | 弾道ミサイル破壊措置緊急対処要領作成 |
| 19・3 | 中央即応集団の新編 |
| 19・3 | 入間基地にPAC—3 |
| 19・5 | 横田RAPCONに空自管制官併置 |
| 19・6 | 「防衛二法の一部改正法」（陸海空自の共同部隊等） |
| 19・10 | 文民統制の徹底を図るための抜本的対策検討委員会設置 |
| 20・2 | イージス艦と漁船が衝突 |

**政治**

| 年月 | 事項 |
|---|---|
| 18・6 | 日米首脳会談、「新世紀の日米同盟」発表 |
| 18・9 | 安倍内閣成立 |
| 18・10 | 北朝鮮の核実験発表に対する制裁措置を発動 |
| 19・2 | F—22が嘉手納に一時的に展開 |
| 19・5 | 「駐留軍等再編の円滑な実施に関する特措法」成立 |
| 19・6 | 「イラク特措法」二年間延長 |
| 19・8 | 安倍改造内閣発足 |
| 19・8 | 「駐留軍等再編特措法」成立 |
| 19・9 | 月探査衛星「かぐや」打上げ |
| 19・9 | 福田内閣成立 |
| 19・10 | 郵政事業民営化 |
| 19・11 | テロ対策特措法期限切れ |
| 19・12 | 防衛省改革会議設置 |
| 19・12 | 米第一軍団司令部（前進司令部）を座間に設置 |
| 20・1 | 「補給支援特措法」成立施行 |
| 20・5 | 「宇宙基本法」成立 |

**国際**

| 年月 | 事項 |
|---|---|
| 18・5 | 米国、リビアのテロ支援国家指定解除 |
| 18・5 | イラク新政権発足 |
| 18・9 | 米中共同捜索救難訓練 |
| 18・10 | 北朝鮮、地下核実験発表 |
| 18・12 | イラク政府、フセイン死刑執行 |
| 19・1 | 中国、衛星破壊実験実施 |
| 19・5 | ロシア、新型ICBM発射 |
| 19・8 | 露、遠距離航空部隊の戦闘哨戒飛行再開 |
| 19・8 | 米韓合同演習（フォーカスレンズ） |
| 19・9 | 中露、対テロ合同演習 |
| 19・10 | 米、「アフリカ軍」暫定運用開始 |
| 19・10 | 中国、月探査衛星打上げ |
| 19・12 | 韓国、李明博大統領当選 |
| 20・5 | 四川省でM7・8の地震 |
| 20・9 | 米大統領、イラク駐留米軍削減とアフガニスタンへの増派 |

平成

| | |
|---|---|
| 20・2 | 海自補給艦がインド洋での洋上給油再開 |
| 20・3 | 「防衛省設置法等一部改正法」施行（指揮通信システム隊の新編等） |
| 20・10 | 国連スーダン・ミッション（UNMIS）に自衛官派遣 |
| 20・10 | 「中期防」決定 |
| 21・1 | 空自、F―15沖縄配備 |
| 21・1 | 防衛省、「宇宙開発利用に関する基本的方針」決定 |
| 21・2 | イラン復興支援隊撤収命令発出 |
| 21・3 | ソマリア・アデン湾における海賊対策に関する行警命 |
| 21・3 | 弾道ミサイルに対する破壊措置実施に関する行弾命 |
| 21・5 | ジブチへのP―3C派遣命令 |
| 21・6 | アデン湾における警戒監視任務開始 |
| 21・7 | 海賊対処法施行 |

| | |
|---|---|
| 20・6 | 岩手・宮城でM7・2の地震 |
| 20・7 | 防衛省改革会議、報告書公表 |
| 20・8 | 福田改造内閣発足 |
| 20・9 | 麻生内閣成立 |
| 20・12 | クラスター弾に関する条約署名 |
| 21・4 | ジブチとの間の地位協定 |
| 21・5 | 「在沖米海兵隊グアム移転協定」発効 |
| 21・7 | クラスター弾条約批准 |
| 21・9 | 鳩山内閣成立 |
| 21・11 | 行政刷新会議「事業仕分け」 |

| | |
|---|---|
| | を発表 |
| 20・9 | 中国、有人宇宙船「神舟七号」、船外活動成功 |
| 20・10 | 米、北朝鮮のテロ支援国家指定解除 |
| 20・10 | 中国、駆逐艦等四隻が津軽海峡通過 |
| 20・12 | ソマリア沖の海賊対策に関する国連安保理決議採択 |
| 21・2 | 米、アフガニスタンに約一万七〇〇〇名増派を決定 |
| 21・4 | 北朝鮮、わが国上空を超えるミサイル発射 |
| 21・5 | AFR災害救援実動演習 |
| 21・5 | 北朝鮮、地下核実験 |
| 21・7 | 北朝鮮、日本海に向けて弾道ミサイル発射 |
| 21・7 | ホルムズ海峡で石油タンカー「MSTAR」が船体外部の爆発で損傷 |
| 21・7 | 米軍以外の多国籍軍、イラク撤退完了 |

平成

軍事

21・8 防衛省設置法一部改正法（参事官制度の廃止）施行

22・2 ハイチ安定化ミッションへ自衛隊部隊派遣決定

22・3 防衛省改革有識者懇談会

22・5 日豪ACSA署名

22・8 第一回防衛省改革推進会議

22・9 東チモール統合ミッションへ軍事監視要員派遣

22・10 第一回拡大ASEAN国防相会議（ADMMプラス）

22・12 「防衛計画の大綱」決定

23・2 ニュージーランド地震に国際緊急援助隊派遣

23・3 東日本大震災発生
大規模震災災害派遣、原子力災害派遣、予備自衛官、即応予備自衛官召集

23・6 シブチ、自衛隊拠点の運用開始

23・6 SCC、「より深化し、拡

政治

22・3 空自百里基地滑走路民間共用

22・6 菅内閣成立

22・9 菅改造内閣発足

22・9 尖閣沖漁船衝突事件（のちにビデオ映像流出）

23・1 菅改造（第二次）内閣発足

23・3 東日本大震災

23・4 復興構想会議

23・6 「東日本大震災復興基本法」

23・9 野田内閣成立

23・9 防衛産業に対するサイバー攻撃発覚

国際

21・12 STARTⅠ失効

22・1 中国、ミサイル迎撃実験

22・2 ロシア、新軍事ドクトリン

22・3 北朝鮮潜水艦によって韓国の哨戒艦「天安」が沈没

22・4 米、「核態勢の見直し」（NPR）発表

22・4 中国艦艇一〇隻が沖縄本島・宮古島間を抜けて太平洋に

22・5 米、「国家安全保障戦略」

22・8 クラスター弾条約発効

22・11 メドベージェフ大統領、国後島訪問

23・1 中国、ステルス戦闘機飛行

23・2 新START発効

23・2 米、「国家安全保障戦略」

23・3 中国、「二〇一〇年中国の国防」を発表

23・5 オバマ大統領、オサマ・ビン・ラーデイン殺害を発表

23・6 中国艦艇、沖縄本島・宮古島

平成

大する日米同盟に向けて五〇年間のパートナー・シップの基盤の上に」を発表

23・11　国連南スーダンミッション（UNMISS）に司令部要員派遣

24・3　空自、航空総隊司令部横田移転

24・3　弾道ミサイル破壊措置実施命令（行弾命）

---

24・1　野田改造内閣発足

24・6　野田改造（第二次）内閣発足

24・9　政府、尖閣三島購入所有権獲得（国有化）

24・10　野田改造（第三次）内閣

24・12　第二次安倍内閣成立

---

間を抜けて太平洋進出

23・8　中国、空母「ワリャーク」が試験航行

23・9　ロシア艦艇二四隻が宗谷海峡通航

23・12　米軍、イラク撤退完了

24・1　米国、国防戦略指針公表

24・4　金正恩、朝鮮労働党第一書記就任

24・4　北朝鮮、弾道ミサイル発射

**坂本祐信**（さかもと・ゆうしん）
昭和13年　石川県生まれ
昭和39年３月　防衛大学校卒業（８期）
昭和51年７月　航空自衛隊幹部学校指揮幕僚課程修了
昭和57年７月　統合幕僚学校一般課程修了
統合幕僚会議事務局第３幕僚室勤務を経て、芦屋救難隊長、百里救難隊長
昭和61年８月５日　記録的豪雨による那珂川氾濫に際し救難部隊を指揮して水戸市内の孤立者236名を救出
昭和62年１月　航空幕僚監部調査部調査第２課情報第２班長
昭和63年７月　１等空佐
昭和63年８月　第44警戒群司令
平成２年12月　航空支援集団司令部防衛課長
平成５年５月　退官
日本戦略研究フォーラム政策提言委員（平成９年～平成23年）
現在　公益財団法人偕行社　安全保障委員会研究員

近現代日本の軍事史　第５巻　新たな試練

2015年12月8日　初版第1刷発行

著　者　坂本　祐信
発行者　石井　和彦

発行所　株式会社　かや書房
東京都千代田区神田神保町1-20 〒101-0051
電　話　03-3291-2620
振　替　00170-5-28565

印刷　モリモト印刷（株）
装幀　中北　恒士

乱丁・落丁のものはお取り替えします　ISBN978-4-906124-76-3

防衛大学校・防衛学研究会編

## 軍事学入門

軍事問題は、国際関係を律する大きな要素であり、安全保障上の骨幹である。軍事力の知識を欠いた国際関係論は、砂上の楼閣に過ぎない。

本体価格二五〇〇円

大熊　康之

## 軍事システムエンジニアリング

イージスからネットワーク中心の戦闘まで

弾道ミサイル防衛の要となるイージスシステムから、「C4ISR（情報）時代の戦争論」ともいうべきアメリカのNCWのシステムコンセプトはいかに創出されたのか。

本体価格二五〇〇円

大熊　康之

## 戦略・ドクトリン　統合防衛革命

マハンからセブロウスキーまで、米軍事革命思想家のアプローチに学ぶ

日米防衛力の質的格差縮小の方策を米軍の理論と実戦の英知に学び、三自衛隊の統合防衛革命の達成、特にその知的原動力としての「防衛革命思想体系枠組の構築」を目標とする。

本体価格二八〇〇円

坂本　祐信

## 近現代日本の軍事史　第一巻

国家生存の要・陸海軍の発展

明治建軍からロンドン軍縮条約まで。新国軍の創設、参謀本部の独立。陸海軍の拡充と日清・日露戦争。基本戦略および軍令制度の確立。陸海軍の軍縮。ロンドン条約と統帥権問題。

本体価格二八〇〇円

坂本　祐信

## 近現代日本の軍事史　第二巻

政軍関係混迷の果てに

満州事変前夜から大東亜戦争終結まで。政治頽廃と軍部台頭。戦略の混迷。国際謀略の渦。大東亜戦争。対米英開戦決定。本土決戦・終戦。

本体価格二八〇〇円

坂本　祐信

## 近現代日本の軍事史　第三巻

再出発

陸海軍解体から陸海空自衛隊創設まで。挫折からの再出発。独立復帰。新たな国防体制の構築。

本体価格二八〇〇円

坂本　祐信
# 近現代日本の軍事史　第四巻
東西冷戦の狭間で

冷戦の始まりから周辺事態法制定まで。冷戦下の国防体制。デタント、新冷戦（第二次冷戦）下の国防体制。冷戦終焉、新たな枠組みの模索。

本体価格二八〇〇円

坂本　祐信
# 近現代日本の軍事史　第五巻
新たな試練

同時多発テロ前夜から東日本大震災まで。新たな脅威への対応。政権交代。政軍関係に求められるもの。

本体価格二八〇〇円

樋口　恒晴
# 幻の防衛道路
官僚支配の「防衛政策」

吉田茂首相は決して「軽武装主義者」ではなかった。しかし彼の防衛整備方針は、旧大蔵省（財務省）の「財政統帥権」とも呼ばれる予算編成権によって挫折した。

本体価格二〇〇〇円

防衛研究会編
# 自衛隊の教育と訓練

自衛隊の教育は、基本教育と練成訓練に区分されるが、これらは技術的分野の教育であり、隊員の士気を高める精神教育も重要である。教育・訓練のすべて。

本体価格二七一八円

冨澤　暉編著
# シンポジウム・イラク戦争
軍事革命（ＲＭＡ）の実態を見る

四四日間のイラク戦争は、アメリカ軍の軍事革命（ＲＭＡ）の結果だったのか。圧倒的武力で進攻したアメリカ軍の戦略・戦術を純軍事的立場で検証する。

本体価格一六〇〇円

田中　恒夫
# 朝鮮戦争・多富洞《たぶどん》の戦い
若き将兵たちの血戦

朝鮮戦争中、最も重要で壮絶な血戦を交えた多富洞の戦いは、わが国の国土防衛戦や米国との連合作戦を考える場合、大きな示唆となる。

本体価格二三〇〇円